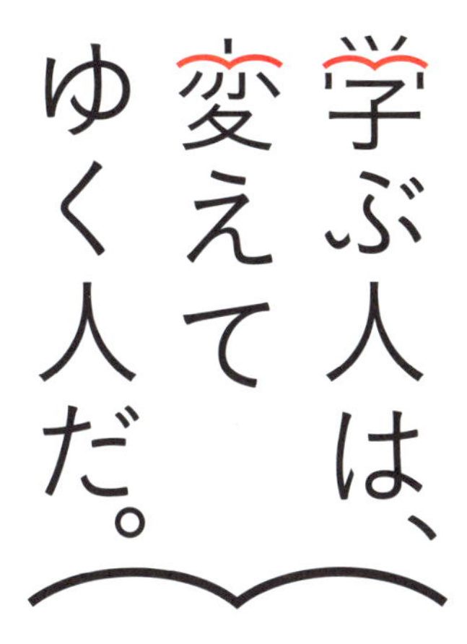

目の前にある問題はもちろん、

人生の問いや、

社会の課題を自ら見つけ、

挑み続けるために、人は学ぶ。

「学び」で、

少しずつ世界は変えてゆける。

いつでも、どこでも、誰でも、

学ぶことができる世の中へ。

旺文社

数学Ⅱ・B

大学入学

共通テスト

実戦対策問題集

嶋田 香 著

旺文社

はじめに

大学入学共通テストの数学では，学力としての知識・技能に加えて，思考力・判断力・表現力が求められるといわれています。

知識・技能というのは，具体的には本書で POINT としてまとめてあるものと考えてよいでしょう。共通テストの前の試験（センター試験）では，知識・技能を習得しているかどうかが重視され，それらについて習得しているかどうかを評価しようとする出題形式になっていたといえます。

思考力・判断力・表現力が知識・技能と何が違うのかを一言で表すなら，「知識・技能を活用する力が加わる」といえます。知識・技能を習得するだけにとどまらず，それらを活用して，日常生活を題材にした問題や未知の状況設定の問題などの見慣れない問題に対応することを求められるでしょう。また，問題を解決しようとする場面に参加して，別の考え方を示したり，誤りを指摘したりすることを求められることもあるでしょう。本書では，従来の知識・技能の習得に加えて，こうした活用する力を，実戦問題 を通して養えるように構成されています。

さらに，主体的に学習に取り組む態度が求められるといわれています。ただ単に問題を解ければよいのではなく，問題を解決する過程での気付きや振り返りによる学習の深化も大学受験生に期待されます。本書の問題の解答では，STEP ごとに何を解決したのか，活用した POINT はどれかなどの振り返りを効果的にできる構成になっています。また，実戦問題 においては，対話形式の場面設定の問題や探究的な内容を扱った問題についても取りあげています。本書は，共通テストの出題形式に慣れることだけでなく，自然に日頃の数学の学習に主体的に取り組めるようになっていくことにも役立つものと思います。

嶋田 香

本書の構成と特長

本書は，「大学入学共通テスト　数学Ⅱ・B」に向けて，考える力を鍛え，問題形式に慣れることができる問題集です。

本冊 問題

■ 問題の構成

62 個の問題パターンごとの 2 段階の難易度（A，B）の問題で基本を学習した後，章末の実戦問題に取り組んで，段階的に実力を養えるようにしました。

1-A ～ 62-A …… テスト問題を解くための準備として，基本を確認できる問題
1-B ～ 62-B …… 必ずおさえておきたい典型的な問題
実戦問題 ………… 共通テスト特有の問題形式に慣れるための問題

■ ② 解答目標時間

はじめて解くときは，もっと時間をかけても構いません。問題を解けるようになったら，より早く，正確に解けるように練習しましょう。

別冊 解答

重要事項を確認でき，理解を深められるような，詳しい解答を掲載しました。問題を解いた後は，答え合わせをするだけでなく，要点チェック! と 解答 をすべて読み，考え方までしっかりと理解しましょう。

■ 要点チェック!

問題パターンごとに，公式や重要事項などを簡潔にまとめてあります。

■ STEP，!

STEP で解答の流れを確認できます。また，! には，注意点や着眼点などを掲載しています。

※ 本書は『文系のための分野別センター数学Ⅱ・B』を改訂したものです。
※ 問題文の一部を改めて掲載している場合があります。

もくじ

紙面デザイン：内津 剛（及川真咲デザイン事務所）
図版：蔦澤 治
問題作成協力：内津 知，小美野貴博
編集協力：小林健二　　企画：青木希実子

第1章 方程式，式と証明

1 二項定理

1-A

3分 ▶▶ 解答 P.2

$\left(\dfrac{x}{2}+y\right)^9$ の展開式において，x^3y^6 を含む項の係数は $\dfrac{\boxed{アイ}}{\boxed{ウ}}$ である。

1-B

7分 ▶▶ 解答 P.2

$(3x+2y)^5$ を展開したとき，x^2y^3 の係数は $\boxed{アイウ}$ である。

$\{(3x+2y)+z\}^8$ を展開したとき，z についての 3 次の項をまとめると ${}_8\mathrm{C}_{\boxed{エ}}(3x+2y)^5z^{\boxed{エ}}$ で表される。このとき，$(3x+2y+z)^8$ の展開式での $x^2y^3z^3$ の係数は $\boxed{オカキクケ}$ になる。

2 整式の割り算

2-A

5分 ▶▶ 解答 P.3

x の整式 $A=x^3+mx^2+nx+2m+n+1$ を x の整式 $B=x^2-2x-1$ で割ると，商 Q は $Q=x+m+\boxed{ア}$，余り R は

$R=\left(\boxed{イ}m+n+\boxed{ウ}\right)x+\boxed{エ}m+n+\boxed{オ}$ である。

2-B

6分 ▶▶ 解答 P.4

p，q，r を実数とし，x についての整式 A，B を $A=x^3+px^2+qx+r$，$B=x^2-3x+2$ とする。

(1) A を B で割ったときの商が $x-1$ であった。このとき，$p=\boxed{アイ}$ である。

(2) A を B で割ったときの余りが x で割り切れた。

このとき，$r=\boxed{ウ}p+\boxed{エ}$ である。

3 剰余の定理

3-A 12/8× 12/16×

5分 ▶▶ 解答 P.5

x の整式 $P(x)=x^3+(a-1)x^2-(a+2)x-6a+8$ を $x-3$ で割ったときの余りは [アイ] である。

3-B 12/8× 12/16○

6分 ▶▶ 解答 P.5

整式 $P(x)$ は次の条件(i)，(ii)を満たすものとする。

(i) $P(x)$ を x^2-4x+3 で割ると，余りは $65x-68$ である。

(ii) $P(x)$ を x^2+6x-7 で割ると，余りは $-5x+a$ である。

このとき，$a=$ [ア] である。

4 無理数が満たす等式

4-A 12/8○

2分 ▶▶ 解答 P.6

$\alpha=1-\sqrt{5}$ であるとき，$3\alpha^2-6\alpha+7=$ [アイ] である。

4-B 12/8△ 12/16×

7分 ▶▶ 解答 P.6

$x=\sqrt{7}-1$ のとき，$x^4+7x^3+3x^2-30x+7$ の値を次の方法で求めよ。

$x=\sqrt{7}-1$ より

$x^2=$ [アイ] $x+$ [ウ] ……①，$x^3=$ [エオ] $x-$ [カキ] ……②

$x^4=$ [クケコ] $x+$ [サシ] ……③

①，②，③より

$x^4+7x^3+3x^2-30x+7=$ [ス] $x+$ [セ] $=$ [ソ] $\sqrt{[タ]}-$ [チ]

5 相加平均・相乗平均の関係

5-A 12/8○

3分 ▶▶ 解答 P.7

$a>0$ のとき，$a+\dfrac{12}{a}$ の最小値は [ア] $\sqrt{[イ]}$ である。

5-B 12/8 △ 12/16 ○ ⏱5分 ▶▶ 解答 P.8

aを正の実数とし，$R=4a+\dfrac{1}{a}+3$ とする。

Rは $a=\dfrac{[ア]}{[イ]}$ のとき，最小値[ウ]をとる。

6 因数定理

6-A 12/8 ○ ⏱4分 ▶▶ 解答 P.9

$f(x)=x^3-3x^2-8x+30$ とする。

$f(x)$ を因数分解すると $f(x)=(x+[ア])(x^2-[イ]x+[ウエ])$

となり，方程式 $f(x)=0$ の解は，$-$[ア]，[オ]$+i$，[オ]$-i$である。

6-B 12/8 ○ ⏱6分 ▶▶ 解答 P.9

$f(x)=x^3+ax^2+bx+2$ (a，b は定数) は $x+1$ で割り切れ，$x+3$ で割ると2余る。このとき，$a=$[ア]，$b=$[イ]であり，

$f(x)=(x+1)(x^2+[ウ]x+[エ])$

となる。

したがって，方程式 $f(x)=0$ の解は[オカ]，[キク]$\pm\sqrt{[ケ]}$である。

7 判別式

7-A 12/8 ○ ⏱3分 ▶▶ 解答 P.10

xについての2次方程式 $2x^2-(p-2)x+2p-10=0$ が虚数解をもつような実数の定数pの値の範囲は，[ア]$<p<$[イウ]である。

7-B 12/8 ○ ⏱6分 ▶▶ 解答 P.10

aを実数とし，$P(x)=x^3-ax^2-ax+2a-1$ とする。

3次方程式 $P(x)=0$ は $x=$[ア]を解にもつので

$P(x)=(x-[ア])\{x^2+([イ]-[ウ])x-[エオ]+[カ]\}$

と因数分解される。

方程式 $P(x)=0$ が虚数の解をもつような a の値の範囲は

[キク]$-$[ケ]$\sqrt{[コ]}<a<$[キク]$+$[ケ]$\sqrt{[コ]}$ である。

8 解と係数の関係

8-A 12/8 O

4分 ▶▶ 解答 P.11

2次方程式 $x^2-5x+3=0$ の解を α，β とするとき，α^2 と β^2 を解とする2次方程式の1つは x^2-[アイ]$x+$[ウ]$=0$ である。

8-B 12/8 O

5分 ▶▶ 解答 P.12

a，b は0でない定数であり，x の2次方程式 $2x^2+ax+b=0$ の解を α，β とすると，$\alpha+\beta=\dfrac{[アイ]}{[ウ]}$，$\alpha\beta=\dfrac{[エ]}{[オ]}$ と表せる。

このとき，$\dfrac{1}{\alpha}$，$\dfrac{1}{\beta}$ を解とする x^2 の係数が b である x の2次方程式は，

bx^2+[カ]$x+$[キ]$=0$ である。

9 複素数の相等

9-A 12/8 O

3分 ▶▶ 解答 P.13

a が実数のとき，

$$(2+ai)^3=([ア]-[イ]a^2)+([ウエ]a-a^3)i$$

であり，$(2+ai)^3$ が実数となるとき，$a=$[オ]，$\pm$[カ]$\sqrt{[キ]}$ である。

9-B 12/8 X 12/16 X

7分 ▶▶ 解答 P.13

次の等式を成り立たせる実数 x，y を求める。

$$(1+i)x^2+(1-5i)xy+(2+6i)y^2=56$$

答えは4組の x，y が存在し，

$$(x,\ y)=([ア],\ [イ]),\ ([ウ]\sqrt{[エ]},\ \sqrt{[オ]})$$

の2組と，この符号を変えた2組である。

実戦問題 第1問

9分 ▶▶ 解答 P.14

a，b，cを実数とし，xの整式$P(x)$を

$$P(x)=x^3+ax^2+bx+c$$

とする。3次方程式 $P(x)=0$ は虚数 $-1+\sqrt{6}i$ を解にもつとする。

(1) 3次方程式 $P(x)=0$ の実数解をaを用いて表そう。

$P(x)$のxに虚数 $-1+\sqrt{6}i$ を代入し，整理すると

$$P(-1+\sqrt{6}i)=\boxed{\text{アイ}}a-b+c+\boxed{\text{ウエ}}$$
$$+\left(\boxed{\text{オカ}}a+b-\boxed{\text{キ}}\right)\sqrt{6}i$$

となる。したがって，b，cをaを用いて表すと

$$b=\boxed{\text{ク}}a+\boxed{\text{ケ}},\quad c=\boxed{\text{コ}}a-\boxed{\text{サシ}}$$

となる。

2つの虚数 $-1+\sqrt{6}i$，$-1-\sqrt{6}i$ を解とする2次方程式で，x^2の係数が1のものは

$$x^2+\boxed{\text{ス}}x+\boxed{\text{セ}}=0$$

である。$P(x)$をこの方程式の左辺の整式で割ると，商は $x+a-\boxed{\text{ソ}}$，余りは $\boxed{\text{タ}}$ である。よって，方程式 $P(x)=0$ の実数解は

$$x=\boxed{\text{チ}}a+\boxed{\text{ツ}}$$

と表せる。

(2) $P(x)$を $x+a-3$ で割ったときの余りが6のとき，$a=\boxed{\text{テ}}$ である。

このとき，$P(x)$を2次の整式$Q(x)$で割ったときの商は$x-1$，余りは$13x+17$とすると

$$Q(x)=x^2+\boxed{\text{ト}}x+\boxed{\text{ナ}}$$

である。

（センター試験）

実戦問題 第2問

12/8 × 12/16 ×

8分 ▶▶ 解答 P.16

先生と太郎さんと花子さんは，次の問題とその解答について話している。3人の会話を読んで，下の問いに答えよ。

［問題］ x，y を正の実数とするとき，$\left(x+\dfrac{1}{y}\right)\left(y+\dfrac{4}{x}\right)$ の最小値を求めよ。

【解答A】

$x>0$，$\dfrac{1}{y}>0$ であるから，相加平均と相乗平均の関係により

$$x+\frac{1}{y}\geqq 2\sqrt{x\cdot\frac{1}{y}}=2\sqrt{\frac{x}{y}} \qquad \cdots\cdots①$$

$y>0$，$\dfrac{4}{x}>0$ であるから，相加平均と相乗平均の関係により

$$y+\frac{4}{x}\geqq 2\sqrt{y\cdot\frac{4}{x}}=4\sqrt{\frac{y}{x}} \qquad \cdots\cdots②$$

である。①，②の両辺は正であるから，

$$\left(x+\frac{1}{y}\right)\left(y+\frac{4}{x}\right)\geqq 2\sqrt{\frac{x}{y}}\cdot 4\sqrt{\frac{y}{x}}=8$$

よって，求める最小値は8である。

【解答B】

$$\left(x+\frac{1}{y}\right)\left(y+\frac{4}{x}\right)=xy+\frac{4}{xy}+5$$

であり，$xy>0$ であるから，相加平均と相乗平均の関係により

$$xy+\frac{4}{xy}\geqq 2\sqrt{xy\cdot\frac{4}{xy}}=4 \quad すなわち， \quad xy+\frac{4}{xy}+5\geqq 4+5=9$$

よって，求める最小値は9である。

先生 「同じ問題なのに，解答Aと解答Bで答えが違っていますね。」

太郎 「計算が間違っているのかな。」

花子 「いや，どちらも計算は間違えていないみたい。」

太郎 「答えが違うということは，どちらかは正しくないということだよね。」

先生 「なぜ解答Aと解答Bで違う答えが出てしまったのか，考えてみましょう。」

花子　「実際に x と y に値を代入して調べてみよう。」

太郎　「例えば $x=1$，$y=1$ を代入してみると，$\left(x+\dfrac{1}{y}\right)\left(y+\dfrac{4}{x}\right)$ の値は 2×5 だから 10 だ。」

花子　「$x=2$，$y=2$ のときの値は $\dfrac{5}{2}\times4=10$ になった。」

太郎　「$x=2$，$y=1$ のときの値は $3\times3=9$ になる。」
（太郎と花子，いろいろな値を代入して計算する）

花子　「先生，ひょっとして [ア] ということですか。」

先生　「そのとおりです。よく気づきましたね。」

花子　「正しい最小値は [イ] ですね。」

(1)　[ア] にあてはまるものを，次の⓪～③のうちから1つ選べ。

⓪　$xy+\dfrac{4}{xy}=4$ を満たす x，y の値がない

①　$x+\dfrac{1}{y}=2\sqrt{\dfrac{x}{y}}$ かつ $xy+\dfrac{4}{xy}=4$ を満たす x，y の値がある

②　$x+\dfrac{1}{y}=2\sqrt{\dfrac{x}{y}}$ かつ $y+\dfrac{4}{x}=4\sqrt{\dfrac{y}{x}}$ を満たす x，y の値がない

③　$x+\dfrac{1}{y}=2\sqrt{\dfrac{x}{y}}$ かつ $y+\dfrac{4}{x}=4\sqrt{\dfrac{y}{x}}$ を満たす x，y の値がある

(2)　[イ] にあてはまる数を答えよ。

（共通テスト　試行調査・改）

実戦問題　第3問

10分 ▶▶ 解答 P.17

1の3乗根のうち，虚数であるものの1つを ω とする。

(1)　$\omega^3=$ [ア] ……①　であり，$\omega^2+\omega=$ [イ] ……②　である。

[ア]，[イ] にあてはまるものを，次の⓪～⑥のうちから1つずつ選べ。
ただし，同じものを繰り返し選んでもよい。

⓪ 0　① $\frac{1}{2}$　② $-\frac{1}{2}$　③ 1　④ -1　⑤ 2　⑥ -2

(2) ①，②を用いると

$$(x+\omega y+\omega^2 z)(x+\omega^2 y+\omega z)$$

$$=x^2 \boxed{\text{ウ}} y^2 \boxed{\text{エ}} z^2 \boxed{\text{オ}} xy \boxed{\text{カ}} yz \boxed{\text{キ}} zx \quad \cdots\cdots③$$

が成り立つ。

$\boxed{\text{ウ}}$～$\boxed{\text{キ}}$にあてはまるものを，次の⓪～⑨のうちから1つずつ選べ。ただし，同じものを繰り返し選んでもよい。

⓪ $+$　① $-$　② $+\frac{1}{2}$　③ $-\frac{1}{2}$　④ $+2$

⑤ -2　⑥ $+\omega$　⑦ $-\omega$　⑧ $+\omega^2$　⑨ $-\omega^2$

(3) ③の両辺に $x+y+z$ を掛けると

$$(x+y+z)(x+\omega y+\omega^2 z)(x+\omega^2 y+\omega z)$$

$$=x^3 \boxed{\text{ウ}} y^3 \boxed{\text{エ}} z^3 \boxed{\text{ク}} xyz \quad \cdots\cdots④$$

が導かれる。

$\boxed{\text{ク}}$にあてはまるものを，次の⓪～⑦のうちから1つ選べ。

⓪ $+$　① $-$　② $+\frac{1}{2}$　③ $-\frac{1}{2}$　④ $+2$

⑤ -2　⑥ $+3$　⑦ -3

(4) たとえば，④の右辺において，これを x についての3次式とみることで，$x^3+12\sqrt{3}x+8-24\sqrt{3}$ と表すことのできる y，z の値を求めると，

$$y=-\boxed{\text{ケ}}\sqrt{\boxed{\text{コ}}},\ z=\boxed{\text{サ}}$$

このことを利用して，3次方程式 $x^3+12\sqrt{3}x+8-24\sqrt{3}=0$ を解くと，

$$x=\boxed{\text{シ}}\sqrt{\boxed{\text{ス}}}-\boxed{\text{セ}},\ \boxed{\text{ソ}}-\sqrt{\boxed{\text{タ}}}\pm\left(\boxed{\text{チ}}+\sqrt{\boxed{\text{ツ}}}\right)i$$

である。ただし，i を虚数単位とする。

第2章 三角関数

10 加法定理

10-A

3分 ▶▶ 解答 P.20

$0<\alpha<\frac{\pi}{2}$, $0<\beta<\frac{\pi}{2}$ とする。$\cos\alpha=\frac{3}{5}$, $\sin\beta=\frac{5}{13}$ であるとき，

$\sin(\alpha+\beta)=\frac{\boxed{アイ}}{\boxed{ウエ}}$ である。

10-B

5分 ▶▶ 解答 P.21

$f(\theta)=\sin\theta\cos\left(\theta-\frac{\pi}{6}\right)\cos\left(\theta+\frac{\pi}{6}\right)$ を考える。$\sin\theta=t$ とおき，$f(\theta)$ を t を用いて表すと，$f(\theta)=-t^{\boxed{ア}}+\frac{\boxed{イ}}{\boxed{ウ}}t$ となる。

11 2倍角の公式

11-A

3分 ▶▶ 解答 P.22

$\sin 3\theta=\boxed{ア}\sin\theta-\boxed{イ}\sin^3\theta$ である。

11-B

7分 ▶▶ 解答 P.22

$0\leqq x\leqq\frac{\pi}{2}$ とし，$f(x)=\cos 3x+2\cos 2x+\cos x$ とする。

$$\cos 2x=\boxed{ア}\cos^2 x-\boxed{イ},\quad \cos 3x=\boxed{ウ}\cos^3 x-\boxed{エ}\cos x$$

を用いると，$f(x)=0$ となるとき $\cos x=\frac{\sqrt{\boxed{オ}}}{\boxed{カ}}$ である。

12 三角関数の合成

12-A

5分 ▶▶ 解答 P.23

$\sqrt{2}\sin\theta+\sqrt{6}\cos\theta=\boxed{ア}\sqrt{\boxed{イ}}\sin\left(\theta+\frac{\pi}{\boxed{ウ}}\right)$ である。

12-B 6分 ▶▶ 解答 P.24

$\sqrt{3}\sin x+\cos x=$ ア $\sin\left(x+\dfrac{\pi}{\boxed{イ}}\right)$ なので $\sqrt{3}\sin x+\cos x=\sqrt{2}$

$(0\leqq x<2\pi)$ を満たす x は小さい方から $\dfrac{\pi}{\boxed{ウエ}}$ と $\dfrac{\boxed{オ}}{\boxed{カキ}}\pi$ である。

13 半角の公式

13-A 3分 ▶▶ 解答 P.25

$f(\theta)=2\{(a-1)\sin^2\theta+a\sin\theta\cos\theta+(a+1)\cos^2\theta\}$ のとき，

$f(\theta)=$ ア $\sin 2\theta+$ イ $\cos 2\theta+$ ウエ　である。

13-B 7分 ▶▶ 解答 P.25

$0\leqq\theta<\pi$ のとき，関数 $f(\theta)=\sqrt{3}\sin^2\theta-\sqrt{3}\cos^2\theta+2\sin\theta\cos\theta$ の最大値

は ア で，そのときの θ の値は $\dfrac{\boxed{イ}}{\boxed{ウエ}}\pi$ である。

14 単位円の利用

14-A 5分 ▶▶ 解答 P.26

$0\leqq\theta<2\pi$ のとき，$\cos\theta\geqq\dfrac{1}{2}$ かつ $\sin\theta\geqq-\dfrac{1}{2}$ となる θ の範囲は

ア $\leqq\theta\leqq\dfrac{\pi}{\boxed{イ}}$，$\dfrac{\boxed{ウエ}}{\boxed{オ}}\pi\leqq\theta<$ カ π である。

14-B 7分 ▶▶ 解答 P.26

$0\leqq\theta<2\pi$ で $f(\theta)=3\cos 2\theta-16\cos\theta+11$ を考える。

$f(\theta)\leqq 0$ ならば $\dfrac{\boxed{ア}}{\boxed{イ}}\leqq\cos\theta\leqq$ ウ である。

したがって，$f(\theta)\leqq 0$ を満たす $\sin\theta$ の最小値は $-\dfrac{\sqrt{\boxed{エ}}}{\boxed{オ}}$ である。

15 三角関数の対称式

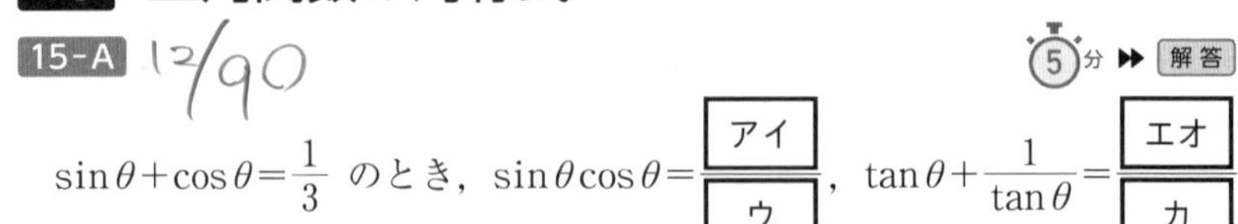

15-A 5分 ▶▶ 解答 P.28

$\sin\theta+\cos\theta=\dfrac{1}{3}$ のとき，$\sin\theta\cos\theta=\dfrac{\boxed{\text{アイ}}}{\boxed{\text{ウ}}}$，$\tan\theta+\dfrac{1}{\tan\theta}=\dfrac{\boxed{\text{エオ}}}{\boxed{\text{カ}}}$ である。

15-B 6分 ▶▶ 解答 P.28

$x=\sin\theta-\cos\theta$，$y=\sin^3\theta-\cos^3\theta$ とする。

等式 $x^2=\boxed{\text{ア}}-\boxed{\text{イ}}\sin\theta\cos\theta$

$x^3=\sin^3\theta-3\sin^2\theta\cos\theta+3\sin\theta\cos^2\theta-\cos^3\theta$

を用いると，y は x を用いて $y=-\dfrac{\boxed{\text{ウ}}}{\boxed{\text{エ}}}x^{\boxed{\text{オ}}}+\dfrac{\boxed{\text{カ}}}{\boxed{\text{キ}}}x$ と表される。

16 三角関数の周期

16-A 3分 ▶▶ 解答 P.29

関数 $f(x)=2\cos 3x$ において，$f\left(\theta+\dfrac{2}{3}\pi\right)=\boxed{\text{ア}}\cos\boxed{\text{イ}}\theta$ であり，

$f(x)$ の周期のうち正で最小のものは $\dfrac{\boxed{\text{ウ}}}{\boxed{\text{エ}}}\pi$ である。

16-B 6分 ▶▶ 解答 P.30

a を正の定数とする。2点P，Qの座標が $\mathrm{P}(\cos a\theta,\ \sin a\theta)$，

$\mathrm{Q}\left(2\sin\dfrac{\theta}{3},\ 2\cos\dfrac{\theta}{3}\right)$ であるとき，線分PQの長さの2乗 PQ^2 は

$\boxed{\text{ア}}-\boxed{\text{イ}}\sin\left(\dfrac{\boxed{\text{ウ}}a+\boxed{\text{エ}}}{\boxed{\text{オ}}}\theta\right)$ である。

x の関数 $f(x)$ を $f(x)=\boxed{\text{ア}}-\boxed{\text{イ}}\sin\left(\dfrac{\boxed{\text{ウ}}a+\boxed{\text{エ}}}{\boxed{\text{オ}}}x\right)$ とおき，

$f(x)$ の正の周期のうち最小のものが 4π であるとすると，$a=\dfrac{\boxed{\text{カ}}}{\boxed{\text{キ}}}$ である。

実戦問題　第1問

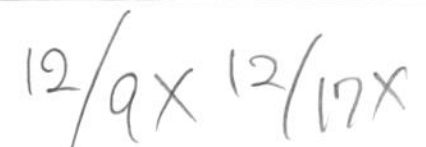

8分 ▶▶ 解答 P.31

Oを原点とする座標平面上に2点 A$(-6,\ 0)$, B$(-2,\ 0)$ がある。$c>0$ として点 C$(0,\ c)$ をとり，$\angle \mathrm{ACB}=\theta$ とする。

(1)　$c=1$ のとき，

$$\tan\theta=\frac{\boxed{\text{ア}}}{\boxed{\text{イウ}}}$$

であり，

$$\cos 2\theta=\frac{\boxed{\text{エオカ}}}{\boxed{\text{キクケ}}}$$

である。

(2)　θ が最大となるときの c の値を求めよう。

$$\tan\theta=\frac{\boxed{\text{コ}}\,c}{c^2+\boxed{\text{サシ}}}=\frac{\boxed{\text{コ}}}{c+\dfrac{\boxed{\text{サシ}}}{c}}$$

と表される。

$0<\theta<\dfrac{\pi}{2}$ より θ が最大になるときに $\tan\theta$ も最大となる。

$c>0$ から相加平均と相乗平均の関係を利用すると，$\tan\theta$ は最大値

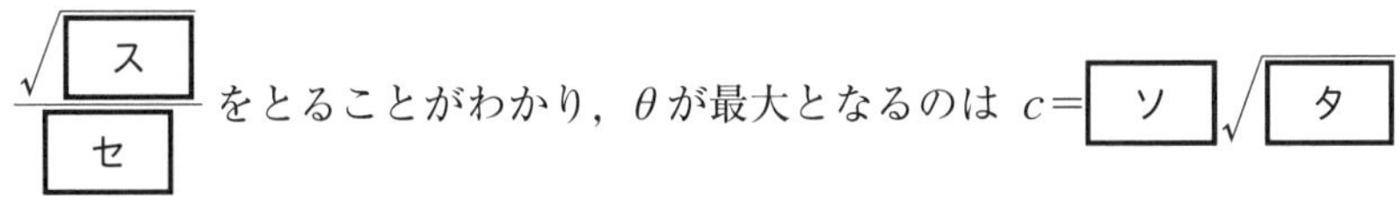

$\dfrac{\sqrt{\boxed{\text{ス}}}}{\boxed{\text{セ}}}$ をとることがわかり，θ が最大となるのは $c=\boxed{\text{ソ}}\sqrt{\boxed{\text{タ}}}$

のときである。

実戦問題　第2問

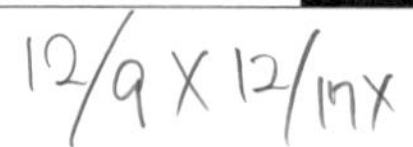

10分 ▶▶ 解答 P.32

(1)　下の図の点線は $y=\sin x$ のグラフである。(i), (ii)の三角関数のグラフが実線で正しくかかれているものを，下の⓪～⑨のうちから1つずつ選べ。ただし，同じものを選んでもよい。

(i)　$y=\sin 2x$　ア

(ii)　$y=\sin\left(x+\dfrac{3}{2}\pi\right)$　イ

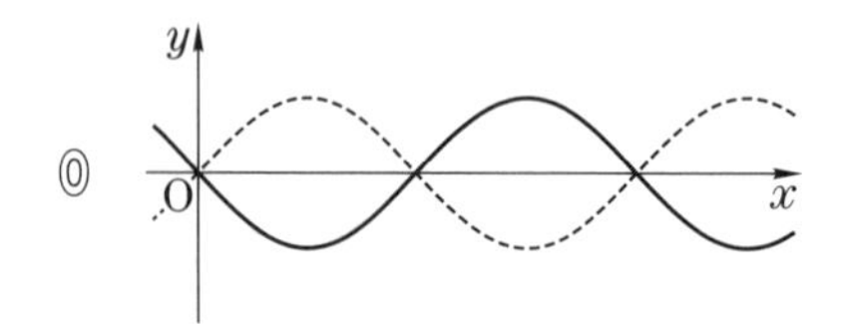

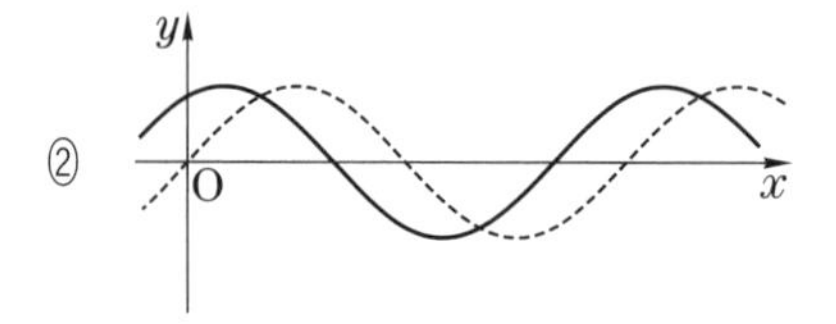

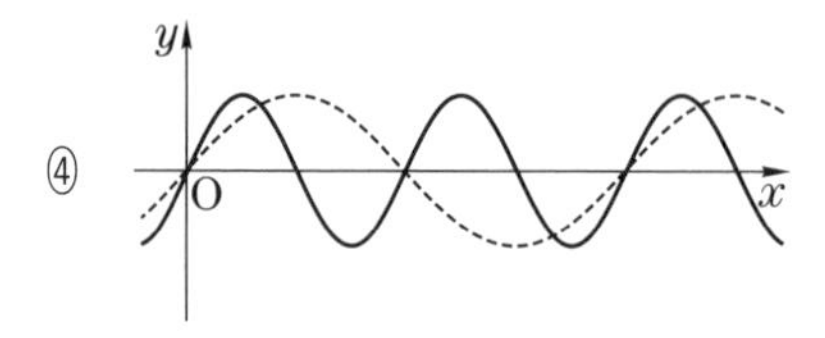

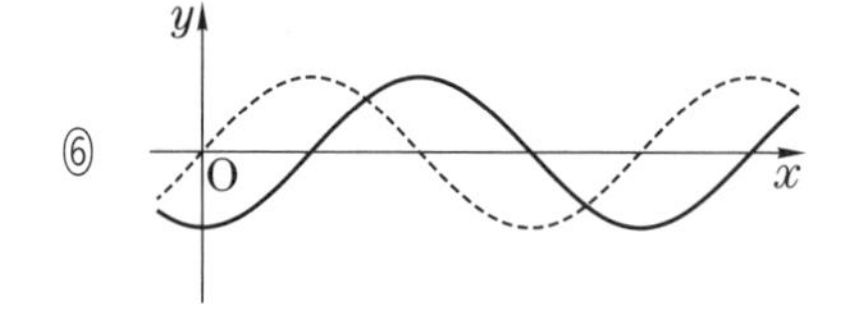

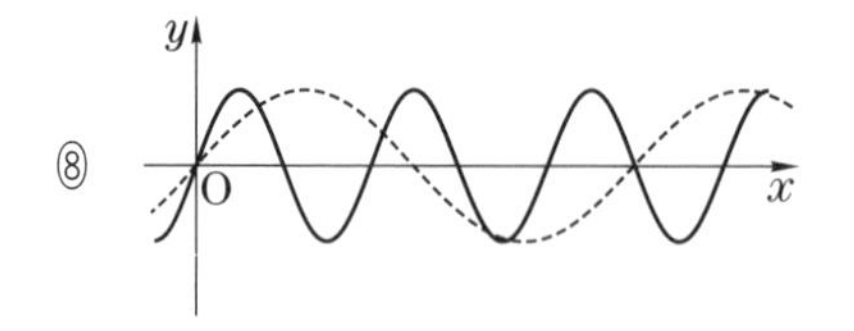

(2) 次の図はある三角関数のグラフである。その関数の式として正しいものを，下の(a)～(h)のうちからすべて選ぶとき，過不足なく含むものを下の⓪～⑨のうちから１つ選べ。 ウ

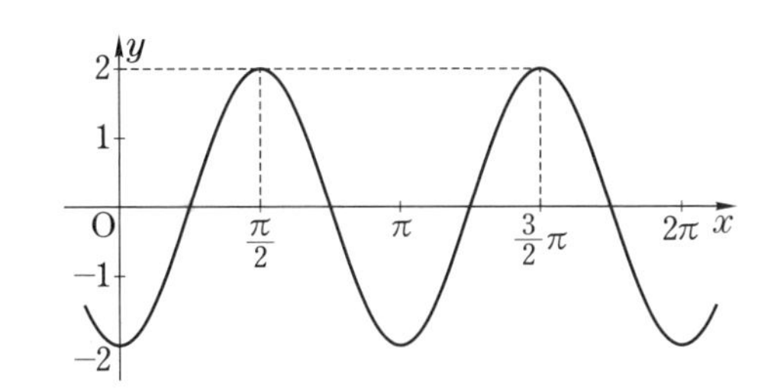

(a) $y=2\sin\left(2x+\frac{\pi}{2}\right)$　　(b) $y=2\sin\left(2x-\frac{\pi}{2}\right)$

(c) $y=2\sin 2\left(x+\frac{\pi}{2}\right)$　　(d) $y=\sin 2\left(2x-\frac{\pi}{2}\right)$

(e) $y=2\cos\left(2x+\frac{\pi}{2}\right)$　　(f) $y=2\cos 2\left(x-\frac{\pi}{2}\right)$

(g) $y=2\cos 2\left(x+\frac{\pi}{2}\right)$　　(h) $y=\cos 2\left(2x-\frac{\pi}{2}\right)$

⓪ (a)，(b)　① (a)，(h)　② (b)，(f)　③ (b)，(g)

④ (c)，(e)　⑤ (d)，(h)　⑥ (f)，(g)　⑦ (a)，(e)，(h)

⑧ (b)，(f)，(g)　⑨ (c)，(e)，(h)

(共通テスト　試行調査・改)

実戦問題 第3問

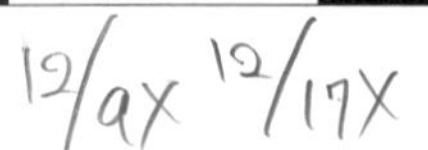

12分 ▶▶ 解答 P.35

(1) Oを原点とする座標平面上に，中心がOで，半径が1の円 C_1 がある。第1象限内で円 C_1 上にある点Pをとり，線分 OP と x 軸の正の部分とのなす角を $\alpha\left(0<\alpha<\dfrac{\pi}{2}\right)$ とする。また，円 C_1 上に y 座標が正である点Qをつねに $\angle\mathrm{POQ}=\dfrac{\pi}{2}$ となるようにとり，正方形 OPRQ を作る。

(i) 点 P，Q の座標をそれぞれ α を用いて表すと

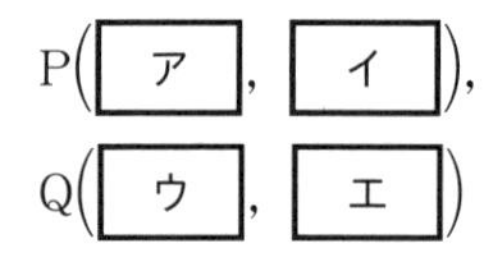

P([ア] , [イ]),

Q([ウ] , [エ])

である。

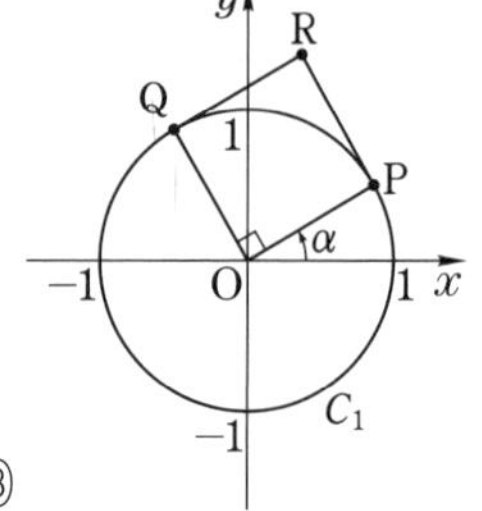

[ア] ～ [エ] にあてはまるものを，次の⓪～③のうちから1つずつ選べ。ただし，同じものを繰り返し選んでもよい。

⓪ $\sin\alpha$　　① $\cos\alpha$　　② $-\sin\alpha$　　③ $-\cos\alpha$

(ii) $\mathrm{OR}=\sqrt{\boxed{オ}}$，$\angle\mathrm{POR}=\dfrac{\pi}{\boxed{カ}}$ であるから，R の y 座標を考えることにより，$0<\alpha<\dfrac{\pi}{2}$ のとき，$\sin\alpha+\cos\alpha$ のとり得る値の範囲は

$$\boxed{キ}\ \boxed{ク}\ \sin\alpha+\cos\alpha\ \boxed{ケ}\ \sqrt{\boxed{コ}}$$

である。

[ク] ，[ケ] には次の⓪，①のうちからあてはまるものを1つずつ選べ。ただし，同じものを繰り返し選んでもよい。

⓪ $<$　　① $\leqq$

(2) Oを原点とする座標平面上に，中心がOで半径が3の円 C_3 と半径が5の円 C_5 がある。第1象限で，円 C_3 上にある点Sをとり，線分OSと x 軸の正の部分とのなす角を $\beta\left(0<\beta<\frac{\pi}{2}\right)$ とする。また，円 C_5 上に y 座標が正である点Tを，つねに $\angle \mathrm{SOT}=\frac{\pi}{3}$ となるようにとり，平行四辺形OSUTを作る。

(i) 点S，Tの座標をそれぞれ β を用いて表すと

S(サ , シ),

T(ス , セ)

である。

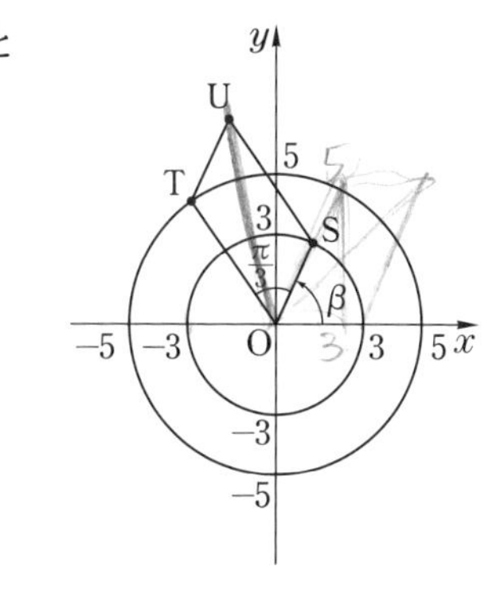

サ ～ セ にあてはまるものを，次の⓪～⑦のうちから1つずつ選べ。ただし，同じものを繰り返し選んでもよい。

⓪ $3\sin\beta$　① $3\cos\beta$　② $-3\sin\beta$　③ $-3\cos\beta$

④ $5\sin\left(\beta+\frac{\pi}{3}\right)$　⑤ $5\cos\left(\beta+\frac{\pi}{3}\right)$　⑥ $-5\sin\left(\beta+\frac{\pi}{3}\right)$

⑦ $-5\cos\left(\beta+\frac{\pi}{3}\right)$

(ii) OU= ソ であるから，Uの y 座標を考えることにより，$0<\beta<\frac{\pi}{2}$ のとき，$3\sin\beta+5\sin\left(\beta+\frac{\pi}{3}\right)$ のとり得る値の範囲は

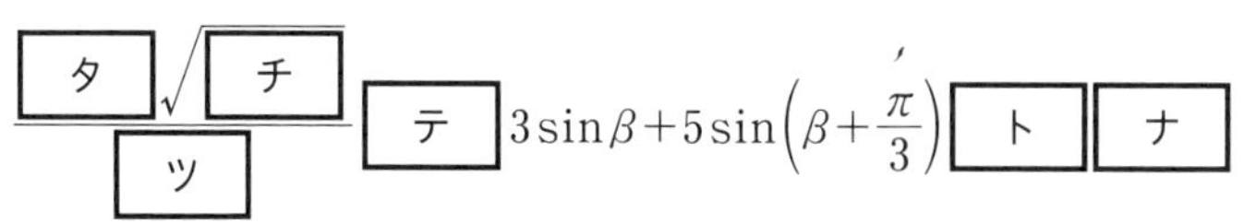

$$\frac{\boxed{タ}\sqrt{\boxed{チ}}}{\boxed{ツ}}\ \boxed{テ}\ 3\sin\beta+5\sin\left(\beta+\frac{\pi}{3}\right)\ \boxed{ト}\ \boxed{ナ}$$

である。

テ , ト には次の⓪，①のうちからあてはまるものを1つずつ選べ。ただし，同じものを繰り返し選んでもよい。

⓪ $<$　① $\leqq$

第3章　指数・対数関数

17　対数と指数の関係

17-A　2分 ▶▶ 解答 P.37

$x=\log_2 3$ のとき，$8^x+2^{x+3}=$ [アイ] である。

17-B　4分 ▶▶ 解答 P.37

a は 2 より小さい定数とする。

関数 $y=\log_2\left(\frac{2}{3}x-a\right)$ において，$x=4$ のとき $y=m$ であり，$x=13$ のとき $y=n$ であるとすると

$$2^n-2^m=\boxed{\text{ア}}$$

である。

18　対数関数を含む方程式

18-A

方程式 $\log_2 x+\log_2(x-2)=2$　……①　の解は

$$x=\boxed{\text{ア}}+\sqrt{\boxed{\text{イ}}}$$

である。

18-B

(1)　$\log_8(x+1)-\log_8(7-x)=1$ のとき，$x=\dfrac{\boxed{\text{アイ}}}{\boxed{\text{ウ}}}$ である。

(2)　$f(x)=\log_8(x+1)+\log_8(7-x)$ は $x=\boxed{\text{エ}}$ のとき，最大値 $\dfrac{\boxed{\text{オ}}}{\boxed{\text{カ}}}$ をとる。

19 対数の底をそろえる

19-A

⏱2分 ▶▶ 解答 P.40

$\log_2 3 \cdot \log_5 8 \cdot \log_9 5 = \dfrac{\boxed{\text{ア}}}{\boxed{\text{イ}}}$ である。

19-B

⏱6分 ▶▶ 解答 P.40

$d = \log_{10} 2$ とおくと

$$\log_2 27 = \frac{\boxed{\text{ア}}}{\boxed{\text{イ}}} \log_{10} 3$$

$$\log_{\frac{1}{2}}(x-1) = -\frac{1}{\boxed{\text{ウ}}} \log_{10}(x-1)$$

$$\log_5\{27(x-1)\} = \frac{\boxed{\text{エ}} \log_{10} 3 + \log_{10}(x-1)}{\boxed{\text{オ}} - \boxed{\text{カ}}}$$

である。

20 対数関数を含む不等式

20-A

⏱5分 ▶▶ 解答 P.41

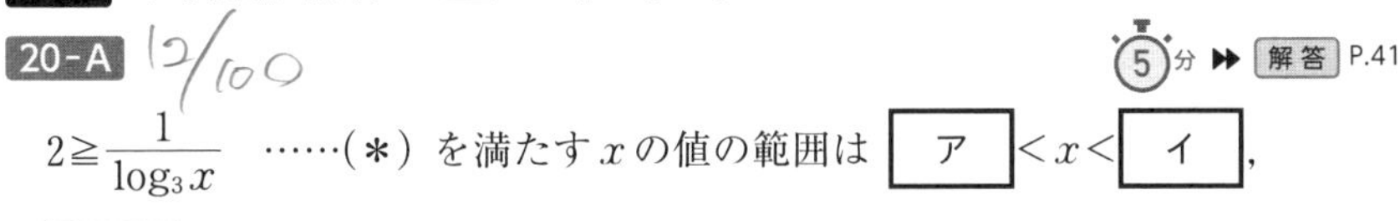

$2 \geqq \dfrac{1}{\log_3 x}$ ……(＊) を満たす x の値の範囲は $\boxed{\text{ア}} < x < \boxed{\text{イ}}$,

$\sqrt{\boxed{\text{ウ}}} \leqq x$ である。

20-B

⏱8分 ▶▶ 解答 P.42

不等式 $2\log_3 x - 4\log_x 27 \leqq 5$ ……(＊) は

$0 < x < 1$ のとき $\boxed{\text{ア}}(\log_3 x)^2 - \boxed{\text{イ}} \log_3 x - \boxed{\text{ウエ}} \geqq 0$

$x > 1$ のとき $\boxed{\text{ア}}(\log_3 x)^2 - \boxed{\text{イ}} \log_3 x - \boxed{\text{ウエ}} \leqq 0$

と変形できる。不等式(＊)が成り立つような x の値の範囲は

$0 < x \leqq \dfrac{\sqrt{\boxed{\text{オ}}}}{\boxed{\text{カ}}}$, $1 < x \leqq \boxed{\text{キク}}$ である。

21 a^x+a^{-x} を用いて式を表す

21-A

4分 ▶▶ 解答 P.43

$2^x-2^{-x}=5$ のとき，$4^x+4^{-x}=$ [アイ]，$8^x-8^{-x}=$ [ウエオ] である。

21-B

8分 ▶▶ 解答 P.43

関数 $y=3^x+3^{-x}$ の最小値は [ア] である。

また，$9^{1+x}+9^{1-x}-25(3^x+3^{-x})=-12$ のとき，$3^x+3^{-x}=$ [イ] である。

22 整数の桁数

22-A

5分 ▶▶ 解答 P.45

$\log_{10}2=0.3010$，$\log_{10}3=0.4771$ とするとき，6^{20} は [アイ] 桁の整数である。

22-B

8分 ▶▶ 解答 P.45

$\log_{10}2=0.3010$，$\log_{10}3=0.4771$ とする。

$\log_{10}4=0.$[アイウエ]，$\log_{10}5=0.$[オカキク]

である。

4^{200} は [ケコサ] 桁の整数であり，$\left(\frac{1}{5}\right)^{32}$ は小数第 [シス] 位に初めて 0 でない数字が現れる。

23 指数・対数関数の最大値・最小値

23-A

3分 ▶▶ 解答 P.46

$1<x\leqq 2$ のとき，$y=4^x-6\cdot 2^x+10$ の最大値は [ア]，最小値は [イ] である。

23-B

6分 ▶▶ 解答 P.47

$(\log_2 2x)\left(\log_4\frac{\sqrt{2}}{x}\right)$ は $\log_2 x=\frac{[アイ]}{[ウ]}$ のとき，最大値 $\frac{[エ]}{[オカ]}$ をとる。

ここで，$x>0$ とする。

実戦問題　第1問

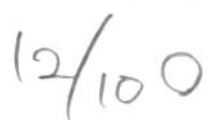

7分 ▶▶ 解答 P.48

実数 a, b は

$$\begin{cases} 2^{2a}+5^{2b}=89 \\ 2^{a-3}\cdot 5^{b}=5 \end{cases}$$

を満たす。このとき

$$2^{2a}+5^{2b}=(2^{a}+5^{b})^{2}-\boxed{\text{ア}}\cdot 2^{a}\cdot 5^{b}$$

$$2^{a-3}\cdot 5^{b}=\frac{1}{\boxed{\text{イ}}}\cdot 2^{a}\cdot 5^{b}$$

により

$$2^{a}+5^{b}=\boxed{\text{ウエ}},\quad 2^{a}\cdot 5^{b}=\boxed{\text{オカ}}$$

である。

(1)　2^{a} と 5^{b} は x の2次方程式

$$x^{2}-\boxed{\text{キク}}x+\boxed{\text{ケコ}}=0$$

の解であり，a, b の値は

$$\begin{cases} a=\boxed{\text{サ}} \\ b=\boxed{\text{シ}} \end{cases} \text{または} \begin{cases} a=\log_{2}\boxed{\text{ス}} \\ b=\boxed{\text{セ}}\log_{5}2 \end{cases}$$

である。

(2)　$\begin{cases} a=\log_{2}\boxed{\text{ス}} \\ b=\boxed{\text{セ}}\log_{5}2 \end{cases}$ のとき，$10^{ab}=\boxed{\text{ソタチツ}}$ である。

実戦問題 第2問

12/10 ×

10分 ▶▶ 解答 P.49

地震の規模を表現するのに「マグニチュード」が用いられており，地震が発するエネルギーの大きさを E，マグニチュードを M とすると

$$\log_{10}E=4.8+1.5M$$

の関係がある。(単位系は省略している。)

(1) マグニチュード 8.0 の地震のエネルギー E を 10 進法で表すとき，E の整数部分は［アイ］桁である。

(2) マグニチュードが 2 増加すると，地震のエネルギーの大きさはおよそ［ウ］倍となる。

［ウ］にあてはまるものを，次の⓪～⑦から 1 つ選べ。

⓪ 2　① 4　② 8　③ 32
④ 64　⑤ 100　⑥ 1000　⑦ 3200

(3) 地震のエネルギーの大きさが 2 倍であると，マグニチュードは［エ］だけ増加した値となる。ただし，$\log_{10}2=0.3$ とする。

［エ］にあてはまるものを，次の⓪～⑦から 1 つ選べ。

⓪ 0.1　① 0.2　② 0.3　③ 0.5
④ 0.6　⑤ 1　⑥ 1.2　⑦ 2

(4) 3 回の地震がありマグニチュードは，M_1，M_2，M_3 であったとする。これらの地震に対応するエネルギーの大きさを E_1，E_2，E_3 とするとき，M_1，M_2，M_3 の平均値 $\dfrac{M_1+M_2+M_3}{3}$ は

$$\log_{10}\boxed{\text{オ}}=4.8+1.5\cdot\frac{M_1+M_2+M_3}{3}$$

の関係を満たす。

オ にあてはまるものを，次の⓪～⑤から1つ選べ。

⓪ $\dfrac{E_1+E_2+E_3}{3}$　① $3(E_1+E_2+E_3)$　② $\dfrac{E_1E_2E_3}{27}$

③ $27E_1E_2E_3$　④ $(E_1E_2E_3)^3$　⑤ $\sqrt[3]{E_1E_2E_3}$

（横浜市立大・参考）

実戦問題 第3問

12/10×

13分 ▶▶ 解答 P.51

数直線上の1の点に10^1を，2の点に10^2を記入する。このように，実数yに対して，数直線上のyの点に10^yを記入する目盛りを対数目盛という。

(1) 図1の数直線の上側が対数目盛であり，$10^0=$ ア である。

図1の数直線で，対数目盛が2となる点は イ ，対数目盛が20となる点は ウ ，対数目盛が0.2となる点は エ である。

イ ， ウ ， エ にあてはまるものを，次の⓪～⑨のうちから1つずつ選べ。ただし，$\log_{10}2=0.3010$とする。

⓪ A　① B　② C　③ D
④ E　⑤ F　⑥ G　⑦ H
⑧ I　⑨ J

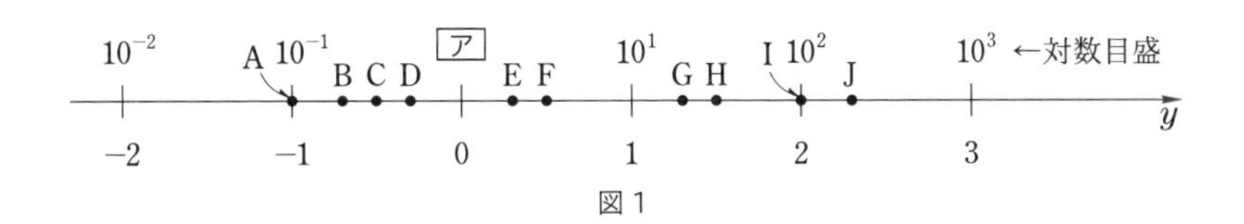

図1

(2) 平面上の点Oで数直線OXと対数目盛を付けた数直線OYが直交している。ここで，点Oの数直線OXでの目盛りは0，数直線OYでの対数目盛は［ア］とする。この2つの数直線から座標を決めると，図2の2点K，Lの座標は

K(1, ［ア］)，L(2, ［オカ］)

となる。

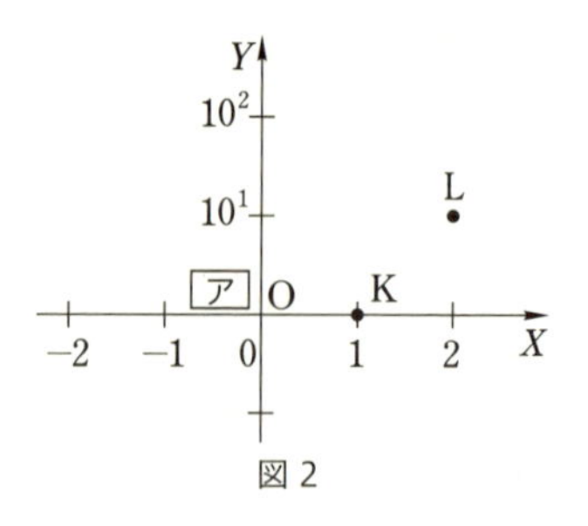

図2

この数直線OXと対数目盛を付けた数直線OYによる座標（X-Y平面）を用いると，

関数 $Y=10^X$ のグラフは［キ］，

関数 $Y=X$ $(X>0)$ のグラフは［ク］

となる。

［キ］，［ク］にあてはまるグラフを，次の⓪～⑤のうちから1つずつ選べ。

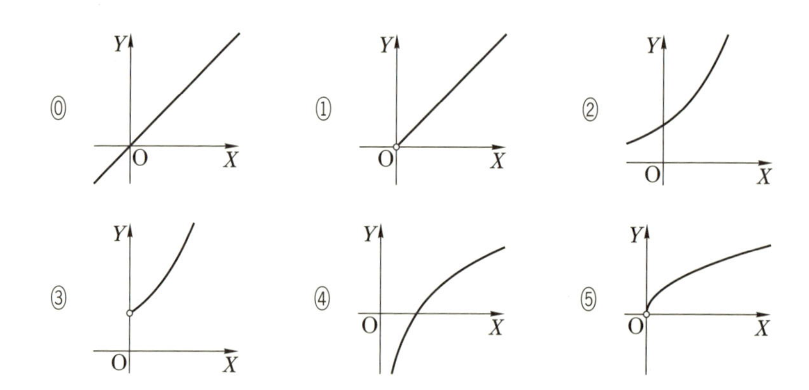

(3) 数直線OXとOYの両方に対数目盛を付け，点Oの両方での目盛りをそれぞれ［ア］とする。この対数目盛を付けた数直線OXと対数目盛を付けた数直線OYによる座標（X-Y平面）を用いると，

関数 $Y=X$ $(X>0)$ のグラフは $\boxed{\text{ケ}}$,

関数 $Y=10X^2$ $(X>0)$ のグラフは $\boxed{\text{コ}}$,

関数 $Y=\dfrac{10}{X}$ $(X>0)$ のグラフは $\boxed{\text{サ}}$

となる。

$\boxed{\text{ケ}}$, $\boxed{\text{コ}}$, $\boxed{\text{サ}}$ にあてはまるグラフを，次の⓪～⑨のうちから1つずつ選べ。

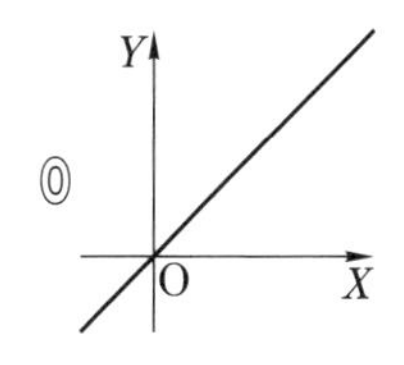

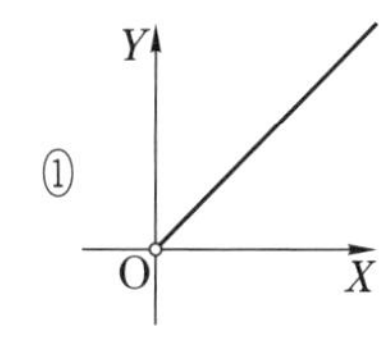

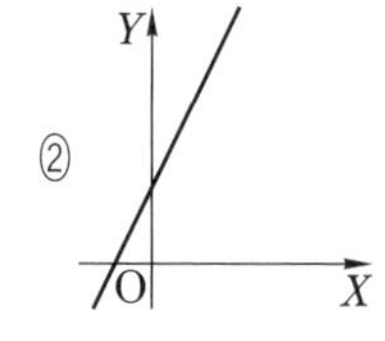

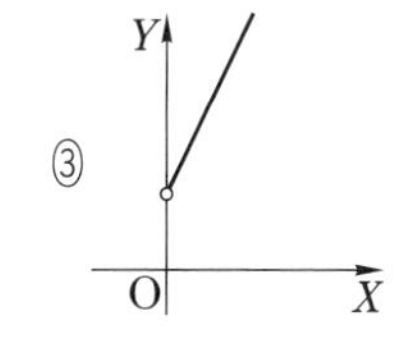

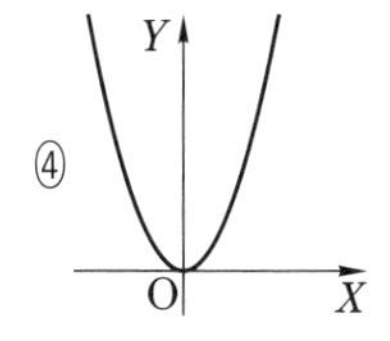

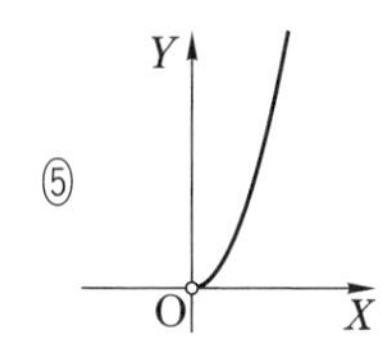

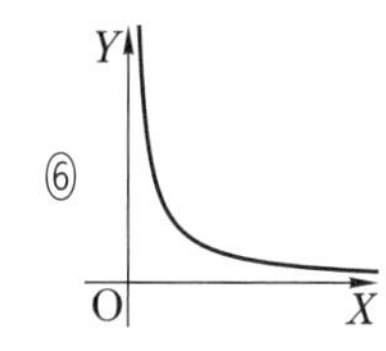

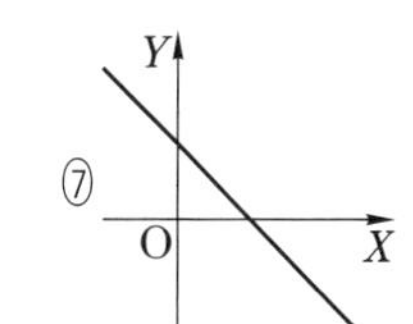

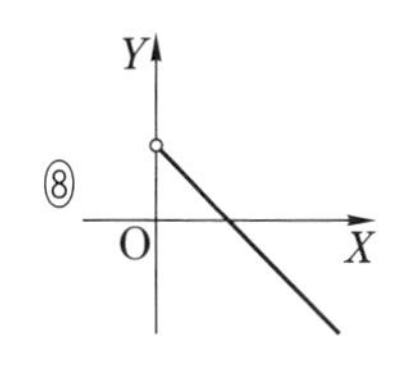

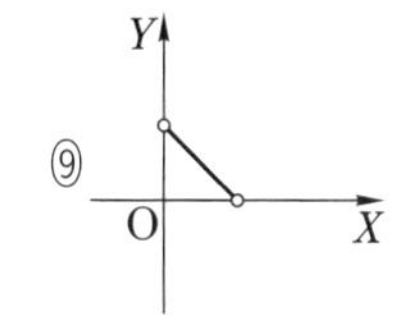

第4章　図形と方程式

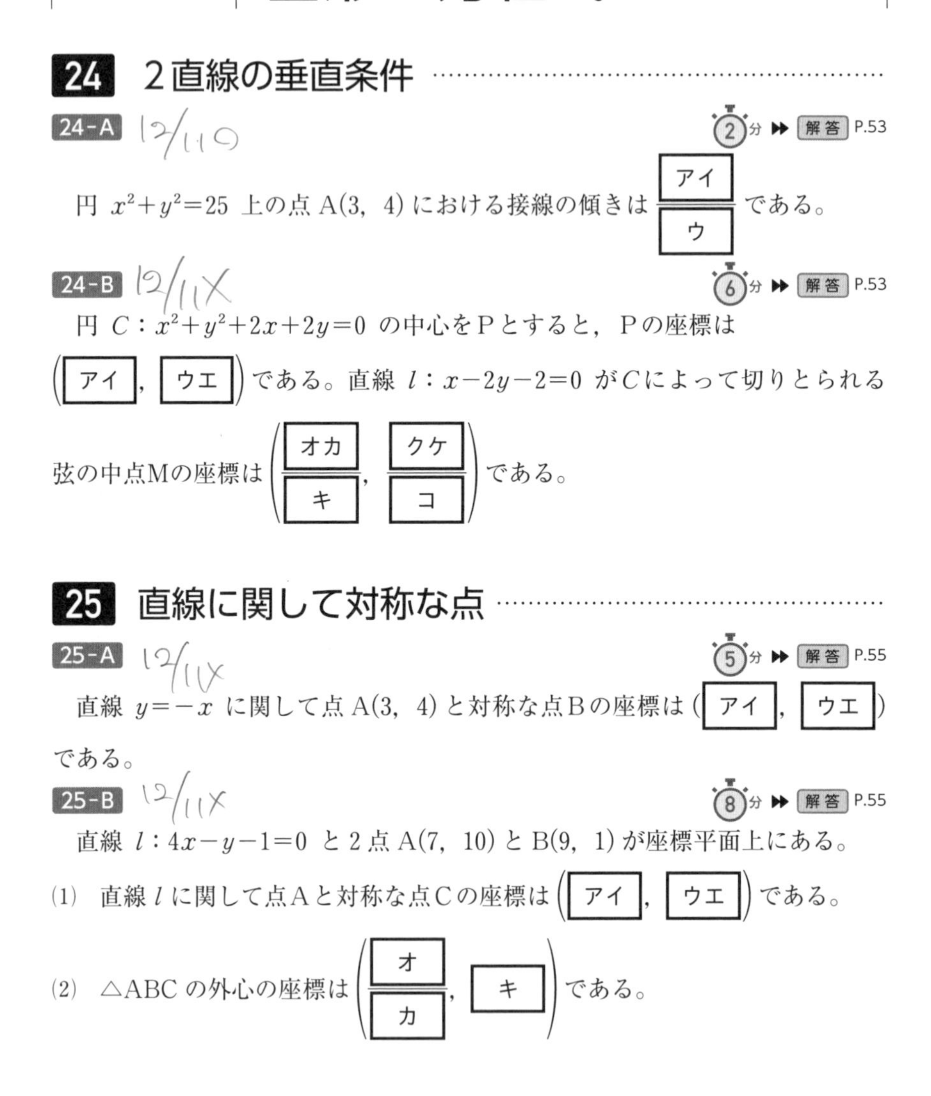

24 2直線の垂直条件

24-A　2分 ▶▶ 解答 P.53

円 $x^2+y^2=25$ 上の点 A(3, 4) における接線の傾きは $\dfrac{\boxed{\text{アイ}}}{\boxed{\text{ウ}}}$ である。

24-B　6分 ▶▶ 解答 P.53

円 $C: x^2+y^2+2x+2y=0$ の中心をPとすると，Pの座標は

$\left(\boxed{\text{アイ}},\ \boxed{\text{ウエ}}\right)$ である。直線 $l: x-2y-2=0$ がCによって切りとられる

弦の中点Mの座標は $\left(\dfrac{\boxed{\text{オカ}}}{\boxed{\text{キ}}},\ \dfrac{\boxed{\text{クケ}}}{\boxed{\text{コ}}}\right)$ である。

25 直線に関して対称な点

25-A　5分 ▶▶ 解答 P.55

直線 $y=-x$ に関して点 A(3, 4) と対称な点Bの座標は $\left(\boxed{\text{アイ}},\ \boxed{\text{ウエ}}\right)$ である。

25-B　8分 ▶▶ 解答 P.55

直線 $l: 4x-y-1=0$ と2点 A(7, 10) と B(9, 1) が座標平面上にある。

(1)　直線 l に関して点Aと対称な点Cの座標は $\left(\boxed{\text{アイ}},\ \boxed{\text{ウエ}}\right)$ である。

(2)　△ABC の外心の座標は $\left(\dfrac{\boxed{\text{オ}}}{\boxed{\text{カ}}},\ \boxed{\text{キ}}\right)$ である。

26 点と直線の距離

26-A 12/11 ○

2分 ▶▶ 解答 P.56

方程式 $x+3y+3=0$ で表される直線を l とする。点 A(5, 4) を中心とし l に接する円 C の半径を r とするとき，$r=$ [ア] $\sqrt{[イウ]}$ である。

26-B 12/11 ×

8分 ▶▶ 解答 P.57

a は実数で，$a>0$，$a\neq 2$ とし，点 A(a, 1) を中心とする半径 1 の円を C とする。また，点 P(2, 0) を通り円 C に接する直線のうち x 軸でないものを l とする。直線 l の傾きを b とすると，直線 l の方程式は

$$y=[ア](x-[イ])$$

と表される。

また，直線 l は円 C に接することから

$$[ア](a-[ウ])(a-[エ])=2(a-[オ])$$

が成り立つ。（[ウ] と [エ] は解答の順序を問わない。）

27 曲線の通る定点

27-A 12/11 ○

3分 ▶▶ 解答 P.58

直線 l：$ax-(2-a)y+4-4a=0$ は定点 ([ア], [イ]) を通る。

27-B 12/11 ○

7分 ▶▶ 解答 P.58

円 C：$x^2+y^2-6ax-4ay+26a-65=0$ の中心の座標は ([ア] a, [イ] a) であり，円 C は a の値によらず 2 点

$$A([ウエ], [オ]),\ B([カ], [キク])$$

を通る。

28 円の接線

28-A

1分 ▶▶ 解答 P.59

円 $x^2+y^2=9$ 上の点 $(2,\ \sqrt{5})$ における接線の方程式は，

$\boxed{\text{ア}}\,x+\sqrt{\boxed{\text{イ}}}\,y=\boxed{\text{ウ}}$ である。

28-B

8分 ▶▶ 解答 P.59

点 A$(2,\ -4)$ を通り，円 $C：x^2+y^2=10$ に接する直線 l の方程式を求めよう。

接点を P$(a,\ b)$ とすると，l の方程式は

$$\boxed{\text{ア}}\,x+\boxed{\text{イ}}\,y=10$$

と表される。

点Aは l 上にあり，点Pは C 上にあるので

$$\begin{cases}\boxed{\text{ウ}}\,a-\boxed{\text{エ}}\,b=10\\ a^2+b^2=10\end{cases}$$

が成り立つ。

したがって，l の方程式は

$$y=\boxed{\text{オ}}\,x-\boxed{\text{カキ}} \quad \text{または} \quad y=\frac{\boxed{\text{クケ}}}{\boxed{\text{コ}}}\left(x+\boxed{\text{サシ}}\right)$$

である。

29 条件を満たす点の軌跡

29-A

5分 ▶▶ 解答 P.61

A$(2,\ 1)$，B$(-4,\ -2)$ に対して，AP：BP$=1：2$ を満たす点Pの軌跡は，

中心 $\left(\boxed{\text{ア}},\ \boxed{\text{イ}}\right)$，半径 $\boxed{\text{ウ}}\sqrt{\boxed{\text{エ}}}$ の円である。

29-B

6分 ▶▶ 解答 P.61

a を正の実数とする。座標平面上に3点 A$(4,\ 0)$，B$(-1,\ 0)$，C$(0,\ -2)$ をとり，$\text{AP}^2+\text{BP}^2-\text{CP}^2=a$ を満たす点Pの表す図形を K とすると，K は中心 $\left(\boxed{\text{ア}},\ \boxed{\text{イ}}\right)$，半径 $\sqrt{\boxed{\text{ウ}}}$ の円である。

30 パラメータ表示された点の軌跡

30-A 12/11X

3分 ▶▶ 解答 P.62

放物線 $C : y = x^2 + 2ax - a^3 - 2a^2$ の頂点Aの軌跡は $y = x^{\boxed{ア}} - \boxed{イ}\,x^2$ の表すグラフである。

30-B 12/11X

6分 ▶▶ 解答 P.62

$0 < a < \dfrac{2}{3}$ とする。座標平面上の2点 $\mathrm{Q}(2a,\ 4a-4a^2)$，$\mathrm{R}(2-a,\ 2a-a^2)$ について，線分QRの中点Mの座標は，

$$\left(\boxed{ア} + \frac{a}{\boxed{イ}},\ \boxed{ウ}\,a - \frac{\boxed{エ}}{\boxed{オ}}a^2\right)$$

であり，a が $0 < a < \dfrac{2}{3}$ の範囲を動くとき，Mの軌跡は方程式

$$y = -10x^2 + \boxed{カキ}\,x - \boxed{クケ}$$

で表される放物線の $1 < x < \dfrac{\boxed{コ}}{\boxed{サ}}$ の部分である。

31 領　域

31-A 12/11△

5分 ▶▶ 解答 P.63

不等式 $x^2 + y^2 \leqq 4$，$y \geqq 0$ の表す半円の領域を D とする。

D 内の点と点 $\mathrm{A}(1,\ 3)$ との距離の最大値は $\boxed{ア}\sqrt{\boxed{イ}}$，最小値は $\sqrt{\boxed{ウエ}} - \boxed{オ}$ である。

31-B 12/11○

8分 ▶▶ 解答 P.64

連立不等式 $\begin{cases} x^2 + y^2 \leqq 1 \\ x + y \leqq 1 \\ 3x - y \leqq 3 \end{cases}$ の表す領域を D とし，点 $\mathrm{A}\left(\dfrac{5}{3},\ 0\right)$ を通り，傾きが a の直線を l とする。

l と D が共有点をもつような a の最小値は $\dfrac{\boxed{アイ}}{\boxed{ウ}}$ である。

実戦問題 第1問

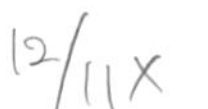

座標平面上の2点 A$(-1,\ 0)$，B$(2,\ 1)$ を通る直線を l_1 とする。また，方程式 $x^2+y^2+6x-12y+36=0$ が表す円を C_1 とする。

(1) l_1 の方程式は $x-\boxed{ア}\,y+\boxed{イ}=0$ である。また，C_1 の中心は $\left(\boxed{ウエ},\ \boxed{オ}\right)$ で，半径は $\boxed{カ}$ である。

(2) C_1 上の点 P$(a,\ b)$ に対して，三角形 ABP の重心Gの座標を $(s,\ t)$ とおくと，$a=\boxed{キ}\,s-\boxed{ク}$，$b=\boxed{ケ}\,t-\boxed{コ}$ である。したがって，P が C_1 上を動くとき，G の軌跡は中心 $\left(\dfrac{\boxed{サシ}}{\boxed{ス}},\ \dfrac{\boxed{セ}}{\boxed{ソ}}\right)$，半径 $\boxed{タ}$ の円となる。

(3) (2)で求めた円を C_2 とする。点Qが C_2 上を動き，点Rが線分 AB 上を動くとき，線分 QR の長さの最小値と最大値を求めよう。

C_2 の中心を通り，直線 l_1 と垂直な直線 l_2 の方程式は

$$\boxed{チ}\,x+\boxed{ツ}\,y-1=0$$

である。l_1 と l_2 の交点は，線分 AB を 1：$\boxed{テ}$ に内分することがわかる。

よって，l_2 は線分 AB と交わるので，QR の長さの最小値は

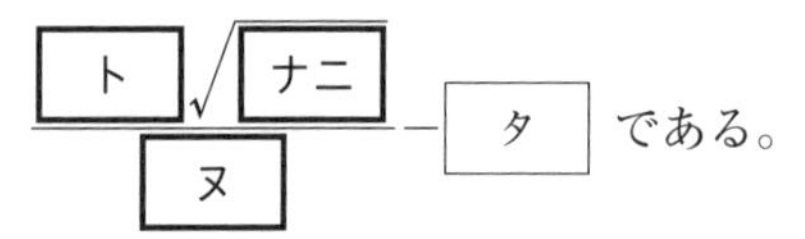

$$\frac{\boxed{ト}\sqrt{\boxed{ナニ}}}{\boxed{ヌ}}-\boxed{タ}$$ である。

QR の長さが最大となるときのRの座標は $\left(\boxed{ネ},\ \boxed{ノ}\right)$ である。

したがって，最大値は $\dfrac{\boxed{ハ}\sqrt{\boxed{ヒ}}}{\boxed{フ}}+\boxed{タ}$ である。

（センター試験）

実戦問題　第2問

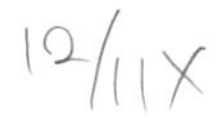

11分 ▸▸ 解答 P.67

100 g ずつ袋詰めされている食品AとBがある。1袋あたりのエネルギーは食品Aが 200 kcal，食品Bが 300 kcal であり，1袋あたりの脂質の含有量は食品Aが 4 g，食品Bが 2 g である。

(1) 太郎さんは，食品AとBを食べるにあたり，エネルギーは 1500 kcal 以下に，脂質は 16 g 以下に抑えたいと考えている。食べる量 (g) の合計が最も多くなるのは，食品AとBをどのような量の組合せで食べるときかを調べよう。ただし，一方のみを食べる場合も含めて考えるものとする。

(i) 食品Aを x 袋分，食品Bを y 袋分だけ食べるとする。このとき，x，y は次の条件①，②を満たす必要がある。

摂取するエネルギー量についての条件　［ア］　……①

摂取する脂質の量についての条件　［イ］　……②

［ア］，［イ］にあてはまる式を，次の解答群のうちから1つずつ選べ。

［ア］の解答群

⓪ $200x+300y \leqq 1500$　　① $200x+300y \geqq 1500$

② $300x+200y \leqq 1500$　　③ $300x+200y \geqq 1500$

［イ］の解答群

⓪ $2x+4y \leqq 16$　　① $2x+4y \geqq 16$

② $4x+2y \leqq 16$　　③ $4x+2y \geqq 16$

(ii) x，y の値と条件①，②の関係について正しいものを，次の⓪～③のうちから2つ選べ。ただし，解答の順序は問わない。［ウ］，［エ］

⓪ $(x,\ y)=(0,\ 5)$ は条件①を満たさないが，条件②は満たす。

① $(x,\ y)=(5,\ 0)$ は条件①を満たすが，条件②は満たさない。

② $(x,\ y)=(4,\ 1)$ は条件①も条件②も満たさない。

③ $(x,\ y)=(3,\ 2)$ は条件①と条件②をともに満たす。

第4章　図形と方程式

(iii) 条件①，②をともに満たす $(x,\ y)$ について，食品AとBを食べる量の合計の最大値を2つの場合で考えてみよう。

食品A，Bが1袋を小分けにして食べられるような食品のとき，すなわち x，y のとり得る値が実数の場合，食べる量の合計の最大値は [オカキ] g である。このときの $(x,\ y)$ の組は，$(x,\ y)=\left(\dfrac{\boxed{\text{ク}}}{\boxed{\text{ケ}}},\ \dfrac{\boxed{\text{コ}}}{\boxed{\text{サ}}}\right)$ である。

次に，食品A，Bが1袋を小分けにして食べられないような食品のとき，すなわち x，y のとり得る値が整数の場合，食べる量の合計の最大値は [シスセ] g である。このときの $(x,\ y)$ の組は [ソ] 通りある。

(2) 花子さんは，食品AとBを合計600 g以上食べて，エネルギーは1500 kcal以下にしたい。脂質を最も少なくできるのは，食品A，Bが1袋を小分けにして食べられない食品の場合，Aを [タ] 袋，Bを [チ] 袋食べるときで，そのときの脂質は [ツテ] g である。

(共通テスト 試行調査)

実戦問題 第3問

【I】 正方形の折り紙ABCDを用意し，図1，図2のように右下の点Cを正方形の内部（辺は含まない）の任意の点Pに合わせて折ることを考える。そのとき，折り返したときにできる図形 T（図2の斜線部分）が点Pの位置によって何角形になるのかを調べよう。

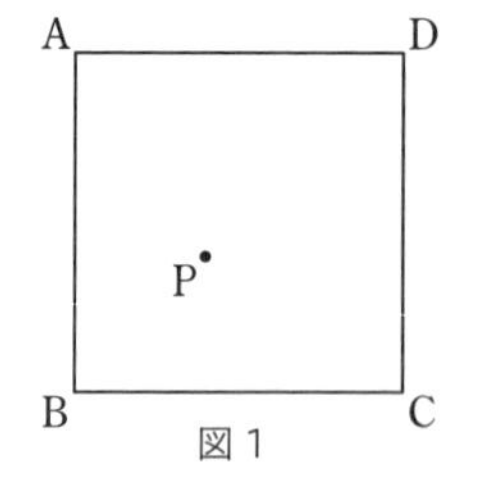

図1

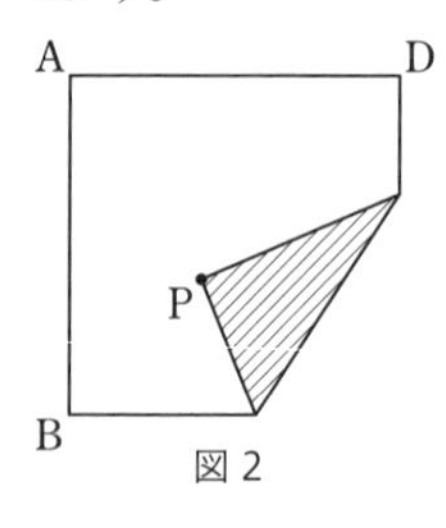

図2

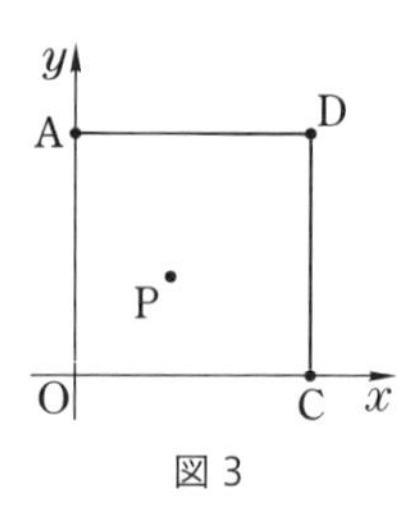

図3

点Bを原点とするような座標平面上で考えることとし，図3のように点A，C，Dの座標をそれぞれ(0，1)，(1，0)，(1，1)，正方形内の任意の点Pの座標を$(a,\ b)$とする。

(1) (i) 線分CPの中点の座標は$\left(\boxed{\text{ア}},\ \boxed{\text{イ}}\right)$，直線CPの傾きは$\boxed{\text{ウ}}$であるから，折り目の直線の方程式は

$$y=\boxed{\text{エ}}x+\boxed{\text{オ}}\quad\cdots\cdots①$$

である。

$\boxed{\text{ア}}$～$\boxed{\text{オ}}$にあてはまるものを，次の⓪～⑨のうちから1つずつ選べ。ただし，同じものを繰り返し選んでもよい。

⓪ $\dfrac{a}{2}$　① $\dfrac{b}{2}$　② $\dfrac{a+1}{2}$　③ $\dfrac{a-1}{2}$

④ $\dfrac{1-b}{a}$　⑤ $\dfrac{1-a}{b}$　⑥ $\dfrac{b}{a-1}$　⑦ $\dfrac{a^2-1}{2b}$

⑧ $\dfrac{a^2+b^2-1}{2a}$　⑨ $\dfrac{a^2+b^2-1}{2b}$

(ii) 直線①のy軸との交点をQ，直線CDとの交点をRとすると，

点Qの座標は$\left(0,\ \boxed{\text{カ}}\right)$，点Rの座標は$\left(1,\ \boxed{\text{キ}}\right)$

となる。

$\boxed{\text{カ}}$，$\boxed{\text{キ}}$にあてはまるものを，次の⓪～⑨のうちから1つずつ選べ。ただし，同じものを選んでもよい。

⓪ $\dfrac{a+b}{2}$　① $\dfrac{a-b}{2}$　② $\dfrac{b-a}{2}$　③ $\dfrac{a^2+1}{2b}$

④ $\dfrac{a^2+b^2-1}{2a}$　⑤ $\dfrac{a^2+b^2-1}{2b}$　⑥ $\dfrac{a^2+b^2-2a+1}{2a}$

⑦ $\dfrac{a^2+b^2+2a+1}{2a}$　⑧ $\dfrac{a^2+b^2-2a+1}{2b}$　⑨ $\dfrac{a^2+b^2+2a+1}{2b}$

(2) 太郎さんと花子さんは，図形Tが三角形になる点Pの位置を，不等式の表す領域を利用することで調べることにした。

太郎：折り目の直線と正方形の辺の交点の位置によって図形 T が何角形になるのかを分けて考える必要がありそうだね。［カ］と［キ］に注目してみたらどうだろう。

花子：図形 T が三角形になるためには，

であればよさそう。

太郎：3つの不等式の共通部分を求めると，図形 T が三角形になる領域の概形を斜線で示すと［サ］になる。

花子：境界線上の点を確認する必要があるわね。

(i) ［ク］～［コ］にあてはまる数を求めよ。

(ii) ［サ］にあてはまるものを，次の⓪～⑤のうちから1つ選べ。

⓪
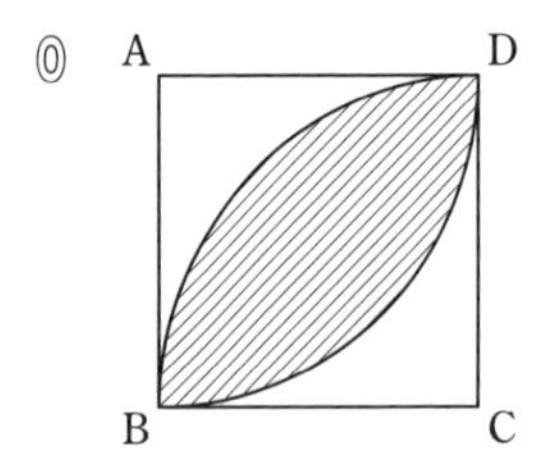

①
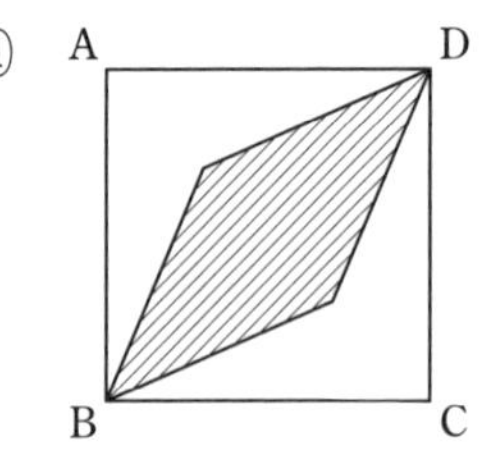

②
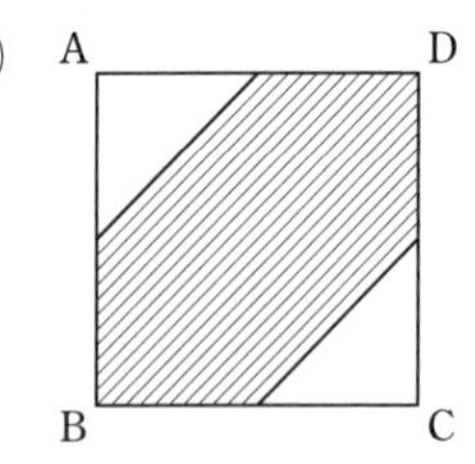

③
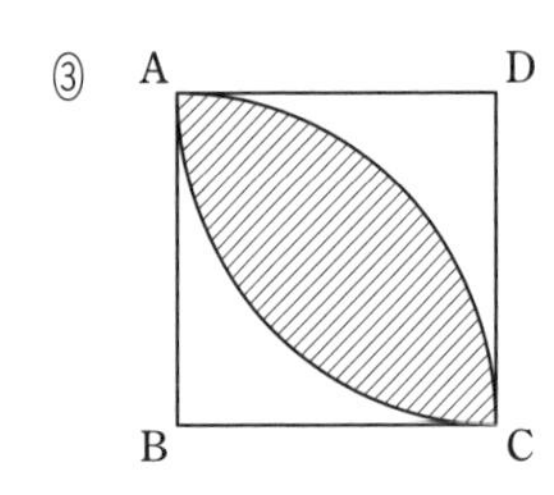

④
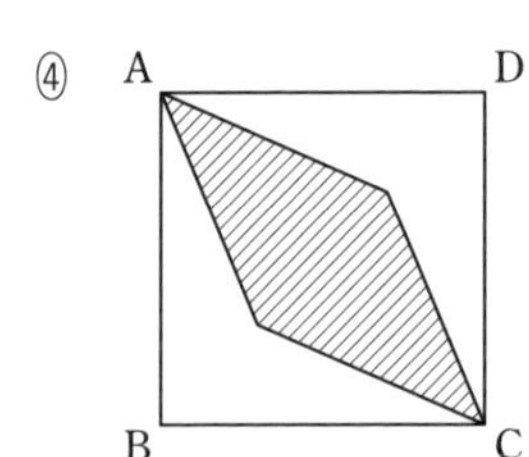

⑤
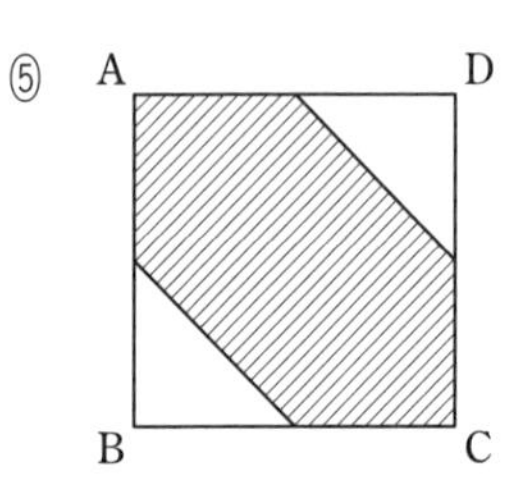

【II】 次に正方形ABCDの右下の点Cを正方形の外（辺は含まない）にある点Sに合わせて折ることを考える（図4）。そのとき，折り返したときにできる図形 T（図5の斜線部分）が点Sの位置によって何角形になるのかを調べよう。

正方形の内部のときと同じように点Bを原点，点A，C，Dの座標をそれぞれ$(0,\ 1)$，$(1,\ 0)$，$(1,\ 1)$，正方形の外にある任意の点Sの座標を$(a,\ b)$とする。

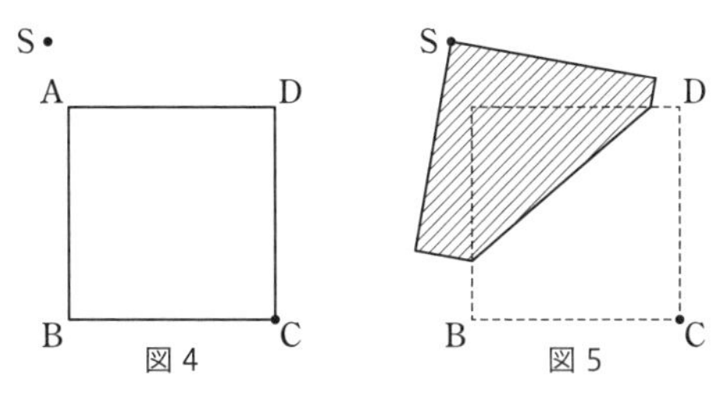

図4　図5

太郎さんと花子さんは，図形Tが五角形になる場合を考えることにした。

太郎：図5の通りに折り返した場合，Tは五角形になるけど，他にも，点Sが正方形の辺CDの右側にあるような場合などもありそうだね。まず，点Sが直線BCより上側で，かつ，直線CDより左側にある場合に限定して考えてみようか。

花子：a，bを用いて「$a<0$ かつ $b>0$」または「 シ 」と表される場合ね。

太郎：このときは，折り目である直線①の傾きは正の値と考えられる。
(太郎と花子，議論をしながら不等式を求める)

花子：3つの不等式の共通部分として表される領域になったね。

太郎：「 ス かつ セ かつ ソ 」だね。

(1) シ にあてはまるものを，次の⓪～③のうちから1つ選べ。

⓪ $a \geqq 0$ かつ $b>1$　① $a>1$ かつ $b>0$
② $0 \leqq a<1$ かつ $b>1$　③ $a>1$ かつ $0<b<1$

(2) ス ～ ソ にあてはまるものを，次の⓪～⑤のうちから3つ選べ。ただし，解答の順序は問わない。

⓪ $x^2+y^2<1$　① $x^2+y^2>1$
② $(x-1)^2+(y-1)^2<1$　③ $(x-1)^2+(y-1)^2>1$
④ $x^2+(y-1)^2>2$　⑤ $x^2+(y-1)^2<2$

第5章 微分法と積分法

32 2直線のなす角

32-A

3分 ▶▶ 解答 P.73

$a>\frac{1}{2}$ とする。$f(x)=x^2-x+1$ について，放物線 $y=f(x)$ 上の点 $\mathrm{A}(a,\ f(a))$ における接線を l とする。l と x 軸の正の向きのなす角を $\theta\left(0<\theta<\frac{\pi}{2}\right)$ とすると，$\tan\theta=$ [ア] $a-$ [イ] である。

32-B

5分 ▶▶ 解答 P.74

$f(x)=x^3-x$，$g(x)=x^3-3\sqrt{3}\,x^2+8x$ とする。曲線 $y=f(x)$ と曲線 $y=g(x)$ は点 $(0,\ 0)$ で交わっている。点 $(0,\ 0)$ における曲線 $y=f(x)$ の接線と曲線 $y=g(x)$ の接線がなす角を $\theta\left(0\leqq\theta<\frac{\pi}{2}\right)$ とすると，$\tan\theta=\frac{[ア]}{[イ]}$ である。

33 極大値・極小値

33-A

3分 ▶▶ 解答 P.75

$f(x)=x^3-6x^2-15x+20$ は，$x=$ [アイ] のとき極大値 [ウエ] をとり，$x=$ [オ] のとき極小値 [カキク] をとる。

33-B

5分 ▶▶ 解答 P.75

3次関数 $f(x)=2x^3+ax^2+bx+c$ は $x=1$ で極大値6をとり，$x=2$ で極小値をとるとする。a，b，c と $f(x)$ の極小値を求めよう。

$f(x)$ の導関数 $f'(x)$ が $f'(x)=$ [ア] $(x-1)(x-2)$ と因数分解されることより $a=$ [イウ]，$b=$ [エオ] であることがわかる。

さらに，$f(1)=6$ より $c=$ [カ] である。

したがって，$f(x)$ の極小値は [キ] である。

34 接線の方程式

34-A ⏱2分 ▶▶ 解答 P.76

2つの曲線 $C_1 : y=f(x)$, $C_2 : y=g(x)$ がともに点 P(1, 2) を通っていて，点Pにおける C_1 の接線と，C_2 の接線が一致するとき，

$$\begin{cases} f'(\boxed{\text{ア}})=g'(\boxed{\text{イ}}) \\ f(\boxed{\text{ウ}})=g(\boxed{\text{エ}})=\boxed{\text{オ}} \end{cases}$$

が成り立つ。

34-B ⏱5分 ▶▶ 解答 P.76

2つの放物線 $C_1 : y=3x^2$, $C_2 : y=-x^2+ax+b$ は点 $\mathrm{P}(u,\ v)$ を通り，その点で同じ接線をもつとする。

このとき，u, v, b を a で表すと

$$u=\frac{\boxed{\text{ア}}}{\boxed{\text{イ}}}a,\quad v=\frac{\boxed{\text{ウ}}}{\boxed{\text{エオ}}}a^2,\quad b=-\frac{1}{\boxed{\text{カキ}}}a^{\boxed{\text{ク}}}$$

である。

35 3次方程式の実数解の個数

35-A ⏱5分 ▶▶ 解答 P.77

x についての方程式 $-x^3+3x=k$ の実数解の個数は，$-2<k<2$ のとき $\boxed{\text{ア}}$ 個である。

35-B ⏱8分 ▶▶ 解答 P.78

曲線 $C : y=2x^3-3x$ 上の点 $\mathrm{A}(a,\ 2a^3-3a)$ における C の接線の方程式は $y=(\boxed{\text{ア}}a^{\boxed{\text{イ}}}-\boxed{\text{ウ}})x-\boxed{\text{エ}}a^{\boxed{\text{オ}}}$ である。この接線が点 $\mathrm{B}(1,\ b)$ を通るのは $b=\boxed{\text{カキ}}a^{\boxed{\text{ク}}}+\boxed{\text{ケ}}a^{\boxed{\text{コ}}}-\boxed{\text{サ}}$ が成り立つときである。

点Bから C へ相異なる3本の接線が引けるのは $\boxed{\text{シス}}<b<\boxed{\text{セソ}}$ のときである。

36 3次関数の最大値・最小値

36-A 3分 ▶▶ 解答 P.79

放物線 $y=x^2+2ax-a^3-2a^2$ の頂点をPとする。a が $-3 \leqq a < 1$ の範囲を動くとき，頂点Pの y 座標の値が最大となる a の値は，$a=\boxed{\text{アイ}}$，$\boxed{\text{ウ}}$ である。

36-B 7分 ▶▶ 解答 P.79

点 $(0,\ 15)$ をPとし，放物線 $C: y=x^2$ 上に点 $\mathrm{Q}(t,\ t^2)$ をとる。

$0<t<\sqrt{15}$ のとき，点P，Qおよび点 $\mathrm{R}(0,\ t^2)$ を頂点とする三角形PQRの面積を $f(t)$ とすると $f(t)=\dfrac{1}{2}\left(-t^{\boxed{\text{ア}}}+\boxed{\text{イウ}}\,t\right)$ である。

$f'(t)=\dfrac{\boxed{\text{エ}}}{2}\left(-t^{\boxed{\text{オ}}}+\boxed{\text{カ}}\right)$ であるから，三角形PQRの面積は

$t=\sqrt{\boxed{\text{キ}}}$ のとき最大値 $\boxed{\text{ク}}\sqrt{\boxed{\text{ケ}}}$ をとる。

37 2曲線間の面積

37-A 3分 ▶▶ 解答 P.81

放物線 $C_1: y=4x^2$ の $0 \leqq x \leqq 1$ の部分，放物線 $C_2: y=x^2-6x+9$ の $1 \leqq x \leqq 3$ の部分および x 軸で囲まれた図形の面積は $\boxed{\text{ア}}$ である。

37-B 7分 ▶▶ 解答 P.81

放物線 $y=x^2$ を C とし，直線 $y=ax$ を l とする。ただし，$0<a<1$ とする。C と l で囲まれた図形の面積を S_1 とし，次に C と l と直線 $x=1$ で囲まれた図形の面積を S_2 とするとき，

$$S_1=\frac{\boxed{\text{ア}}}{\boxed{\text{イ}}}a^{\boxed{\text{ウ}}},\quad S_1+S_2=\frac{1}{\boxed{\text{エ}}}a^{\boxed{\text{オ}}}-\frac{1}{\boxed{\text{カ}}}a+\frac{1}{\boxed{\text{キ}}}$$

である。

38 $(x-\alpha)^2$ の積分の公式

38-A 12/12△

4分 ▶▶ 解答 P.82

放物線 $C：y=x^2$ 上の点$\left(\frac{\sqrt{3}}{2},\ \frac{3}{4}\right)$における接線を l とする。C と l, y 軸で囲まれた図形の面積は $\frac{\sqrt{\boxed{ア}}}{\boxed{イ}}$ である。

38-B 12/12×

7分 ▶▶ 解答 P.82

2つの放物線 $C：y=-x^2+2x$, $D：y=-10x^2+26x-16$ の共有点をPとするとPの x 座標は $\frac{\boxed{ア}}{\boxed{イ}}$ である。放物線 D の $1\leqq x\leqq\frac{\boxed{ア}}{\boxed{イ}}$ の部分と C, 直線 $x=1$ で囲まれた図形の面積は $\frac{\boxed{ウ}}{\boxed{エ}}$ である。

39 絶対値記号を含む定積分

39-A 12/12×

5分 ▶▶ 解答 P.84

定積分 $I=\int_0^2|x^2+x-2|dx$ の値は $\boxed{ア}$ である。

39-B 12/12×

7分 ▶▶ 解答 P.84

$0\leqq k\leqq 1$ に対して，定積分 $f(k)=\int_0^1|x^2-k^2|dx$ を計算すると，

$$f(k)=\frac{\boxed{ア}}{\boxed{イ}}k^{\boxed{ウ}}-k^2+\frac{\boxed{エ}}{\boxed{オ}}$$

である。

実戦問題　第1問

10分 ▶▶ 解答 P.85

p を実数とし，関数 $f(x)=2x^3-2px^2+1$ を考える。

(1)　$f'(x)=\boxed{\text{ア}}x^2-\boxed{\text{イ}}px$ である。

$y=f(x)$ のグラフの点 $(p,\ f(p))$ における接線の方程式は

$y=\boxed{\text{ウ}}p^{\boxed{\text{エ}}}x-\boxed{\text{オ}}p^{\boxed{\text{カ}}}+\boxed{\text{キ}}$ である。

また，点 $(0,\ f(0))$ における接線の方程式は $y=\boxed{\text{ク}}$ である。

(2)　下の $\boxed{\text{ケ}}$，$\boxed{\text{サ}}$ には次の⓪～④のうちからあてはまるものを1つずつ選べ。ただし，同じものを繰り返し選んでもよい。

⓪　$>$　　①　$<$　　②　$\geqq$　　③　$\leqq$　　④　$\neq$

$f(x)$ が極値をもつような p の値の範囲は $p\boxed{\text{ケ}}\boxed{\text{コ}}$ であり，$f(x)$ が $x=0$ で極大になるような p の値の範囲は $p\boxed{\text{サ}}\boxed{\text{シ}}$ である。

(3)　$y=f(x)$ のグラフが x 軸と2個の共有点をもつのは $p=\dfrac{\boxed{\text{ス}}}{\boxed{\text{セ}}}$ のときであり，このときの2個の共有点の x 座標を α，β $(\alpha<\beta)$ とすると

$\alpha=\dfrac{\boxed{\text{ソタ}}}{\boxed{\text{チ}}}$，$\beta=\boxed{\text{ツ}}$ である。

xy 平面において，曲線 $y=(x-\alpha)(x-\beta)$ と x 軸で囲まれた図形の面積は $\dfrac{\boxed{\text{テ}}}{\boxed{\text{トナ}}}$ である。

また，2つの曲線 $y=2(x-\alpha)^2$，$y=2(x-\beta)^2$ および x 軸で囲まれた図形の面積は $\dfrac{\boxed{\text{ニ}}}{\boxed{\text{ヌネ}}}$ である。

実戦問題　第2問

12/12✗

12分 ▶▶ 解答 P.87

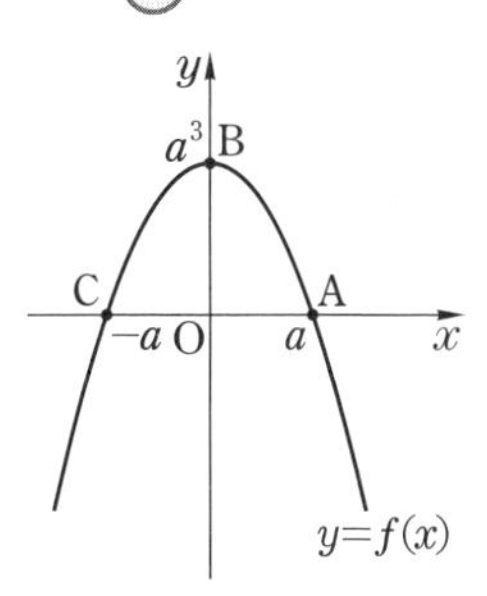

aを正の定数とする。$f(x)$は2次関数であるとし，$y=f(x)$ のグラフは右の図のように3点 A$(a,\ 0)$，B$(0,\ a^3)$，C$(-a,\ 0)$ を通る。

このとき，

$$f(x)=-\boxed{\text{ア}}x^2+a^{\boxed{\text{イ}}}$$

である。

以下，このグラフを曲線Pとする。

(1)　点Aにおける曲線Pの接線 l の方程式を $y=g(x)$ とすると

$$g(x)=\boxed{\text{ウエ}}a^{\boxed{\text{オ}}}x+\boxed{\text{カ}}a^{\boxed{\text{キ}}}$$

である。

また，点Cを通り，接線 l に平行な直線 m の方程式を $y=h(x)$ とすると，

$$h(x)=\boxed{\text{クケ}}a^{\boxed{\text{コ}}}x-\boxed{\text{サ}}a^{\boxed{\text{シ}}}$$

であり，直線 m と曲線Pの，点Cとは異なる交点Dの座標は

$$\left(\boxed{\text{ス}}a,\ \boxed{\text{セソ}}a^{\boxed{\text{タ}}}\right)$$

である。

(2)　曲線Pと直線 m および x 軸で囲まれた図形の面積は，曲線Pと接線 l および y 軸で囲まれた図形の面積の $\boxed{\text{チツ}}$ 倍である。

(3)　関数 $y=\int_a^x f(t)dt$ のグラフの概形として最も適当なものを，次のページの⓪～⑤のうちから1つ選べ。$\boxed{\text{テ}}$

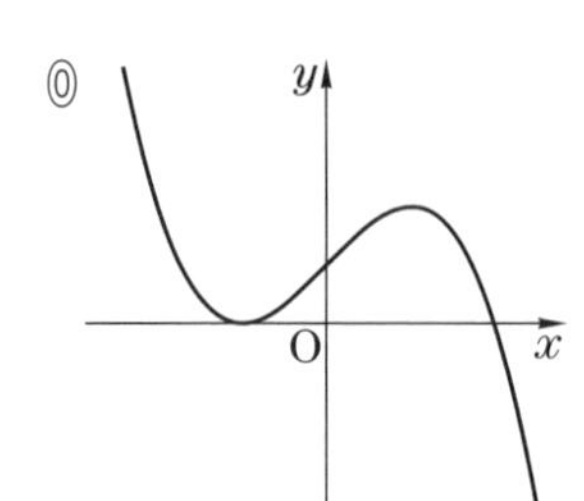

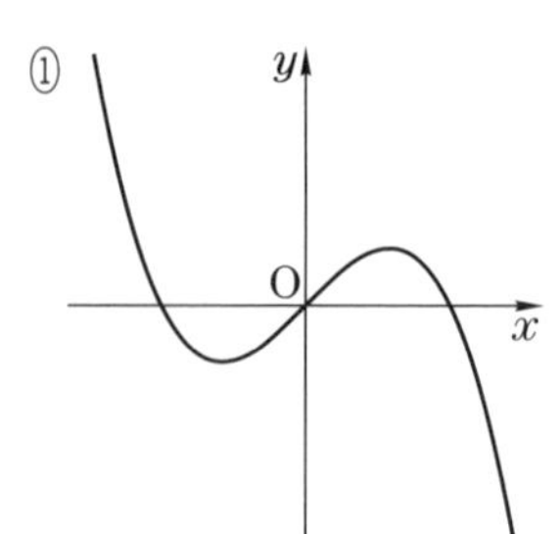

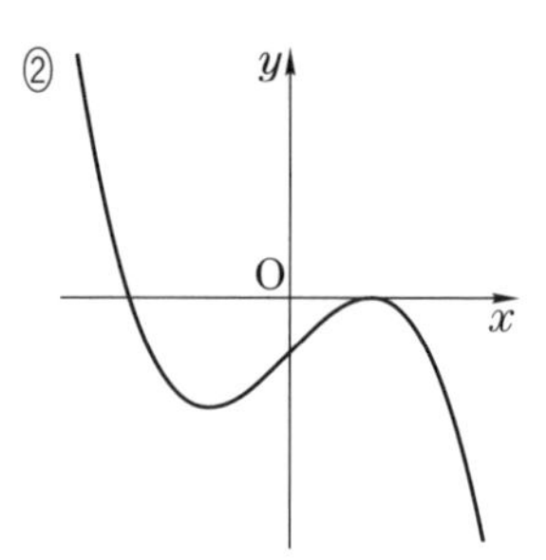

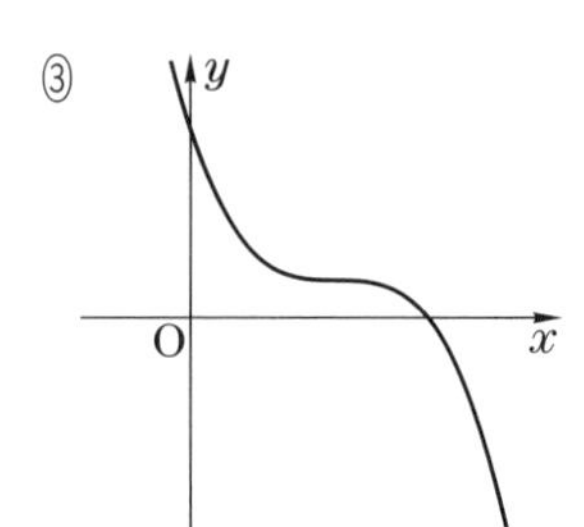

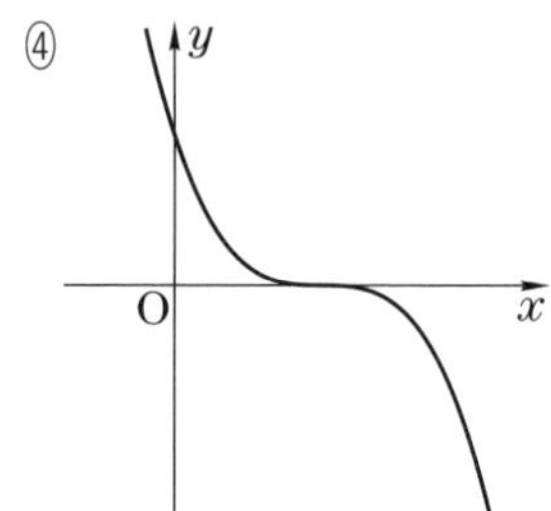

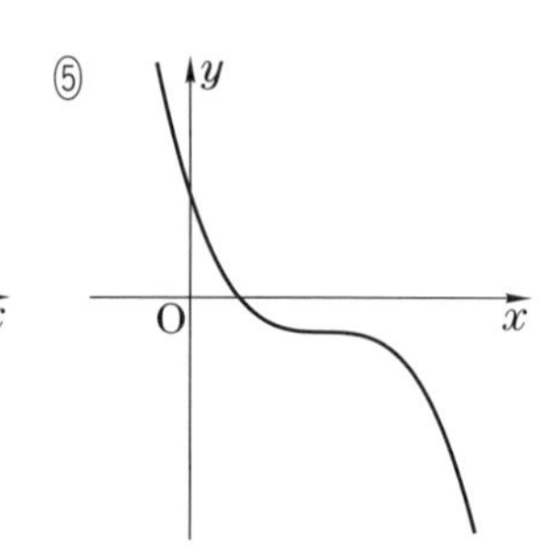

(4) 関数 $y=\int_0^x \{g(t)-f(t)\}dt$ のグラフの概形として最も適当なものを，次の⓪～⑤のうちから１つ選べ。 ト

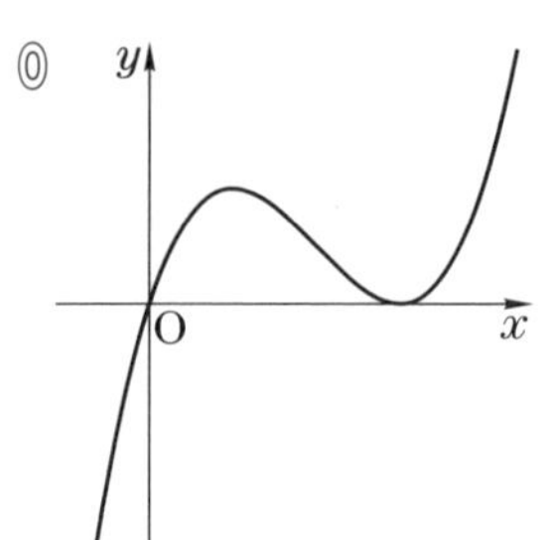

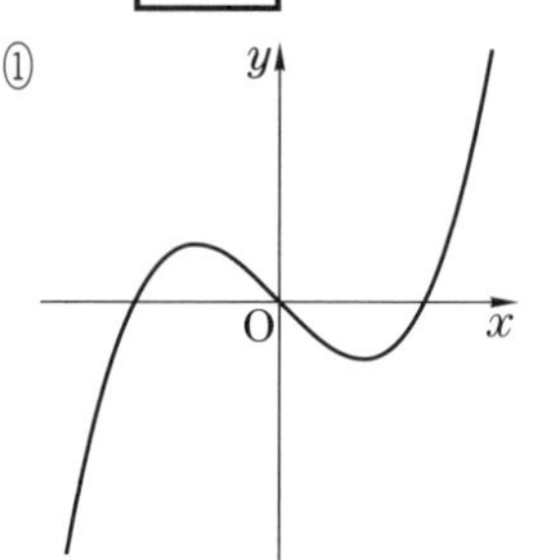

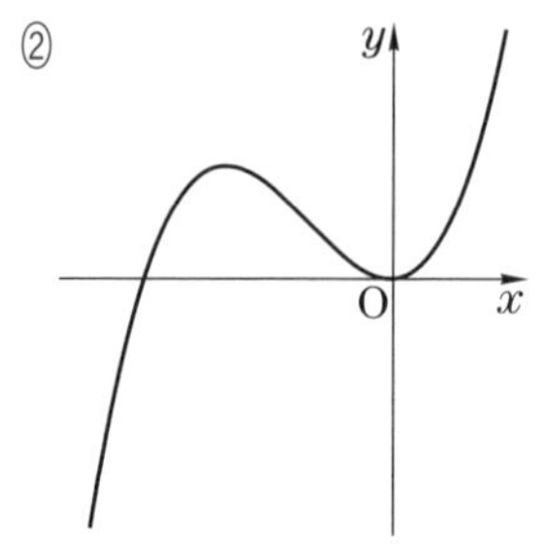

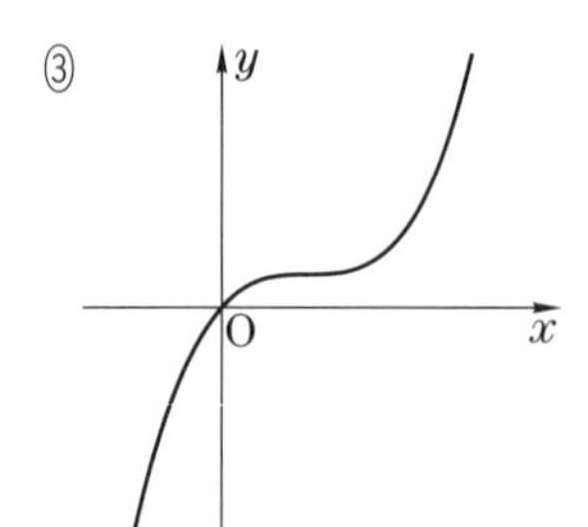

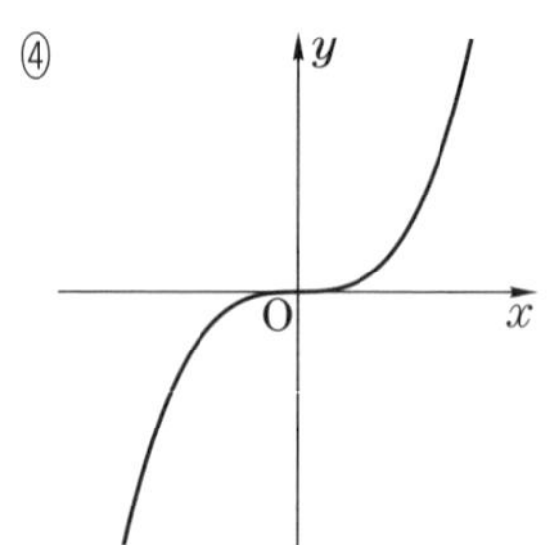

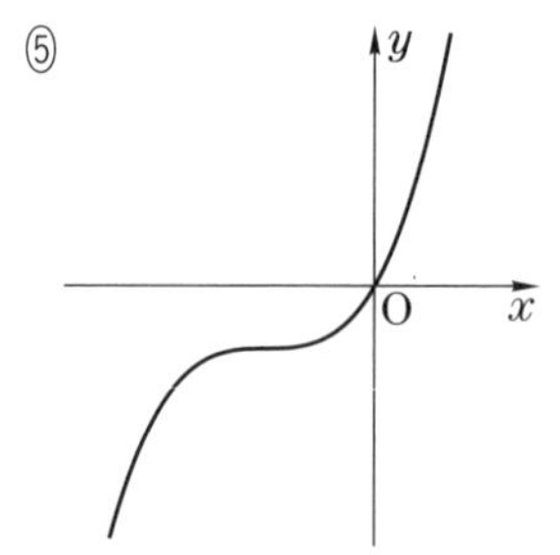

実戦問題 第3問

12/12×

12分 ▶▶ 解答 P.90

p, q, rを実数とし, $p>0$ とする。関数 $f(x)=px^3+qx$ は $x=1$ で極値をとるとする。曲線 $y=f(x)$ を C, 直線 $y=-x+r$ を l とする。

(1) $f'(1)=$ [ア] であるから, $q=$ [イウ] p である。また, 点 $(s,\ f(s))$ における曲線 C の接線は

$$y=(\boxed{エ}\,ps^2-\boxed{オ}\,p)x-\boxed{カ}\,ps^3 \quad \cdots\cdots①$$

と表せる。よって, C の接線の傾きは, $s=$ [キ] のとき最小値 [クケ] p をとる。

(2) 曲線 C と直線 $y=-x$ の共有点の個数は, [クケ] $p\geqq$ [コサ] のとき [シ] 個で, [クケ] $p<$ [コサ] のとき [ス] 個となる。

C と l の共有点の個数が, r の値によらず [セ] 個となるのは $0<p\leqq\dfrac{\boxed{ソ}}{\boxed{タ}}$ のときであり, $p>\dfrac{\boxed{ソ}}{\boxed{タ}}$ のときは C と l の共有点の個数が, r の値によって1個, 2個および3個の場合がある。

(3) $p>\dfrac{\boxed{ソ}}{\boxed{タ}}$ とし, 曲線 C と直線 l が3個の共有点をもつような r の値の範囲を p を用いて表そう。

点 $(s,\ f(s))$ における C の接線の傾きが -1 となるのは

$$s=\pm\sqrt{\frac{\boxed{チ}\,p-\boxed{ツ}}{\boxed{テ}\,p}}$$

のときである。したがって, 傾きが -1 となる C の接線は2本あり, l がこれらの接線のどちらかに一致するとき, C と l の共有点は [ト] 個となる。①を用いて, これら2本の接線と y 軸との交

点を求めれば，C と l が3個の共有点をもつような r の絶対値の範囲は

$$|r|<\frac{\boxed{\text{ナ}}\,p-\boxed{\text{ニ}}}{\boxed{\text{ヌ}}}\sqrt{\frac{\boxed{\text{チ}}\,p-\boxed{\text{ツ}}}{\boxed{\text{テ}}\,p}}$$

であることがわかる。

(4)　u を1以上の実数とする。t が $t>u$ の範囲を動くとき，曲線 $y=x^2-1$ と x 軸および2直線 $x=u$，$x=t$ で囲まれた図形の面積が $f(t)$ とつねに等しいとする。このとき，$p=\dfrac{\boxed{\text{ネ}}}{\boxed{\text{ノ}}}$ であり，$u=\sqrt{\boxed{\text{ハ}}}$ となる。

（センター試験）

第6章　数　列

40　等差数列

40-A

2分 ▶▶ 解答 P.94

数列 $\{a_n\}$ が初項 7，公差 -4 の等差数列のとき，一般項は

$a_n=$ [アイ] $n+$ [ウエ]，初項から第 n 項までの和 S_n は

$S_n=$ [オカ] n^2+ [キ] n である。

40-B

5分 ▶▶ 解答 P.94

初項が $a_1=-18$ で，漸化式 $a_{n+1}=a_n+4$ $(n=1, 2, 3, \cdots)$ を満たす数列 $\{a_n\}$ がある。初項から第 n 項までの和を S_n とする。

$\{a_n\}$ の一般項は $a_n=$ [ア] $n-$ [イウ] であり，$S_n=$ [エ] n^2- [オカ] n である。

S_n は $n=$ [キ] のとき最小値 [クケコ] をとる。

41　等比数列

41-A

5分 ▶▶ 解答 P.95

等比数列 18，$-6\sqrt{3}$，6，$-2\sqrt{3}$，… について，第 6 項は

$-\dfrac{[ア]\sqrt{[イ]}}{[ウ]}$ である。

また，初項から第 15 項までの奇数番目の項の和は $\dfrac{[エオカキ]}{[クケコ]}$ である。

41-B

7分 ▶▶ 解答 P.96

初項が 0 でない等比数列 $\{a_n\}$ が $a_1+2a_2=0$ を満たしている。このとき，

公比は $\dfrac{[アイ]}{[ウ]}$ である。

$a_1=3$ ならば $\dfrac{1}{a_1}+\dfrac{1}{a_2}+\cdots+\dfrac{1}{a_n}=57$ となるのは $n=$ [エ] のときである。

42 いろいろな数列の和

42-A 12/13×

4分 ▶▶ 解答 P.97

$\dfrac{1}{k(k+2)}=\dfrac{1}{\boxed{ア}}\left(\dfrac{1}{k}-\dfrac{1}{k+2}\right)$ であり，$\displaystyle\sum_{k=1}^{8}\dfrac{1}{k(k+2)}=\dfrac{\boxed{イウ}}{\boxed{エオ}}$ である。

42-B 12/13×

8分 ▶▶ 解答 P.98

数列 $\{a_n\}$ の一般項が $a_n=4n+1$ であるとき，

$$a_1a_2+a_2a_3+\cdots+a_na_{n+1}=\frac{n\left(\boxed{アイ}n^2+\boxed{ウエ}n+\boxed{オカ}\right)}{\boxed{キ}}$$

$$\frac{1}{a_1a_2}+\frac{1}{a_2a_3}+\cdots+\frac{1}{a_na_{n+1}}=\frac{n}{\boxed{ク}\left(\boxed{ケ}n+\boxed{コ}\right)}$$

が成り立つ。

43 階差数列

43-A 12/13×

3分 ▶▶ 解答 P.99

$a_1=1$，$a_{n+1}-a_n=4n$ で定められた数列 $\{a_n\}$ の一般項は

$a_n=\boxed{ア}n^2-\boxed{イ}n+\boxed{ウ}$ である。

43-B 12/13×

7分 ▶▶ 解答 P.99

$a_1=3$，$a_{n+1}=a_n+2n+1$ $(n=1,\ 2,\ \cdots)$ によって定められる数列 $\{a_n\}$ の一般項 a_n は $a_n=n^{\boxed{ア}}+\boxed{イ}$ であり，a_1 から a_n までの和 S_n は

$S_n=\dfrac{1}{\boxed{ウ}}n\left(\boxed{エ}n^2+\boxed{オ}n+\boxed{カキ}\right)$ である。

44 数列の和と一般項

44-A 12/13×

3分 ▶▶ 解答 P.100

数列 $\{a_n\}$ の初項から第 n 項までの和 S_n が

$S_n=n^2+n+1$ $(n=1,\ 2,\ 3,\ \cdots)$

で表されるとき，$a_1=\boxed{ア}$ であり，$n\geqq2$ のとき $a_n=\boxed{イ}n$ である。

44-B 12/13 ×　　4分 ▶▶ 解答 P.100

数列 $\{a_n\}$ の初項から第 n 項までの和 $S_n=\sum_{k=1}^{n} a_k$ が

$S_n=-n^2+24n$ $(n=1,\ 2,\ 3,\ \cdots)$

で与えられるものとする。このとき，$a_1=$ アイ，$a_2=$ ウエ である。

また，$a_n<0$ となる自然数 n の値の範囲は $n \geqq$ オカ である。

45 群数列

45-A 12/13 ○　　4分 ▶▶ 解答 P.101

数列 1，2，2，3，3，3，4，4，4，4，5，… において，はじめて 21 が現れるのは第 アイウ 項である。

45-B 12/13 ×　　9分 ▶▶ 解答 P.102

数列 $\frac{1}{2}$，$\frac{1}{3}$，$\frac{2}{3}$，$\frac{1}{4}$，$\frac{2}{4}$，$\frac{3}{4}$，$\frac{1}{5}$，… について，$\frac{37}{50}$ は第 アイウエ 項であり，

第 1000 項の数は $\frac{\text{オカ}}{\text{キク}}$ である。

46 漸化式

46-A 12/13 ○　　3分 ▶▶ 解答 P.103

$a_1=6$，$a_{n+1}=5a_n-8$ $(n=1,\ 2,\ 3,\ \cdots)$ で定められた数列 $\{a_n\}$ の一般項は

$a_n=$ ア・イ$^{n-1}+$ ウ である。

46-B 12/13 △　　6分 ▶▶ 解答 P.103

数列 $\{a_n\}$ は初項が -27 で，漸化式 $a_{n+1}=3a_n+60$ $(n=1,\ 2,\ 3,\ \cdots)$ を満たすとする。このとき，$a_n=$ ア$^n-$ イウ である。数列 $\{a_n\}$ の初項から第 n 項までの和 S_n は

$S_n=\frac{\text{エ}}{\text{オ}}\left(\text{カ}^n-\text{キ}\right)-$ イウ n

である。

47 数学的帰納法

47-A

4分 ▶▶ 解答 P.104

n を自然数とするとき

$$1\cdot1+2\cdot2+3\cdot2^2+4\cdot2^3+\cdots+n\cdot2^{n-1}=(n-1)\cdot2^n+1 \quad \cdots\cdots(*)$$

が成り立つことを数学的帰納法を用いて示そう。

(i) $n=1$ のとき

$(\text{左辺})=1\cdot1=1,\ (\text{右辺})=(1-1)\cdot2^1+1=1$

となり $(*)$ が成り立つ。

(ii) $n=k$ のとき $(*)$ が成り立つ，すなわち，

$$1\cdot1+2\cdot2+3\cdot2^2+4\cdot2^3+\cdots+k\cdot2^{k-1}=(k-1)\cdot2^k+1$$

が成り立つと仮定する。

$n=k+1$ のときの $(*)$ の左辺は

$$1\cdot1+2\cdot2+3\cdot2^2+4\cdot2^3+\cdots+k\cdot2^{k-1}+(k+1)\cdot2^k=k\cdot2^{k+\boxed{\text{ア}}}+\boxed{\quad\text{イ}\quad}$$

$n=k+1$ のときの $(*)$ の右辺は

$$\left\{\left(k+\boxed{\quad\text{ウ}\quad}\right)-1\right\}\cdot2^{k+\boxed{\text{エ}}}+1=k\cdot2^{k+\boxed{\text{ア}}}+\boxed{\quad\text{イ}\quad}$$

よって，$n=k+1$ のときも $(*)$ が成り立つ。

(i)，(ii)から，すべての自然数について $(*)$ が成り立つ。

47-B

数列 $\{a_n\}$ が

$$a_1=1,\ a_{n+1}=5^{1-n}a_n\ (n=1,\ 2,\ 3,\ \cdots) \quad \cdots\cdots①$$

を満たすとする。$\{a_n\}$ の一般項が

$$a_n=5^{-\frac{(n-1)(n-2)}{2}} \quad \cdots\cdots②$$

となることを数学的帰納法を用いて示そう。

(i) $n=1$ のとき，②の右辺は $5^{\boxed{\text{ア}}}=\boxed{\quad\text{イ}\quad}$ であることから，②は成り立つ。

(ii) $n=k$ のとき，②が成り立つ，すなわち $a_k=5^{-\frac{(k-1)(k-2)}{2}}$ と仮定する。

①より，

$$a_{k+1}=5^{1-k}a_k=5^{-\frac{k\left(k-\boxed{\text{ウ}}\right)}{2}}=5^{-\frac{\left\{\left(k+\boxed{\text{エ}}\right)-1\right\}\left\{\left(k+\boxed{\text{オ}}\right)-2\right\}}{2}}$$

よって，$n=k+\boxed{\quad\text{カ}\quad}$ のときも②が成り立つ。

(i)，(ii)から，すべての自然数 n について②が成り立つ。

実戦問題 第1問

12/13 △

9分 ▶▶ 解答 P.105

(1) cを0でない定数とする。

数列$\{a_n\}$を $a_1=3$, $a_{n+1}=3a_n-c$ $(n=1, 2, 3, \cdots)$によって定める。

$d=\dfrac{c}{\boxed{ア}}$ とすると,

$$a_{n+1}-d=3(a_n-d)\ (n=1, 2, 3, \cdots)$$

が成り立つ。したがって,

$$a_n=\left(\boxed{イ}-\frac{c}{\boxed{ア}}\right)\cdot\boxed{ウ}^{n-1}+\frac{c}{\boxed{ア}}$$

である。また,

$$\sum_{k=1}^{8}a_k=\boxed{エオカキ}-\boxed{クケコサ}c$$

である。

(2) 数列$\{b_n\}$を $b_1=3$, $b_{n+1}=b_n+(2n+3)$ $(n=1, 2, 3, \cdots)$ によって定める。

この数列の一般項を $b_n=n^2+pn+q$ とすると, $p=\boxed{シ}$, $q=\boxed{ス}$ であり,

$$\sum_{k=1}^{n}b_k=\frac{n\left(n+\boxed{セ}\right)\left(\boxed{ソ}n+\boxed{タ}\right)}{\boxed{チ}}$$

である。また,

$$\frac{1}{b_1}=\frac{1}{2}\left(\frac{1}{1}-\frac{1}{3}\right),\ \frac{1}{b_2}=\frac{1}{2}\left(\frac{1}{\boxed{ツ}}-\frac{1}{4}\right),\ \cdots,\ \frac{1}{b_9}=\frac{1}{2}\left(\frac{1}{\boxed{テ}}-\frac{1}{11}\right)$$

となるので

$$\sum_{k=1}^{9}\frac{1}{b_k}=\frac{\boxed{トナ}}{55}$$

である。

実戦問題 第2問

12/13×

12分 ▶▶ 解答 P.106

太郎さんと花子さんは，数列の和に関する問題について話している。
2人の会話を読んで，下の問いに答えよ。

(1)

［問題］ 次の数列の初項から第 n 項までの和 S_n を求めよ。
$1,\ 2\cdot2,\ 3\cdot2^2,\ 4\cdot2^3,\ \cdots,\ n\cdot2^{n-1}$

花子：これは授業で学習した一般項が（等差数列）×（等比数列）の形をしている数列だね。
太郎：数列の性質としてより強い影響を与えているのは等比数列だから，その和の求め方も等比数列の和の求め方と同様に，求める和を S_n とし，その両辺に公比をかけて辺々を引いていくんだよね。

数列の初項から第 n 項までの和 S_n を求めよ。

$$S_n=(n-\boxed{\text{ア}})\cdot\boxed{\text{イ}}^{\,n}+\boxed{\text{ウ}}$$

(2)

花子：他に解法がないか調べてみたんだけど。
太郎：僕も調べてきたからお互い黒板に書いて発表しようか。
花子：そうね。では，まずは私の解法を**【別解A】**，太郎さんの解法を**【別解B】**としましょう。

【別解A】 初項1，公比2の等比数列 $\{p_n\}$ の一般項は，$p_n=2^{n-1}$

$\{p_n\}$ の初項から第 n 項までの和を $T_n=\sum_{k=1}^{n}2^{k-1}$ とすると

$T_1=2^0$
$T_2=2^0+2^1$
$T_3=2^0+2^1+2^2$
………
$T_n=2^0+2^1+2^2+\cdots+2^{n-1}$

上から順に辺々をすべて足すと，

$$\sum_{k=1}^{n} T_k=\sum_{k=1}^{n}\left(\boxed{\text{エ}}-k\right)\cdot 2^{k-1}=\left(\boxed{\text{エ}}\right)\sum_{k=1}^{n}2^{k-1}-\sum_{k=1}^{n}k\cdot 2^{k-1}$$

よって，$n \geqq 2$ のとき

$$S_n=\sum_{k=1}^{n}k\cdot 2^{k-1}=\left(\boxed{\text{エ}}\right)\sum_{k=1}^{n}2^{k-1}-\sum_{k=1}^{n}T_k$$

$$=nT_n-\sum_{k=1}^{\boxed{\text{オ}}}T_k$$

$$=n(2^{\boxed{\text{カ}}}-1)-\sum_{k=1}^{\boxed{\text{オ}}}(2^k-1)$$

これを計算し，$n=1$ の場合も調べれば，S_n を求めることができる。

太郎：すごいね。和がわかっている数列を利用して別の数列の和を求めようとする考え方だよね。いろいろな和の公式を導けそうだね。

【別解B】 数列 $\{a_n\}$ の一般項が $a_n=n\cdot 2^{n-1}$ のとき，その階差数列を $\{b_n\}$ とすると，

$$a_1,\ a_2,\ a_3,\ \cdots\cdots,\ a_{n-1},\ a_n,\ a_{n+1},\ \cdots$$
$$b_1,\ b_2,\ \cdots\cdots,\ b_{n-1},\ b_n,\ \cdots$$

$$b_n=a_{n+1}-a_n$$
$$=(n+1)\cdot 2^n-n\cdot 2^{n-1}$$
$$=\left(\boxed{\text{キ}}\right)\cdot 2^{\boxed{\text{ク}}} \quad \cdots\cdots①$$

また，数列 $\{a_n\}$ とその階差数列 $\{b_n\}$ の関係から

$$a_{n+1}=a_1+\sum_{k=1}^{\boxed{\text{ケ}}}b_k$$

であるが，これを $a_n=n\cdot 2^{n-1}$ を用いて書き換えると

$$(n+1)\cdot 2^n=1+\sum_{k=1}^{\boxed{\text{ケ}}}b_k \quad \cdots\cdots②$$

①，②から S_n を求めることができる。

花子：なるほどね。複雑な数列を考えるとき，階差数列を考えてみるとよいと先生に言われたけれど，その通りだね。階差数列ってすごいね。

エ ～ ケ にあてはまる式を，次の⓪～④のうちから１つずつ選べ。ただし，同じものを選んでもよい。

⓪ $n-2$　① $n-1$　② n　③ $n+1$　④ $n+2$

(3) **【別解B】**の考え方を参考にして，$\sum_{k=1}^{n} k^2 \cdot 2^{k-1}$ を計算すると

$$\sum_{k=1}^{n} k^2 \cdot 2^{k-1} = \left(n^2 - \boxed{コ}\,n + \boxed{サ}\right) \cdot 2^n - \boxed{シ}$$

となる。

実戦問題 第3問

10分 ▶▶ 解答 P.108

次の文章を読んで，あとの問いに答えよ。

ある薬Dを服用したとき，有効成分の血液中の濃度（血中濃度）は一定の割合で減少し，T 時間が経過すると $\frac{1}{2}$ 倍になる。薬Dを１錠服用すると，服用直後の血中濃度は P だけ増加する。時間０で血中濃度が P であるとき，血中濃度の変化は次のグラフで表される。適切な効果が得られる血中濃度の最小値を M，副作用を起こさない血中濃度の最大値を L とする。

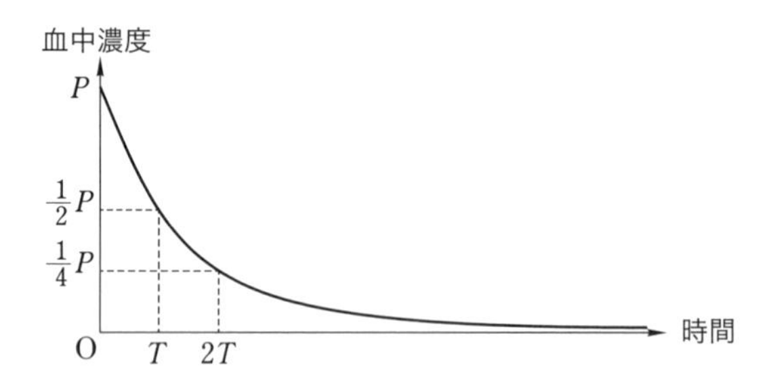

薬Dについては，$M=2$，$L=40$，$P=5$，$T=12$ である。

(1) 薬Dについて，12 時間ごとに 1 錠ずつ服用するときの血中濃度の変化は次のグラフのようになる。

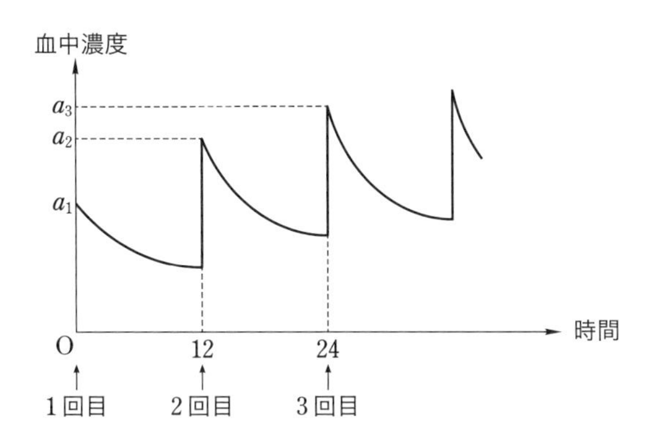

n を自然数とする。a_n は n 回目の服用直後の血中濃度である。a_1 は P と一致すると考えてよい。$(n+1)$ 回目の服用直前には，血中濃度は n 回目の服用直後から時間の経過に応じて減少しており，薬を服用した直後に血中濃度が P だけ上昇する。この血中濃度が a_{n+1} である。

$P=5$，$T=12$ であるから，数列 $\{a_n\}$ の初項と漸化式は

$$a_1=\boxed{\text{ア}},\quad a_{n+1}=\frac{\boxed{\text{イ}}}{\boxed{\text{ウ}}}a_n+\boxed{\text{エ}}\quad (n=1,\ 2,\ 3,\ \cdots)$$

となる。

数列 $\{a_n\}$ の一般項を求めてみよう。

【考え方 1】

数列 $\{a_n-d\}$ が等比数列となるような定数 d を求める。$d=\boxed{\text{オカ}}$ に対して，数列 $\{a_n-d\}$ が公比 $\dfrac{\boxed{\text{キ}}}{\boxed{\text{ク}}}$ の等比数列になることを用いる。

【考え方 2】

階差数列をとって考える。数列 $\{a_{n+1}-a_n\}$ が公比 $\dfrac{\boxed{\text{ケ}}}{\boxed{\text{コ}}}$ の等比数列になることを用いる。

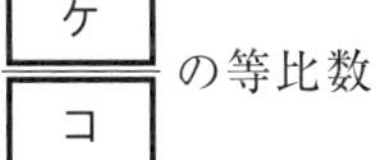

いずれの考え方を用いても，一般項を求めることができ，

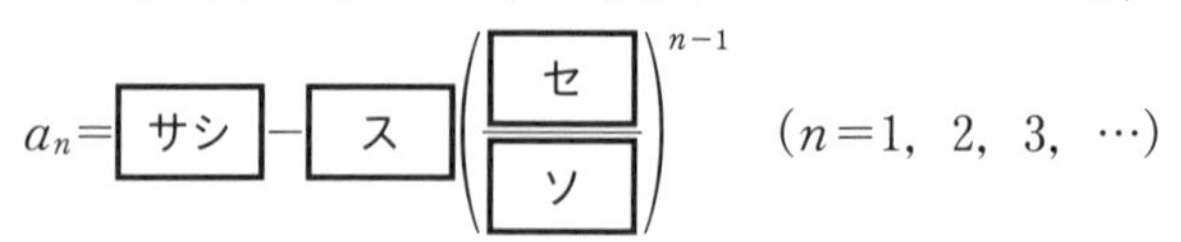

である。

(2) 薬Dについては，$M=2$，$L=40$ である。薬Dを12時間ごとに1錠ずつ服用する場合，n 回目の服用直前の血中濃度が a_n-P であることに注意して，正しいものを，次の⓪～⑤のうちから2つ選べ。ただし，解答の順序は問わない。［タ］，［チ］

⓪ 4回目の服用までは血中濃度がLを超えないが，5回目の服用直後に血中濃度がLを超える。

① 5回目の服用までは血中濃度がLを超えないが，服用し続けるといつか必ずLを超える。

② どれだけ継続して服用しても血中濃度がLを超えることはない。

③ 1回目の服用直後に血中濃度がPに達して以降，血中濃度がMを下回ることはないので，1回目の服用以降は適切な効果が持続する。

④ 2回目までは服用直前に血中濃度がM未満になるが，2回目の服用以降は，血中濃度がMを下回ることはないので，適切な効果が持続する。

⑤ 5回目までは服用直前に血中濃度がM未満になるが，5回目の服用以降は，血中濃度がMを下回ることはないので，適切な効果が持続する。

(3) (1)と同じ服用量で，服用間隔の条件のみを24時間に変えてみよう。薬Dを24時間ごとに1錠ずつ服用するときの，n 回目の服用直後の血中濃度を b_n とする。n 回目の服用直前の血中濃度は b_n-P である。最初の服用から $24n$ 時間経過後の服用直前の血中濃度である $a_{2n+1}-P$ と $b_{n+1}-P$ を比較する。$b_{n+1}-P$ と $a_{2n+1}-P$ の比を求めると，

$$\frac{b_{n+1}-P}{a_{2n+1}-P}=\frac{\boxed{\text{ツ}}}{\boxed{\text{テ}}}$$

となる。

(共通テスト　試行調査・改)

第7章 ベクトル

48 内分点

48-A

2分 ▶▶ 解答 P.112

△OAB において，辺 OA の中点を M，辺 OB を 2：1 に内分する点を N とする。線分 MN を t：$(1-t)$ に内分する点を P とすると，

$$\overrightarrow{OP}=\frac{\boxed{\text{ア}}-t}{\boxed{\text{イ}}}\overrightarrow{OA}+\frac{2t}{\boxed{\text{ウ}}}\overrightarrow{OB}$$

である。

48-B

5分 ▶▶ 解答 P.113

四面体 OPQR において，$\overrightarrow{OP}=\vec{p}$，$\overrightarrow{OQ}=\vec{q}$，$\overrightarrow{OR}=\vec{r}$ とおく。

$0<a<1$ として，線分 OP，QR を a：$(1-a)$ に内分する点をそれぞれ S，T とすると，

$$\overrightarrow{OS}=\boxed{\text{ア}}\vec{p},\ \overrightarrow{OT}=\left(\boxed{\text{イ}}-\boxed{\text{ウ}}\right)\vec{q}+\boxed{\text{エ}}\vec{r}$$

である。線分 OQ，PR の中点をそれぞれ U，W とし，線分 UW を a：$(1-a)$ に内分する点を M とすれば

$$\overrightarrow{OM}=\frac{1}{\boxed{\text{オ}}}\left\{\boxed{\text{カ}}\vec{p}+\left(\boxed{\text{キ}}-\boxed{\text{ク}}\right)\vec{q}+\boxed{\text{ケ}}\vec{r}\right\}$$

である。

49 2直線の交点

49-A

5分 ▶▶ 解答 P.113

△OAB 内の点 P が $\overrightarrow{OP}=\frac{1}{2}\overrightarrow{OA}+\frac{1}{6}\overrightarrow{OB}$ を満たしているとき，直線 OP と辺 AB の交点を Q とする。このとき，

$$\overrightarrow{OQ}=\frac{\boxed{\text{ア}}}{\boxed{\text{イ}}}\overrightarrow{OA}+\frac{\boxed{\text{ウ}}}{\boxed{\text{エ}}}\overrightarrow{OB},\ \overrightarrow{OQ}=\frac{\boxed{\text{オ}}}{\boxed{\text{カ}}}\overrightarrow{OP}$$

である。

49-B 7分 ▶▶ 解答 P.114

△OAB において，辺 OA の中点を C，辺 OB を 2：3 に内分する点を D とし，線分 AD，BC の交点を E とする。

$\overrightarrow{OA}=\vec{a}$，$\overrightarrow{OB}=\vec{b}$ とするとき，$\overrightarrow{OE}=\dfrac{\boxed{ア}}{\boxed{イ}}\vec{a}+\dfrac{\boxed{ウ}}{\boxed{エ}}\vec{b}$ である。

50 ベクトルの始点をそろえる

50-A 5分 ▶▶ 解答 P.115

正四面体 OABC において，線分 AB の中点を P，線分 OB を 2：1 に内分する点を Q，線分 OC を 1：3 に内分する点を R とし，$\overrightarrow{OA}=\vec{a}$，$\overrightarrow{OB}=\vec{b}$，$\overrightarrow{OC}=\vec{c}$ とするとき，

$$\overrightarrow{PQ}=-\dfrac{\boxed{ア}}{\boxed{イ}}\vec{a}+\dfrac{\boxed{ウ}}{\boxed{エ}}\vec{b},\quad \overrightarrow{PR}=-\dfrac{\boxed{オ}}{\boxed{カ}}\vec{a}-\dfrac{\boxed{キ}}{\boxed{ク}}\vec{b}+\dfrac{\boxed{ケ}}{\boxed{コ}}\vec{c}$$

である。

50-B 8分 ▶▶ 解答 P.115

平面上に △ABC があり，実数 k に対して $3\overrightarrow{PA}+5\overrightarrow{PB}+7\overrightarrow{PC}=k\overrightarrow{BC}$ を満たすように点 P を定めるとする。

$k=\boxed{ア}$ のとき，点 P は辺 AB 上にある。このとき，$\overrightarrow{AP}=\dfrac{\boxed{イ}}{\boxed{ウ}}\overrightarrow{AB}$ と表されるので，点 P は辺 AB を $\boxed{エ}$：1 に内分している。

また，$k=\boxed{オカ}$ のとき，点 P は辺 AC 上にある。

51 内　積

51-A 4分 ▶▶ 解答 P.117

$\vec{a}=(4,\ 2,\ 4)$，$\vec{b}=(4,\ -1,\ 1)$ のなす角を θ とするとき，$\theta=\dfrac{\pi}{\boxed{ア}}$ である。

51-B

7分 ▶▶ 解答 P.117

空間に 3 点 A(3, 1, 0), B(2, −3, 1), C(3, 2, −1) をとる。

(1) $|\overrightarrow{AB}|=\boxed{ア}\sqrt{\boxed{イ}}$, $|\overrightarrow{AC}|=\sqrt{\boxed{ウ}}$, $\overrightarrow{AB}\cdot\overrightarrow{AC}=\boxed{エオ}$ である。

(2) $\cos\angle CAB=\dfrac{\boxed{カキ}}{\boxed{ク}}$ であり，△ABC の面積は $\dfrac{\sqrt{\boxed{ケコ}}}{\boxed{サ}}$ である。

52 ベクトルの大きさ

52-A

3分 ▶▶ 解答 P.118

$|\overrightarrow{AB}|=2\sqrt{2}$, $|\overrightarrow{AC}|=\sqrt{6}$, $\overrightarrow{AB}\cdot\overrightarrow{AC}=2$ のとき，$|\overrightarrow{BC}|=\sqrt{\boxed{アイ}}$ である。

52-B

7分 ▶▶ 解答 P.118

平面上の 3 点 O, A, B が

$$|\overrightarrow{OA}+\overrightarrow{OB}|=|2\overrightarrow{OA}+\overrightarrow{OB}|=|\overrightarrow{OA}|=1$$

を満たしているとする。

$\overrightarrow{OA}$ と $\overrightarrow{OB}$ の内積は $\overrightarrow{OA}\cdot\overrightarrow{OB}=-\dfrac{\boxed{ア}}{\boxed{イ}}$ である。

また，$|\overrightarrow{OB}|=\sqrt{\boxed{ウ}}$ である。

したがって，$|\overrightarrow{AB}|=\sqrt{\boxed{エ}}$ となる。

53 垂直なベクトル

53-A

平面上の 3 点 O, A, B について OA=3, OB=2, ∠AOB=60° とする。点 O から，辺 AB に垂線を下ろし，AB との交点を C とするとき，

$$\overrightarrow{OC}=\frac{\boxed{ア}}{\boxed{イ}}\overrightarrow{OA}+\frac{\boxed{ウ}}{\boxed{エ}}\overrightarrow{OB}$$

である。

53-B

10分 ▶▶ 解答 P.120

1辺の長さ1の正四面体OABCがある。OAを2：1に内分する点をDとし，BCの中点をEとする。また，$\overrightarrow{OA}=\vec{a}$，$\overrightarrow{OB}=\vec{b}$，$\overrightarrow{OC}=\vec{c}$ とおく。

(1) $\overrightarrow{DE}=\dfrac{\boxed{\text{アイ}}}{\boxed{\text{ウ}}}\vec{a}+\dfrac{\boxed{\text{エ}}}{\boxed{\text{オ}}}\vec{b}+\dfrac{\boxed{\text{カ}}}{\boxed{\text{キ}}}\vec{c}$，内積 $\vec{a}\cdot\vec{b}=\dfrac{\boxed{\text{ク}}}{\boxed{\text{ケ}}}$ である。

(2) DE上の点Fに対して，OFとDEが直交するとき，

DF：FE＝$\boxed{\text{コ}}$：$\boxed{\text{サシ}}$ である。

54 空間内の直線上の点の座標

54-A

空間における3点A(1, 0, 0)，B(0, 2, 0)，C(0, 0, 3)および原点O(0, 0, 0)を頂点とする四面体OABCの辺AB上に点Pをとる。

$\overrightarrow{AB}\perp\overrightarrow{OP}$ となるときの点Pの座標は $\left(\dfrac{\boxed{\text{ア}}}{\boxed{\text{イ}}},\ \dfrac{\boxed{\text{ウ}}}{\boxed{\text{エ}}},\ \boxed{\text{オ}}\right)$ である。

54-B

9分 ▶▶ 解答 P.121

点Oを原点とする座標空間に3点

$$B(0,\ 1,\ 1),\ C(1,\ 0,\ 1),\ G\left(\frac{3-2b}{4},\ \frac{1-2b}{4},\ \frac{1}{4}\right)$$

がある。直線OGと直線BCが交わるときの b の値とその交点Hの座標を求めよう。

点Hは直線BC上にあるから，実数 s を用いて $\overrightarrow{BH}=s\overrightarrow{BC}$ と表される。また，$\overrightarrow{OH}$ は実数 t を用いて $\overrightarrow{OH}=t\overrightarrow{OG}$ と表される。

よって，$b=\dfrac{\boxed{\text{ア}}}{\boxed{\text{イ}}}$，$s=\dfrac{\boxed{\text{ウ}}}{\boxed{\text{エ}}}$，$t=\boxed{\text{オ}}$ である。

したがって，$H\left(\dfrac{\boxed{\text{カ}}}{\boxed{\text{キ}}},\ \dfrac{\boxed{\text{クケ}}}{\boxed{\text{キ}}},\ \boxed{\text{コ}}\right)$ である。

55 空間内の平面上の点の座標

55-A

4分 ▶▶ 解答 P.123

4 点 A(2, 0, 0), B(0, 1, 1), C(1, 1, 0), D($a-4$, $a-1$, $a-2$) が同一平面上にあるとき，$a=$ ア である。

55-B

7分 ▶▶ 解答 P.123

空間に 3 点 A(3, 0, 0), B(0, 2, 0), C(0, 0, 1) がある。このとき，原点O から平面 ABC に垂線 OH を下ろすと，H の座標は

$$\left(\frac{\boxed{\text{アイ}}}{\boxed{\text{ウエ}}},\ \frac{\boxed{\text{オカ}}}{\boxed{\text{キク}}},\ \frac{\boxed{\text{ケコ}}}{\boxed{\text{サシ}}}\right)$$

である。

実戦問題 第1問

10分 ▶▶ 解答 P.124

$OA=OB=1$ を満たす二等辺三角形OABにおいて，辺ABを1：3に内分する点をP，辺OBの中点をQ，直線OPと直線AQの交点をR，直線BRと辺OAの交点をSとし，$\vec{a}=\overrightarrow{OA}$，$\vec{b}=\overrightarrow{OB}$ とおく。このとき，直線BSは辺OAと直交しているとする。

(1) $\overrightarrow{OR}$ を $\vec{a}$ と $\vec{b}$ を用いて表そう。

$$\overrightarrow{OP}=\frac{\boxed{\text{ア}}}{\boxed{\text{イ}}}\vec{a}+\frac{\boxed{\text{ウ}}}{\boxed{\text{エ}}}\vec{b}$$

である。

点Rは直線OP上の点であり，直線AQ上の点でもあるので実数k，sを用いて $\overrightarrow{OR}=k\overrightarrow{OP}=(1-s)\overrightarrow{OA}+s\overrightarrow{OQ}$ と表すと，$k=\dfrac{\boxed{\text{オ}}}{\boxed{\text{カ}}}$，$s=\dfrac{\boxed{\text{キ}}}{\boxed{\text{ク}}}$

となることがわかる。

よって，$\overrightarrow{OR}=\dfrac{\boxed{\text{ケ}}}{\boxed{\text{コ}}}\vec{a}+\dfrac{\boxed{\text{サ}}}{\boxed{\text{シ}}}\vec{b}$ である。

(2) 三角形OABの面積を求めよう。

$$\overrightarrow{BR}=\frac{\boxed{\text{ス}}}{\boxed{\text{セ}}}\vec{a}-\frac{\boxed{\text{ソ}}}{\boxed{\text{タ}}}\vec{b}$$

である。

点Sは直線BR上の点であり，実数mを用いて $\overrightarrow{BS}=m\overrightarrow{BR}$ とすると，

$m=\dfrac{\boxed{\text{チ}}}{\boxed{\text{ツ}}}$ である。

$\vec{a}\cdot\vec{b}=\dfrac{\boxed{\text{テ}}}{\boxed{\text{ト}}}$ となるので，三角形OABの面積は $\dfrac{\sqrt{\boxed{\text{ナ}}}}{\boxed{\text{ニ}}}$ である。

実戦問題 第2問

8分 ▶▶ 解答 P.126

(1) 右の図のような立体を考える。ただし，6つの面OAC，OBC，OAD，OBD，ABC，ABDは1辺の長さが1の正三角形である。この立体の∠CODの大きさを調べたい。

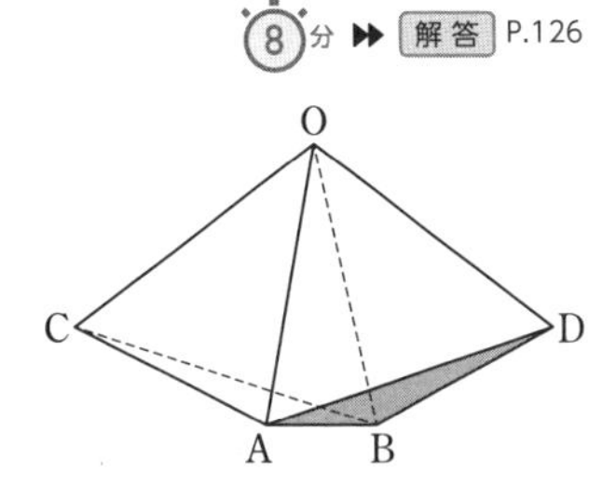

線分ABの中点をM，線分CDの中点をNとおく。

$\overrightarrow{OA}=\vec{a}$，$\overrightarrow{OB}=\vec{b}$，$\overrightarrow{OC}=\vec{c}$，$\overrightarrow{OD}=\vec{d}$ とおくとき，次の問いに答えよ。

(i) 次の ア ～ エ にあてはまる数を求めよ。

$$\overrightarrow{OM}=\frac{\boxed{ア}}{\boxed{イ}}(\vec{a}+\vec{b}),\quad \overrightarrow{ON}=\frac{\boxed{ア}}{\boxed{イ}}(\vec{c}+\vec{d})$$

$$\vec{a}\cdot\vec{b}=\vec{a}\cdot\vec{c}=\vec{a}\cdot\vec{d}=\vec{b}\cdot\vec{c}=\vec{b}\cdot\vec{d}=\frac{\boxed{ウ}}{\boxed{エ}}$$

(ii) 3点O，N，Mは同一直線上にある。内積 $\overrightarrow{OA}\cdot\overrightarrow{CN}$ の値を用いて，$\overrightarrow{ON}=k\overrightarrow{OM}$ を満たす k の値を求めよ。

$$k=\frac{\boxed{オ}}{\boxed{カ}}$$

(iii) $\angle COD=\theta$ とおき，$\cos\theta$ の値を求めたい。次の**方針1**または**方針2**について，キ ～ シ にあてはまる数を求めよ。

【方針1】

$\vec{d}$ を $\vec{a}$，$\vec{b}$，$\vec{c}$ を用いて表すと，

$$\vec{d}=\frac{\boxed{キ}}{\boxed{ク}}\vec{a}+\frac{\boxed{ケ}}{\boxed{コ}}\vec{b}-\vec{c}$$

であり，$\vec{c}\cdot\vec{d}=\cos\theta$ から $\cos\theta$ が求められる。

【方針2】

$\overrightarrow{OM}$ と $\overrightarrow{ON}$ のなす角を考えると，$\overrightarrow{OM}\cdot\overrightarrow{ON}=|\overrightarrow{OM}||\overrightarrow{ON}|$ が成り立つ。

$|\overrightarrow{ON}|^2=\dfrac{\boxed{サ}}{\boxed{シ}}+\dfrac{1}{2}\cos\theta$ であるから，$\overrightarrow{OM}\cdot\overrightarrow{ON}$，$|\overrightarrow{OM}|$ の値を用いると，$\cos\theta$ が求められる。

(iv) **方針1**または**方針2**を用いて $\cos\theta$ の値を求めよ。

$$\cos\theta=\frac{\boxed{スセ}}{\boxed{ソ}}$$

(2) (1)の図形から，4つの面 OAC，OBC，OAD，OBD だけを使って，右のような図形を作成したところ，この図形は ∠AOB を変化させると，それにともなって ∠COD も変化することがわかった。

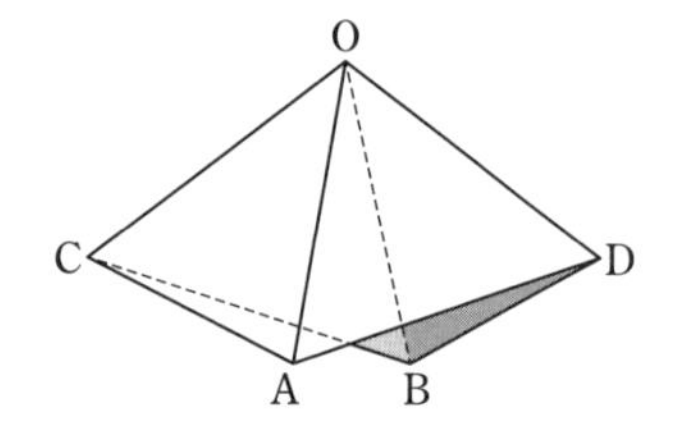

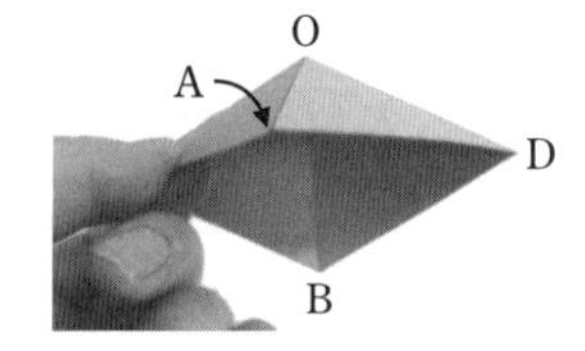

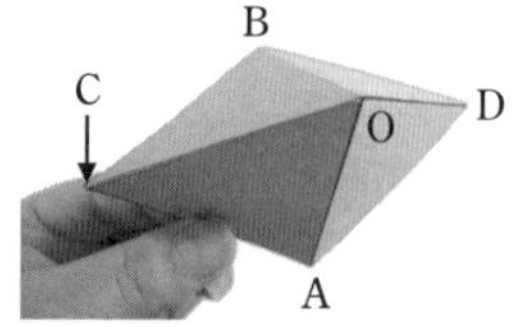

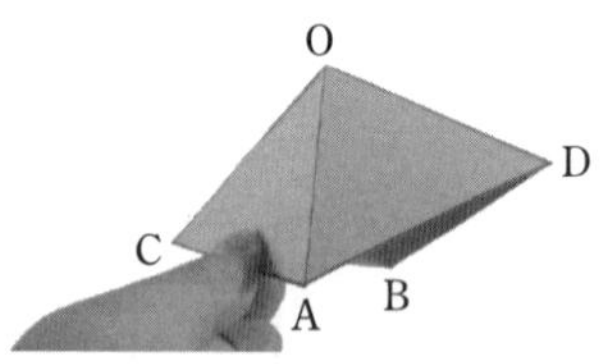

$\angle AOB=\alpha$，$\angle COD=\beta$ とおき，$\alpha>0$，$\beta>0$ とする。このときも，線分 AB の中点と線分 CD の中点および点Oは一直線上にある。

(i) α と β が満たす関係式は(1)の**方針2**を用いると求めることができる。その関係式として正しいものを，次の⓪～④のうちから1つ選べ。$\boxed{タ}$

⓪ $\cos\alpha+\cos\beta=1$

① $(1+\cos\alpha)(1+\cos\beta)=1$

② $(1+\cos\alpha)(1+\cos\beta)=-1$

③ $(1+2\cos\alpha)(1+2\cos\beta)=\dfrac{2}{3}$

④ $(1-\cos\alpha)(1-\cos\beta)=\dfrac{2}{3}$

(ii) $\alpha=\beta$ のとき，$\alpha=$ チツ °であり，このとき，点Dは テ にある。

チツ にあてはまる数を求めよ。また，テ にあてはまるものを，次の⓪～②のうちから1つ選べ。

⓪ 平面 ABC に関してOと同じ側
① 平面 ABC 上
② 平面 ABC に関してOと異なる側

（共通テスト　試行調査）

実戦問題 第3問

四面体 OABC について，$\overrightarrow{OA}=\vec{a}$，$\overrightarrow{OB}=\vec{b}$，$\overrightarrow{OC}=\vec{c}$ とする。

(1) $\vec{a}\cdot\vec{b}=\vec{b}\cdot\vec{c}$ となるための必要十分条件を，次の⓪～⑥のうちから1つ選べ。 ア

⓪ OC⊥AB　① OA⊥OC　② OA＝OC
③ OA⊥BC　④ OA＝BC　⑤ OB⊥CA
⑥ OB＝CA

(2) $\vec{a}\cdot\vec{b}=\vec{b}\cdot\vec{c}=\vec{c}\cdot\vec{a}$ が成り立っているとき，四面体 OABC のいろいろな性質を調べよう。

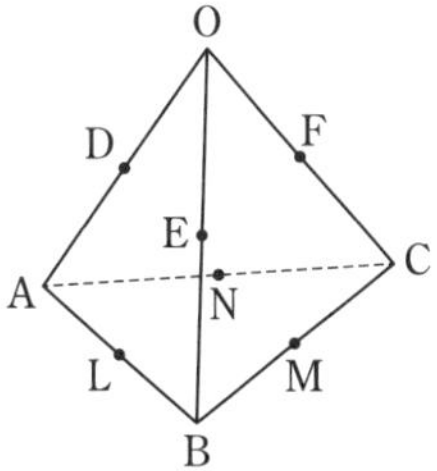

(i) 辺 OA，OB，OC の中点をそれぞれ D，E，F とし，辺 AB，BC，CA の中点をそれぞれ L，M，N とする。このとき，

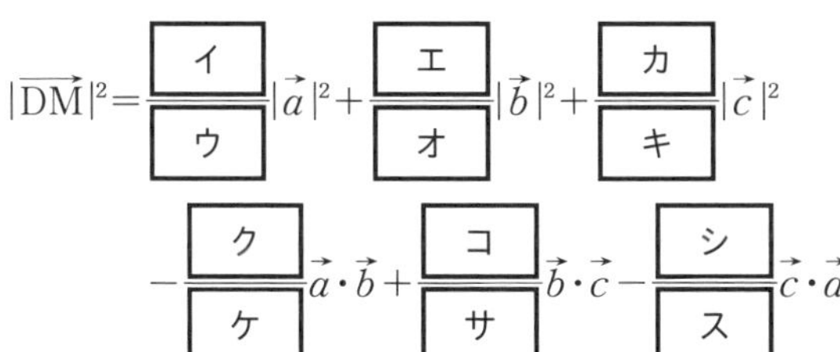

$$|\overrightarrow{DM}|^2=\frac{\boxed{イ}}{\boxed{ウ}}|\vec{a}|^2+\frac{\boxed{エ}}{\boxed{オ}}|\vec{b}|^2+\frac{\boxed{カ}}{\boxed{キ}}|\vec{c}|^2$$
$$-\frac{\boxed{ク}}{\boxed{ケ}}\vec{a}\cdot\vec{b}+\frac{\boxed{コ}}{\boxed{サ}}\vec{b}\cdot\vec{c}-\frac{\boxed{シ}}{\boxed{ス}}\vec{c}\cdot\vec{a}$$

であり，線分 DM，EN，FL の長さについて [セ] が成り立つ。

[セ] に適する関係式を，次の⓪～④のうちから１つ選べ。

⓪ DM＜EN＜FL　① DM＞EN＞FL　② DM＝EN＝FL
③ DM＝EN＞FL　④ DM＝EN＜FL

(ii) 四面体 OABC の辺の長さについてつねに正しいものを，次の⓪～⑤のうちから１つ選べ。[ソ]

⓪ OA＋BC＝OB＋CA
① OA＋OB＝CA＋BC
② OA＋CA＝OB＋BC
③ $OA^2+BC^2=OB^2+CA^2$
④ $OA^2+OB^2=CA^2+BC^2$
⑤ $OA^2+CA^2=OB^2+BC^2$

(iii) 頂点Oから平面 ABC に下ろした垂線と平面 ABC との交点をHとする。このとき，点Hの説明として最も適切なものを，次の⓪～④のうちから１つ選べ。[タ]

⓪ HA＝HB＝HC となる点
① AH⊥BC かつ BH⊥CA かつ CH⊥AB となる点
② ∠ABC，∠BCA，∠CAB それぞれの角の二等分線の交点
③ ∠AOH＝∠BOH＝∠COH となる点
④ ∠OAH＝∠OBH＝∠OCH となる点

(3) △ABC の重心をGとする。
$\vec{a}\cdot\vec{b}=\vec{b}\cdot\vec{c}=\vec{c}\cdot\vec{a}$ が成り立っているとき，さらに線分 OG と頂点Aから平面 OBC に下ろした垂線が点Pで交わっているものとする。

(i) 点Gは △ABC の重心であるから

$$\overrightarrow{OG}=\frac{\boxed{チ}}{\boxed{ツ}}(\vec{a}+\vec{b}+\vec{c})$$

3点O，P，Gは一直線上にあるから，実数kを用いて，$\overrightarrow{\mathrm{OP}}=k\overrightarrow{\mathrm{OG}}$ $(0<k<1)$ と表せる。

$\vec{a}\cdot\vec{b}=\vec{b}\cdot\vec{c}=\vec{c}\cdot\vec{a}=t$ とするとき，AP⊥(平面OBC) より，AP⊥OB つまり $\overrightarrow{\mathrm{AP}}\cdot\vec{b}=0$ となるから

$$|\vec{b}|^2=\left(\frac{\boxed{\text{テ}}}{k}-\boxed{\text{ト}}\right)t$$

と表せる。

(ii) 頂点Bから平面OACに下ろした垂線も交点Pを通るとすると，四面体OABCの各辺の長さについて正しいものを，次の⓪～⑤のうちから1つ選べ。 ナ

⓪ OA＝OB＝OC かつ AB＝BC＝CA
① OA＝OB≠OC かつ AB＝BC＝CA
② OA≠OB＝OC かつ AB＝BC＝CA
③ OA＝OB＝OC かつ AB≠BC＝CA
④ OA＝OB＝OC かつ AB＝BC≠CA
⑤ OA＝OB＝OC かつ AB≠BC≠CA

第8章 確率分布と統計的な推測

以下の問題を解答するにあたっては，必要に応じて p.79 の正規分布表を用いてもよい。小数の形で解答する場合，指定された桁数の1つ下の桁を四捨五入して答えよ。また，必要に応じて，指定された桁まで求めよ。

56 確率変数と確率分布

56-A

3分 ▶▶ 解答 P.134

確率変数Xの期待値（平均）は $E(X)=-7$，標準偏差は $\sigma(X)=5$ とする。このとき，X^2 の期待値は $E(X^2)=$ アイ である。

56-B

8分 ▶▶ 解答 P.134

丸いテーブルのまわりに8個の席がある。そこに2人が座るとき，その2人の間にある席のうち少ない方をXとして確率変数を定める。ただし，2人の間にある席の数が同数の場合には，その数をXとする。

(1) $P(X=0)=\dfrac{\text{ア}}{\text{イ}}$，$P(X=3)=\dfrac{\text{ウ}}{\text{エ}}$ である。

(2) Xの期待値（平均）は $E(X)=\dfrac{\text{オ}}{\text{カ}}$，分散は $V(X)=\dfrac{\text{キク}}{\text{ケコ}}$ である。

57 確率変数の変換

57-A

3分 ▶▶ 解答 P.136

確率変数 W の平均（期待値）は $E(W)=\dfrac{12}{5}$，分散は $V(W)=\dfrac{24}{25}$ であるとする。$X=2W-4$ であるとき，

X の平均は $E(X)=\dfrac{\text{ア}}{\text{イ}}$，分散は $V(X)=\dfrac{\text{ウエ}}{\text{オカ}}$

である。

57-B

5分 ▶▶ 解答 P.136

確率変数Xの平均（期待値）が 6，分散が 8 であるとする。

s，tは定数で $s>0$ のとき，$sX+t$の平均が 20，分散が 32 となるようにs，tを定めると $s=$ ア ，$t=$ イ である。

58 二項分布

58-A

3分 ▶▶ 解答 P.137

ある食品を摂取したとき，血液中の物質Aの量が減少しない確率は 0.08 であるとする。無作為に抽出された 50 人がこの食品を摂取したときに，物質Aの量が減少しない人数を表す確率変数をMとする。Mは二項分布 $B(50,\ 0.08)$ に従うので，期待値は $E(M)=$ ア . イ ，標準偏差は

$\sigma(M)=\sqrt{\text{ウ}.\text{エ}}$ となる。

58-B

5分 ▶▶ 解答 P.138

ある全国規模の試験の受験者から無作為に 19 名を選んだとき，その中で点数が受験者全体の上位 10 % に入る人数を表す確率変数をYとする。Yの分布を二項分布とみなすと，Yの期待値は ア . イ ，分散は ウ . エオ である。

59 連続分布

59-A

6分 ▶▶ 解答 P.139

連続型確率変数Xのとり得る値xの範囲が $-2\leqq x\leqq 4$ で，確率密度関数が

$$f(x)=\begin{cases}\dfrac{1}{6}(x+2) & (-2\leqq x\leqq 0 \text{ のとき}) \\ \dfrac{1}{12}(4-x) & (0\leqq x\leqq 4 \text{ のとき})\end{cases}$$

であるとする。このとき，$2\leqq X\leqq 3$ となる確率は $\dfrac{\text{ア}}{\text{イ}}$ である。また，Xの平均は $\dfrac{\text{ウ}}{\text{エ}}$ である。

59-B

8分 ▶▶ 解答 P.139

aを正の実数とする。

連続型確率変数Xのとり得る値xの範囲が $-1 \leqq x \leqq 3$ であり，その確率密度関数 $f(x)$ が

$-1 \leqq x \leqq 0$ のとき　　$f(x)=a(x+1)$

$0 \leqq x \leqq 3$ のとき　　$f(x)=-\dfrac{a}{3}x+a$

と表されているとき，$a=\dfrac{\boxed{ア}}{\boxed{イ}}$ である。また，Xの平均は $E(X)=\dfrac{\boxed{ウ}}{\boxed{エ}}$ である。

60 正規分布

60-A

5分 ▶▶ 解答 P.141

ある検定試験では，満点が200点で，点数が100点以上の人が合格となる。この検定試験のある回について，受験者全体での平均点が95点，標準偏差が20点であることが公表されている。

受験者全体での点数の分布を正規分布とみなして，この試験の合格率を求めよう。

試験の点数を表す確率変数をXとしたとき，$Z=\dfrac{X-\boxed{アイ}}{\boxed{ウエ}}$ が標準正規分布に従うことを利用すると，$P(X \geqq 100)=P\left(Z \geqq \boxed{オ}.\boxed{カキ}\right)$ により，合格率は $\boxed{クケ}$ % である。

60-B

7分 ▶▶ 解答 P.142

ある国の14歳女子の身長は，母平均160 cm，母標準偏差5 cmの正規分布に従うものとする。この女子の集団から無作為に抽出した女子の身長をX cmとする。Xが165 cm以上175 cm以下となる確率は，0.$\boxed{アイ}$ である。

61 母平均の推定

61-A

5分 ▶▶ 解答 P.143

ある大規模に実施された検定試験の得点の母平均 m を推定するため，この受験者から無作為に抽出された 96 名の点数を調べたところ，標本平均の値は 99 点であった。母標準偏差を 20 点であるとすると，m に対する信頼度 95% の信頼区間は［アイ］$\leqq m \leqq$［ウエオ］となる。ただし，$\sqrt{6}=2.45$ とする。

61-B

8分 ▶▶ 解答 P.143

ある母集団の確率分布が平均 m，標準偏差 9 の正規分布であるとする。

(1) $m=50$ のときに，この母集団から無作為に大きさ 144 の標本を抽出すると，その標本平均の平均（期待値）は［アイ］，標準偏差は［ウ］.［エオ］である。

(2) 母平均が分かっていないとき，無作為に大きさ 144 の標本を抽出したところ，その標本平均の値は 51.0 であった。

母平均 m に対する信頼度 95% の信頼区間は

［カキ］.［ク］$\leqq m \leqq$［ケコ］.［サ］である。

62 母比率の推定

62-A

5分 ▶▶ 解答 P.145

ある植物の種子を試験的に 100 粒まいたところ，36 粒が発芽したという。この種子を大量にまいたときの発芽率 p の信頼度 95% の信頼区間は

0.［アイ］$\leqq p \leqq$ 0.［ウエ］である。

62-B

8分 ▶▶ 解答 P.145

ある都市での世論調査において，無作為に 400 人の有権者を選び，ある政策に対する賛否を調べたところ，320 人が賛成であった。この都市の有権者全体のうち，この政策の賛成者の母比率 p に対する信頼度 95% の信頼区間を求めたい。

この調査での賛成者の比率（標本比率）は 0.［ア］である。

標本の大きさが 400 と大きいので，二項分布の正規分布による近似を用いると，p に対する信頼度 95% の信頼区間は 0.［イウ］$\leqq p \leqq$ 0.［エオ］である。

実戦問題 第1問

10分 ▶▶ 解答 P.146

ある工場では，内容量が 100 g と記載されたポップコーンを製造している。のり子さんが，この工場で製造されたポップコーン 1 袋を購入して調べたところ，内容量は 98 g であった。のり子さんは「記載された内容量は誤っているのではないか」と考えた。そこで，のり子さんは，この工場で製造されたポップコーンを 100 袋購入して調べたところ，標本平均は 104 g，標本の標準偏差は 2 g であった。

(1) ポップコーン 1 袋の内容量を確率変数 X で表すこととする。のり子さんの調査の結果をもとに，X は平均 104 g，標準偏差 2 g の正規分布に従うものとする。

このとき，X が 100 g 以上 106 g 以下となる確率は，0.［アイウ］であり，X が 98 g 以下となる確率は 0.［エオカ］である。この 98 g 以下となる確率は，「コインを［キ］枚同時に投げたとき，すべて表が出る確率」に近い確率であり，起こる可能性が非常に低いことがわかる。［キ］については，最も適当なものを，次の⓪～④のうちから 1 つ選べ。

⓪ 6　① 8　② 10　③ 12　④ 14

のり子さんがポップコーンを購入した店では，この工場で製造されたポップコーン 2 袋をテープでまとめて売っている。ポップコーンを入れる袋は 1 袋あたり 5 g であることがわかっている。テープでまとめられたポップコーン 2 袋分の重さを確率変数 Y で表すとき，Y の平均を m_Y，標準偏差を σ とおけば，m_Y＝［クケコ］である。ただし，テープの重さはないものとする。

また，標準偏差 σ と確率変数 X，Y について，正しいものを，次の⓪～⑤のうちから 1 つ選べ。［サ］

⓪　$\sigma=2$ であり，Y について $m_Y-2 \leqq Y \leqq m_Y+2$ となる確率は，X について $102 \leqq X \leqq 106$ となる確率と同じである。

①　$\sigma=2\sqrt{2}$ であり，Y について $m_Y-2\sqrt{2} \leqq Y \leqq m_Y+2\sqrt{2}$ となる確率は，X について $102 \leqq X \leqq 106$ となる確率と同じである。

②　$\sigma=2\sqrt{2}$ であり，Y について $m_Y-2\sqrt{2} \leqq Y \leqq m_Y+2\sqrt{2}$ となる確率は，X について $102 \leqq X \leqq 106$ となる確率の $\sqrt{2}$ 倍である。

③　$\sigma=4$ であり，Y について $m_Y-2 \leqq Y \leqq m_Y+2$ となる確率は，X について $102 \leqq X \leqq 106$ となる確率と同じである。

④　$\sigma=4$ であり，Y について $m_Y-4 \leqq Y \leqq m_Y+4$ となる確率は，X について $102 \leqq X \leqq 106$ となる確率と同じである。

⑤　$\sigma=4$ であり，Y について $m_Y-4 \leqq Y \leqq m_Y+4$ となる確率は，X について $102 \leqq X \leqq 106$ となる確率の4倍である。

(2)　次にのり子さんは，内容量が100gと記載されたポップコーンについて，内容量の母平均 m の推定を行った。

のり子さんが調べた100袋の標本平均104g，標本の標準偏差2gをもとに考えるとき，小数第2位を四捨五入した信頼度（信頼係数）95％の信頼区間を，次の⓪～⑤のうちから1つ選べ。［シ］

⓪　$100.1 \leqq m \leqq 107.9$　①　$102.0 \leqq m \leqq 106.0$　②　$103.0 \leqq m \leqq 105.0$

③　$103.6 \leqq m \leqq 104.4$　④　$103.8 \leqq m \leqq 104.2$　⑤　$103.9 \leqq m \leqq 104.1$

同じ標本をもとにした信頼度99％の信頼区間について，正しいものを，次の⓪～②のうちから1つ選べ。［ス］

⓪　信頼度95％の信頼区間と同じ範囲である。

①　信頼度95％の信頼区間より狭い範囲になる。

②　信頼度95％の信頼区間より広い範囲になる。

母平均 m に対する信頼度 D％の信頼区間を $A \leqq m \leqq B$ とするとき，この信頼区間の幅を $B-A$ と定める。

のり子さんは信頼区間の幅を［シ］と比べて半分にしたいと考えた。そのための方法は2通りある。

1つは，信頼度を変えずに標本の大きさを セ 倍にすることであり，もう1つは，標本の大きさを変えずに信頼度を ソタ . チ %にすることである。

(共通テスト 試行調査)

実戦問題 第2問

昨年度実施されたある調査によれば，全国の大学生の1日あたりの読書時間の平均値は24分で，全く読書をしない大学生の比率は50%とのことであった。大規模P大学の学長は，P大学生の1日あたりの読書時間が30分以上であって欲しいと考えていたので，この調査結果に愕(がく)然とした。そこで今年度，P大学生から400人を標本として無作為抽出し，読書時間の実態を調査することにした。次の問いに答えよ。

(1) P大学生のうち全く読書をしない学生の母比率が，昨年度の全国調査の結果と同じ50%であると仮定する。

標本400人のうち全く読書をしない学生の人数の平均（期待値）は アイウ 人である。

また，標本の大きさ400は十分に大きいので，標本のうち全く読書をしない学生の比率の分布は，平均（期待値）0. エ ，標準偏差 0. オカキ の正規分布で近似できる。

(2) P大学生の読書時間は，母平均が昨年度の全国調査結果と同じ24分であると仮定し，母標準偏差を σ 分とおく。

(i) 標本の大きさ400は十分に大きいので，読書時間の標本平均の分布は，平均（期待値） クケ 分，標準偏差 $\dfrac{\sigma}{\boxed{コサ}}$ 分の正規分布で近似できる。

(ii) $\sigma=40$ とする。読書時間の標本平均が30分以上となる確率は0.[シスセソ]である。

また，[タ]となる確率は，およそ0.1587である。[タ]にあてはまる最も適当なものを，次の⓪～⑤のうちから1つ選べ。

⓪　大きさ400の標本とは別に無作為抽出する一人の学生の読書時間が26分以上

①　大きさ400の標本とは別に無作為抽出する一人の学生の読書時間が64分以下

②　P大学の全学生の読書時間の平均が26分以上

③　P大学の全学生の読書時間の平均が64分以下

④　標本400人の読書時間の平均が26分以上

⑤　標本400人の読書時間の平均が64分以下

(3) P大学生の読書時間の母標準偏差をσとし，標本平均を$\overline{X}$とする。P大学生の読書時間の母平均mに対する信頼度95％の信頼区間を$A\leqq m\leqq B$とするとき，標本の大きさ400は十分に大きいので，Aは$\overline{X}$とσを用いて[チ]と表すことができる。

(i) [チ]にあてはまる式を，次の⓪～⑦のうちから1つ選べ。

⓪　$\overline{X}-0.95\times\dfrac{\sigma}{20}$　　①　$\overline{X}-0.95\times\dfrac{\sigma}{400}$

②　$\overline{X}-1.64\times\dfrac{\sigma}{20}$　　③　$\overline{X}-1.64\times\dfrac{\sigma}{400}$

④　$\overline{X}-1.96\times\dfrac{\sigma}{20}$　　⑤　$\overline{X}-1.96\times\dfrac{\sigma}{400}$

⑥　$\overline{X}-2.58\times\dfrac{\sigma}{20}$　　⑦　$\overline{X}-2.58\times\dfrac{\sigma}{400}$

(ii) 母平均mに対する信頼度95％の信頼区間$A\leqq m\leqq B$の意味として，最も適当なものを，次のページの⓪～⑤のうちから1つ選べ。[ツ]

⓪　標本 400 人のうち約 95％ の学生は，読書時間が A 分以上 B 分以下である。

①　P大学生全体のうち約 95％ の学生は，読書時間が A 分以上 B 分以下である。

②　P大学生全体から 95％ 程度の学生を無作為抽出すれば，読書時間の標本平均は，A 分以上 B 分以下となる。

③　大きさ 400 の標本を 100 回無作為抽出すれば，そのうち 95 回程度は標本平均が m となる。

④　大きさ 400 の標本を 100 回無作為抽出すれば，そのうち 95 回程度は信頼区間が m を含んでいる。

⑤　大きさ 400 の標本を 100 回無作為抽出すれば，そのうち 95 回程度は信頼区間が $\overline{X}$ を含んでいる。

（共通テスト　試行調査）

正規分布表

次の表は，標準正規分布の分布曲線における右の図の網掛け部分の面積の値をまとめたものである。

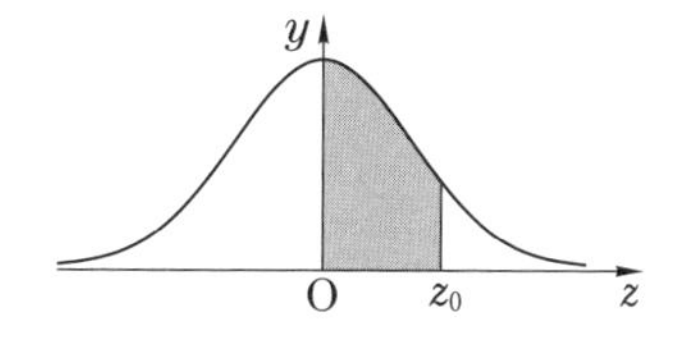

z_0	0.00	0.01	0.02	0.03	0.04	0.05	0.06	0.07	0.08	0.09
0.0	0.0000	0.0040	0.0080	0.0120	0.0160	0.0199	0.0239	0.0279	0.0319	0.0359
0.1	0.0398	0.0438	0.0478	0.0517	0.0557	0.0596	0.0636	0.0675	0.0714	0.0753
0.2	0.0793	0.0832	0.0871	0.0910	0.0948	0.0987	0.1026	0.1064	0.1103	0.1141
0.3	0.1179	0.1217	0.1255	0.1293	0.1331	0.1368	0.1406	0.1443	0.1480	0.1517
0.4	0.1554	0.1591	0.1628	0.1664	0.1700	0.1736	0.1772	0.1808	0.1844	0.1879
0.5	0.1915	0.1950	0.1985	0.2019	0.2054	0.2088	0.2123	0.2157	0.2190	0.2224
0.6	0.2257	0.2291	0.2324	0.2357	0.2389	0.2422	0.2454	0.2486	0.2517	0.2549
0.7	0.2580	0.2611	0.2642	0.2673	0.2704	0.2734	0.2764	0.2794	0.2823	0.2852
0.8	0.2881	0.2910	0.2939	0.2967	0.2995	0.3023	0.3051	0.3078	0.3106	0.3133
0.9	0.3159	0.3186	0.3212	0.3238	0.3264	0.3289	0.3315	0.3340	0.3365	0.3389
1.0	0.3413	0.3438	0.3461	0.3485	0.3508	0.3531	0.3554	0.3577	0.3599	0.3621
1.1	0.3643	0.3665	0.3686	0.3708	0.3729	0.3749	0.3770	0.3790	0.3810	0.3830
1.2	0.3849	0.3869	0.3888	0.3907	0.3925	0.3944	0.3962	0.3980	0.3997	0.4015
1.3	0.4032	0.4049	0.4066	0.4082	0.4099	0.4115	0.4131	0.4147	0.4162	0.4177
1.4	0.4192	0.4207	0.4222	0.4236	0.4251	0.4265	0.4279	0.4292	0.4306	0.4319
1.5	0.4332	0.4345	0.4357	0.4370	0.4382	0.4394	0.4406	0.4418	0.4429	0.4441
1.6	0.4452	0.4463	0.4474	0.4484	0.4495	0.4505	0.4515	0.4525	0.4535	0.4545
1.7	0.4554	0.4564	0.4573	0.4582	0.4591	0.4599	0.4608	0.4616	0.4625	0.4633
1.8	0.4641	0.4649	0.4656	0.4664	0.4671	0.4678	0.4686	0.4693	0.4699	0.4706
1.9	0.4713	0.4719	0.4726	0.4732	0.4738	0.4744	0.4750	0.4756	0.4761	0.4767
2.0	0.4772	0.4778	0.4783	0.4788	0.4793	0.4798	0.4803	0.4808	0.4812	0.4817
2.1	0.4821	0.4826	0.4830	0.4834	0.4838	0.4842	0.4846	0.4850	0.4854	0.4857
2.2	0.4861	0.4864	0.4868	0.4871	0.4875	0.4878	0.4881	0.4884	0.4887	0.4890
2.3	0.4893	0.4896	0.4898	0.4901	0.4904	0.4906	0.4909	0.4911	0.4913	0.4916
2.4	0.4918	0.4920	0.4922	0.4925	0.4927	0.4929	0.4931	0.4932	0.4934	0.4936
2.5	0.4938	0.4940	0.4941	0.4943	0.4945	0.4946	0.4948	0.4949	0.4951	0.4952
2.6	0.4953	0.4955	0.4956	0.4957	0.4959	0.4960	0.4961	0.4962	0.4963	0.4964
2.7	0.4965	0.4966	0.4967	0.4968	0.4969	0.4970	0.4971	0.4972	0.4973	0.4974
2.8	0.4974	0.4975	0.4976	0.4977	0.4977	0.4978	0.4979	0.4979	0.4980	0.4981
2.9	0.4981	0.4982	0.4982	0.4983	0.4984	0.4984	0.4985	0.4985	0.4986	0.4986
3.0	0.4987	0.4987	0.4987	0.4988	0.4988	0.4989	0.4989	0.4989	0.4990	0.4990

大学入学

共通テスト

実戦対策問題集

数学Ⅱ・B

別冊
解答

旺文社

数学II・B

大学入学

共通テスト

実戦対策問題集

別冊
解答

旺文社

1 二項定理

要点チェック!

$(a+b)^n$ を展開したときの $a^{n-k}b^k$ を含む項の係数は ${}_n\mathrm{C}_k$ となります。
$(a+b)^n=(a+b)(a+b)\cdots\cdots(a+b)$ を展開したとき，n か所の $a+b$ のうち，どの k か所で b を選んでいるのかに注目しています。

${}_n\mathrm{C}_k a^{n-k}b^k$ を $(a+b)^n$ の展開式の一般項といい，次の**二項定理**が成り立ちます。

POINT 1

$$(\boldsymbol{a}+\boldsymbol{b})^n={}_n\mathrm{C}_0\boldsymbol{a}^n+{}_n\mathrm{C}_1\boldsymbol{a}^{n-1}\boldsymbol{b}+{}_n\mathrm{C}_2\boldsymbol{a}^{n-2}\boldsymbol{b}^2+\cdots$$
$$+{}_n\mathrm{C}_k\boldsymbol{a}^{n-k}\boldsymbol{b}^k+\cdots+{}_n\mathrm{C}_{n-1}\boldsymbol{a}\boldsymbol{b}^{n-1}+{}_n\mathrm{C}_n\boldsymbol{b}^n$$

どの $(n-k)$ か所で a を選んでいるのかに注目すると $a^{n-k}b^k$ を含む項の係数は ${}_n\mathrm{C}_{n-k}$ となりますが，${}_n\mathrm{C}_k={}_n\mathrm{C}_{n-k}$ が成り立っています。また，$a^{n-k}b^k$ と a^kb^{n-k} の係数は一致します。よって，$(a+b)^n$ を展開したとき，$a^{n-k}b^k$ または a^kb^{n-k} を含む項の係数は ${}_n\mathrm{C}_k$ または ${}_n\mathrm{C}_{n-k}$ で求めましょう。

1-A 解答 ▶ STEP 1 x^3y^6 を含む項の係数を求める

展開式の一般項は ${}_9\mathrm{C}_k\left(\dfrac{x}{2}\right)^{9-k}y^k$

x^3y^6 を含む項は $k=6$ のときで

$${}_9\mathrm{C}_6\cdot\left(\frac{x}{2}\right)^3\cdot y^6={}_9\mathrm{C}_3\cdot\left(\frac{1}{2}\right)^3\cdot x^3\cdot y^6=\frac{9\cdot8\cdot7}{3\cdot2\cdot1}\cdot\frac{1}{8}\cdot x^3y^6=\frac{21}{2}x^3y^6$$

${}_9\mathrm{C}_3=\dfrac{9!}{3!6!}$

となり，x^3y^6 の係数は $\dfrac{\boxed{アイ\ 21}}{\boxed{ウ\ 2}}$

1-B 解答 ▶ STEP 1 x^2y^3 の係数を求める

展開式の一般項は ${}_5\mathrm{C}_k(3x)^{5-k}(2y)^k$

$(3x+2y)^5$ を展開したとき，x^2y^3 を含む項は　◀ POINT 1 を使う！

$${}_5\mathrm{C}_3(3x)^2(2y)^3=\frac{5\cdot4\cdot3}{3\cdot2\cdot1}\cdot3^2\cdot2^3\cdot x^2y^3=10\cdot9\cdot8\cdot x^2y^3=720x^2y^3$$

となり，係数は $\boxed{アイウ\ 720}$

STEP 2 **$x^2y^3z^3$ の係数を求める**

$\{(3x+2y)+z\}^8$ を展開したとき，z についての 3 次の項をまとめると

$${}_8C_{\boxed{エ\ 3}}(3x+2y)^5\cdot z^3$$

$3x+2y=A$ とすると $(A+z)^8$ で ${}_8C_3A^5z^3$

◀ POINT 1 を使う！

$(3x+2y)^5$ を展開したとき，x^2y^3 の係数は 720 より，$x^2y^3z^3$ を含む項は

$${}_8C_3\cdot 720x^2y^3\cdot z^3$$
$$=56\cdot 720\cdot x^2y^3z^3=40320x^2y^3z^3$$

${}_8C_3=\dfrac{8\cdot 7\cdot 6}{3\cdot 2\cdot 1}=56$

となり，係数は $\boxed{オカキクケ\ 40320}$

2 整式の割り算

要点チェック！

3 次式（あるいは 4 次式）を 2 次式で割る問題では，実際に割り算を実行することで，商や余りを求めることができます。

POINT 2

2 つの整式 A，B が具体的に与えられていて割り算の商や余りを求めるときは，筆算により割り算を実行する

具体的な式で与えられた整式を 2 次式で割るときは，筆算による計算を利用できます。

また，**2-B** のように，商や余りについての条件がある場合には，割り算により具体的に商や余りを求めてから条件を考えていきます。

とくに，割り切れるときは余りが 0 であり，2 次式で割り切れる場合には，余りが $0x+0$ になると考えることができます。

2-A 解答 ▶ STEP 1 筆算により，商と余りを求める

右の計算より

$$Q=x+m+\boxed{ア\ 2}$$

となる。なお，余り R は

$$R=\left(\boxed{イ\ 2}m+n+\boxed{ウ\ 5}\right)x+\boxed{エ\ 3}m+n+\boxed{オ\ 3}$$

$$\begin{array}{r}
x+(m+2) \\
x^2-2x-1\,\big)\,\overline{x^3+mx^2+nx+2m+n+1} \\
x^3-\ 2x^2-x \\
\hline
(m+2)x^2+(n+1)x+2m+n+1 \\
(m+2)x^2-2(m+2)x-(m+2) \\
\hline
(2m+n+5)x+3m+n+3
\end{array}$$

2-B 解答 ▸ STEP 1　商が $x-1$ のときの p の値を求める

実際に A を B で割る。　◀ POINT 2 を使う！

右の計算から商は

$$x+p+3$$

であり，余りは

$$(3p+q+7)x-2p+r-6$$

である。

$$
\begin{array}{r}
x+(p+3) \\
x^2-3x+2 \overline{) \; x^3+px^2+ \qquad qx+r} \\
x^3-3x^2+ \qquad 2x \\
\hline
(p+3)x^2+(q-2)x+r \\
(p+3)x^2-3(p+3)x+2(p+3) \\
\hline
(3p+q+7)x-2p+r-6
\end{array}
$$

(1)　商が $x-1$ のとき

$p+3=-1$ より $p=$ [アイ -4]

STEP 2　余りが x で割り切れるとき，r を p を用いて表す

(2)　余りが x で割り切れるとき，余りの定数項は0であるから

$-2p+r-6=0$　より　$r=$ [ウ 2] $p+$ [エ 6]

3　剰余の定理

要点チェック!

x の整式 A を整式 B で割ったときの商を Q，余りを R とすると

$$\boldsymbol{A=BQ+R}$$

が成り立ちます。このとき，**B の次数 > R の次数** です。

この $A=BQ+R$ は恒等式なので，両辺の x に同じ値を代入することができます。とくに $B=0$ となる x の値を代入すると，余り R についての式が得られます。これより，x の整式 $P(x)$ を $x-\alpha$ で割ったときの商を $Q(x)$，余りを r とすると，

$$P(x)=(x-\alpha)\cdot Q(x)+r$$

この式に $x=\alpha$ を代入すると，$r=P(\alpha)$　となります。

これを**剰余の定理**といいます。

POINT 3

整式 $P(x)$ を1次式 $x-\alpha$ で割ったときの余りは，$\boldsymbol{P(\alpha)}$

整式を1次式で割ったときの余りを求めるときに利用します。

3-A 解答 ▶ STEP 1 剰余の定理を利用して余りを求める

商を $Q(x)$，余りを r として

$$P(x)=(x-3)\cdot Q(x)+r$$

とおく。両辺に $x=3$ を代入すると

$$P(3)=0+r$$

よって，求める余り r は

$$r=P(3)=27+9(a-1)-3(a+2)-6a+8=\boxed{^{アイ}\ 20}$$

3-B 解答 ▶ STEP 1 $P(1)$ の値を 2 通りで表す

$P(x)$ を $x^2-4x+3=(x-1)(x-3)$ で割ったときの商を $F(x)$ とすると

$$P(x)=(x-1)(x-3)\cdot F(x)+65x-68 \quad \cdots\cdots ①$$

$P(x)$ を $x^2+6x-7=(x-1)(x+7)$ で割ったときの商を $G(x)$ とすると

$$P(x)=(x-1)(x+7)\cdot G(x)-5x+a \quad \cdots\cdots ②$$

①で $x=1$ とすると

◀ POINT 3 を使う！

$$P(1)=0+65-68$$
$$=-3 \quad \cdots\cdots ③$$

①では
$P(1)$，$P(3)$ の値に注目
②では
$P(1)$，$P(-7)$ の値に注目
①，②に共通な $P(1)$ の値に注目

②で $x=1$ とすると

$$P(1)=0-5+a$$
$$=a-5 \quad \cdots\cdots ④$$

③，④より　$a-5=-3$

よって，$a=\boxed{^{ア}\ 2}$

4 無理数が満たす等式

要点チェック!

一般に，無理数を整式に代入することは面倒であり，計算ミスが生じやすくなります。無理数が満たす 2 次の等式を利用することで，計算の工夫をすることができます。

例えば，無理数 α が $\alpha^2-3\alpha-1=0$ を満たしているとき，$\alpha^2=3\alpha+1$ となることから

$$\alpha^3=\alpha^2\cdot\alpha=(3\alpha+1)\cdot\alpha=3\alpha^2+\alpha=3(3\alpha+1)+\alpha=10\alpha+3$$

$$\alpha^4=\alpha^3\cdot\alpha=(10\alpha+3)\cdot\alpha=10\alpha^2+3\alpha=10(3\alpha+1)+3\alpha=33\alpha+10$$

となり，α^3，α^4 のかわりに $10\alpha+3$，$33\alpha+10$ として計算できます。

POINT 4

2次方程式 $x^2+px+q=0$ の解の1つを α とすると，α は

$$\boldsymbol{\alpha^2+p\alpha+q=0}$$

を満たす。

$\alpha^2=-p\alpha-q$ を利用して α^3，α^4 を α の1次式で表すことができる。

無理数の満たす等式を用いて，次数下げをすることができます。

4-A 解答 ▶ STEP 1　無理数を代入した式の値を求める

$\alpha-1=-\sqrt{5}$ より，$(\alpha-1)^2=5$

$\alpha^2-2\alpha+1=5$

$\alpha^2=2\alpha+4$　◀ α は $x^2-2x-4=0$ の解の1つ

よって，$3\alpha^2-6\alpha+7=3(2\alpha+4)-6\alpha+7=$ [アイ 19]

4-B 解答 ▶ STEP 1　x^2，x^3，x^4 を x の1次式で表す

$x=\sqrt{7}-1$ から $x+1=\sqrt{7}$

$(x+1)^2=7$ より $x^2+2x+1=7$　◀ $\sqrt{7}-1$ は $x^2+2x-6=0$ の解の1つである

よって，$x^2=$ [アイ -2] $x+$ [ウ 6]　……①

$x^3=x^2\cdot x=(-2x+6)\cdot x$　◀ POINT 4 を使う！

$=-2x^2+6x=-2(-2x+6)+6x$

$=$ [エオ 10] $x-$ [カキ 12]　……②

$x^4=x^3\cdot x=(10x-12)\cdot x$

$=10x^2-12x=10(-2x+6)-12x$

$=$ [クケコ -32] $x+$ [サシ 60]　……③

STEP 2　4次式の値を求める

①，②，③より

$x^4+7x^3+3x^2-30x+7$

$=(-32x+60)+7(10x-12)+3(-2x+6)-30x+7$

$=$ [ス 2] $x+$ [セ 1]

$=2(\sqrt{7}-1)+1=$ [ソ 2] $\sqrt{[タ\ 7]}-$ [チ 1]

5 相加平均・相乗平均の関係

要点チェック!

$A>0$，$B>0$ のとき，A と B の相加平均 $\dfrac{A+B}{2}$ と相乗平均 $\sqrt{AB}$ の間には，次の不等式が成り立ちます。

POINT 5

$A>0$，$B>0$ のとき $\boldsymbol{\dfrac{A+B}{2} \geqq \sqrt{AB}}$　等号は $A=B$ のとき成立。

「(◯)>0，□>0 のとき

$\dfrac{(◯)+□}{2} \geqq \sqrt{(◯)\cdot□}$ (等号は (◯)$=$□ のとき)」

の (◯)，□ に式をかき込むようにして利用します。

$x>0$ のとき，$A=x$，$B=\dfrac{1}{x}$ を代入すると，

$\dfrac{x+\dfrac{1}{x}}{2} \geqq \sqrt{x\cdot\dfrac{1}{x}}$ から $x+\dfrac{1}{x} \geqq 2$

となり，$x+\dfrac{1}{x}$ の最小値を求めるために利用できます。

5-A 解答 ▶ STEP 1 相加平均・相乗平均の関係にあてはめる

$a>0$，$\dfrac{12}{a}>0$ であるから，相加平均・相乗平均の関係より

$\dfrac{a+\dfrac{12}{a}}{2} \geqq \sqrt{a\cdot\dfrac{12}{a}}$ ◀ $A=a$，$B=\dfrac{12}{a}$

$a+\dfrac{12}{a} \geqq 2\cdot2\sqrt{3}$ より $a+\dfrac{12}{a} \geqq 4\sqrt{3}$

この不等式の等号は $a=\dfrac{12}{a}$ のとき成立し，

$a^2=12$ より $a=2\sqrt{3}$ ◀ $a>0$

よって，$a=2\sqrt{3}$ のとき $a+\dfrac{12}{a}$ は最小値 [ア 4]$\sqrt{[イ 3]}$ をとる。

5-B 解答 ▶ STEP 1　相加平均・相乗平均の関係にあてはめる

$4a>0$，$\dfrac{1}{a}>0$ であるから，相加平均・相乗平均の関係より

$$\frac{4a+\frac{1}{a}}{2}\geqq\sqrt{4a\cdot\frac{1}{a}}$$

（$\dfrac{A+B}{2}\geqq\sqrt{AB}$ で $A=4a$，$B=\dfrac{1}{a}$）　◀ POINT 5 を使う！

$$\frac{4a+\frac{1}{a}}{2}\geqq2$$

$$4a+\frac{1}{a}\geqq4\quad\cdots\cdots①$$

（まず，$4a+\dfrac{1}{a}$ の最小値を考える）

この不等式の等号は $4a=\dfrac{1}{a}$ のとき成立する。（等号は $A=B$ のとき成立する）

すなわち，$a^2=\dfrac{1}{4}$ より $a=\dfrac{1}{2}$（$a>0$ である）

①の両辺に3を加えると

$$4a+\frac{1}{a}+3\geqq4+3$$

（R の式の形にするために両辺に3を加える）

$$R\geqq7$$

よって，R は $a=\dfrac{\boxed{ア\ 1}}{\boxed{イ\ 2}}$ のとき，最小値 $\boxed{ウ\ 7}$ をとる。

6 因数定理

要点チェック！

剰余の定理から，整式 $P(x)$ を1次式 $x-\alpha$ で割ったときの余りは $P(\alpha)$ となります。とくに $P(\alpha)=0$ のとき，整式 $P(x)$ は $x-\alpha$ で割り切れることになり，$P(x)=(x-\alpha)Q(x)$ の形に因数分解されます。次の**因数定理**を用いて高次方程式 $P(x)=0$ を解くことができます。

POINT 6

整式 $P(x)$ が1次式 $x-\alpha$ を因数にもつ $\Longleftrightarrow$ $P(\alpha)=0$

$P(\alpha)=0$ となる α を見つけることで，高次方程式 $P(x)=0$ を，$P(x)=(x-\alpha)Q(x)=0$ として解くときに利用します。

6-A 解答 ▸ STEP 1 $f(x)$ を因数分解する

$$f(-3)=-27-27+24+30=0$$

より，$f(x)$ は $x+3$ を因数にもち

$$f(x)=(x+\boxed{ア\ 3})(x^2-\boxed{イ\ 6}x+\boxed{ウエ\ 10})$$

$$\begin{array}{r} x^2-6x+10 \\ x+3\,\overline{)\,x^3-3x^2\quad-8x+30} \\ \underline{x^3+3x^2\qquad\qquad\quad} \\ -6x^2-\ \ 8x\qquad \\ \underline{-6x^2-18x\qquad} \\ 10x+30 \\ \underline{10x+30} \\ 0 \end{array}$$

STEP 2 3次方程式を解く

$x^2-6x+10=0$ の解は $x=3\pm i$ であるから，

$f(x)=0$ の解は，-3，$\boxed{オ\ 3}+i$，$3-i$

6-B 解答 ▸ STEP 1 a，b の値を求める

$f(x)$ が $x+1$ で割り切れるので

$$f(-1)=-1+a-b+2=0$$ ◀ POINT 6 を使う！

$$a-b=-1 \quad \cdots\cdots①$$

$f(x)$ を $x+3$ で割ると2余るので

$$f(-3)=-27+9a-3b+2=2$$ ◀ POINT 3 を使う！

$$9a-3b=27$$

$$3a-b=9 \quad \cdots\cdots②$$

①，②を解いて，$a=\boxed{ア\ 5}$，$b=\boxed{イ\ 6}$

STEP 2 3次方程式を解く

$f(x)=x^3+5x^2+6x+2$ であり

$$f(x)=(x+1)(x^2+\boxed{ウ\ 4}x+\boxed{エ\ 2})$$

$$\begin{array}{r} x^2+4x+2 \\ x+1\,\overline{)\,x^3+5x^2+6x+2} \\ \underline{x^3+\ \ x^2\qquad\qquad} \\ 4x^2+6x\qquad \\ \underline{4x^2+4x\qquad} \\ 2x+2 \\ \underline{2x+2} \\ 0 \end{array}$$

$x^2+4x+2=0$ の解は $x=-2\pm\sqrt{2}$ であるから，

方程式 $f(x)=0$ の解は

$$\boxed{オカ\ -1},\ \boxed{キク\ -2}\pm\sqrt{\boxed{ケ\ 2}}$$

7 判別式

要点チェック！

a，b，c が実数のとき，2次方程式 $ax^2+bx+c=0$ $(a\neq 0)$ の解は

$x=\dfrac{-b\pm\sqrt{b^2-4ac}}{2a}$ (解の公式) であり，$b^2-4ac<0$ のとき虚数の解をもちます。$\boldsymbol{D=b^2-4ac}$ を2次方程式の**判別式**とよび，

$$\begin{cases} D>0 \iff \text{異なる2つの実数解をもつ} \\ D=0 \iff \text{1つの実数解（重解）をもつ} \\ D<0 \iff \text{異なる2つの虚数解をもつ（実数解をもたない）} \end{cases}$$

となります。

POINT 7

2次方程式 $ax^2+bx+c=0$ が虚数解をもつとき，$b^2-4ac<0$

2次方程式の虚数解に注目する問題で利用することができます。また，7-B のような，3次方程式の虚数解に関する問題では，実数解を1つ見つけて，因数分解により2次方程式をとりだして虚数解を求めます。（3次方程式は必ず実数解をもっています。）

7-A 解答 ▶ STEP 1 p の値の範囲を求める

判別式をDとする。$D<0$ より

$\{-(p-2)\}^2-4\cdot2\cdot(2p-10)<0$

$D=b^2-4ac$ で $\begin{cases} a=2 \\ b=-(p-2) \\ c=2p-10 \end{cases}$ の場合

$(p-2)^2-8(2p-10)<0$

$p^2-4p+4-16p+80<0$

$p^2-20p+84<0$ $(p-6)(p-14)<0$ ア 6 $<p<$ イウ 14

7-B 解答 ▶ STEP 1 $P(x)$ を因数分解する

$P(1)=1-a-a+2a-1=0$

$P(\alpha)=0$ となる α を見つける

より $P(x)=0$ は $x=$ ア 1 を解にもつ。

右の割り算より

$P(x)=(x-1)\{x^2+($ イ 1 $-$ ウ a $)x$ $-$ エオ $2a$ $+$ カ 1 $\}$

$$\begin{array}{r} x^2+(1-a)x+1-2a \\ x-1\,\overline{)\,x^3-ax^2-ax+2a-1} \\ \underline{x^3-\ x^2\qquad\qquad\qquad} \\ (1-a)x^2-ax\qquad \\ \underline{(1-a)x^2-(1-a)x\qquad} \\ (1-2a)x+2a-1 \\ \underline{(1-2a)x+2a-1} \\ 0 \end{array}$$

STEP 2 a の値の範囲を求める

$P(x)=0$ が虚数の解をもつとき，$x^2+(1-a)x-2a+1=0$ の判別式 $D<0$ より

◀ POINT 7 を使う！

$(1-a)^2-4\cdot1\cdot(-2a+1)<0$

$a^2+6a-3<0$

$a^2+6a-3=0$ のとき 解の公式より $a=-3\pm2\sqrt{3}$

キク -3 $-$ ケ 2 $\sqrt{\text{コ } 3}$ $<a<-3+2\sqrt{3}$

8 解と係数の関係

要点チェック!

α と β を解とする 2 次方程式の 1 つは，$(x-\alpha)(x-\beta)=0$ より

$$x^2-(\alpha+\beta)x+\alpha\beta=0$$

となります。

2 次方程式 $ax^2+bx+c=0$ の 2 解が α，β のとき，

$$x^2+\frac{b}{a}x+\frac{c}{a}=0 \text{ と比較すると } \alpha+\beta=-\frac{b}{a},\ \alpha\beta=\frac{c}{a}$$

となります。2 次方程式の係数から 2 解の和と積を簡単に読みとることができます。これを 2 次方程式の**解と係数の関係**といいます。

POINT 8

2 次方程式 $ax^2+bx+c=0$ の 2 解 α，β について

$$\boldsymbol{\alpha+\beta=-\frac{b}{a},\ \alpha\beta=\frac{c}{a}}$$

与えられた 2 数を解とする 2 次方程式をつくるときは，POINT 8 を利用して 2 数の和・積を求めてつくりましょう。

8-A 解答 ▸ STEP 1 $\alpha^2+\beta^2$，$\alpha^2\beta^2$ を求める

解と係数の関係より

$$\begin{cases}\alpha+\beta=5\\ \alpha\beta=3\end{cases}$$

このとき

$$\alpha^2+\beta^2=(\alpha+\beta)^2-2\alpha\beta=5^2-2\cdot3=19$$

$$\alpha^2\beta^2=(\alpha\beta)^2=3^2=9$$

◀ 2 解の和・積を求める

STEP 2 α^2，β^2 を解とする 2 次方程式の係数を求める

α^2 と β^2 を解とする 2 次方程式は

$$(x-\alpha^2)(x-\beta^2)=0$$

$$x^2-(\alpha^2+\beta^2)x+\alpha^2\beta^2=0$$

より x^2- [アイ 19] $x+$ [ウ 9] $=0$

8-B 解答 ▶ STEP 1 $\alpha+\beta$，$\alpha\beta$ を求める

解と係数の関係より

$$\alpha+\beta=\frac{\boxed{^{アイ}\ -a}}{\boxed{^{ウ}\ 2}},\quad \alpha\beta=\frac{\boxed{^{エ}\ b}}{\boxed{^{オ}\ 2}}$$

◀ POINT 8 を使う！

STEP 2 $\frac{1}{\alpha}$，$\frac{1}{\beta}$ を解とする2次方程式をつくる

このとき，求める2次方程式の2解の和，積は

$$\frac{1}{\alpha}+\frac{1}{\beta}=\frac{\beta}{\alpha\beta}+\frac{\alpha}{\alpha\beta}=\frac{\alpha+\beta}{\alpha\beta}=\frac{-\frac{a}{2}}{\frac{b}{2}}=-\frac{a}{b}$$

$$\frac{1}{\alpha}\cdot\frac{1}{\beta}=\frac{1}{\alpha\beta}=\frac{2}{b}$$

となるので，$\frac{1}{\alpha}$，$\frac{1}{\beta}$ を解とする2次方程式は

$$x^2-\left(-\frac{a}{b}\right)x+\frac{2}{b}=0$$

より $bx^2+\boxed{^{カ}\ a}x+\boxed{^{キ}\ 2}=0$

9 複素数の相等

要点チェック！

複素数の計算では，実部と虚部に分けて複素数を $A+Bi$ (A，B は実数) の形に整理します。このとき，$\boldsymbol{i^2=-1}$ を用います。

複素数は $A+Bi$ (A，B は実数) の形で一通りに表されるので，2つの複素数 $A+Bi$ と $C+Di$ (C，D は実数) が一致するときは $A=C$ かつ $B=D$ が成立します。とくに，$A+Bi$ が実数であるときは $B=0$ となります。

POINT 9

A，B，C，D が実数のとき

$$\boldsymbol{A+Bi=C+Di \iff A=C \text{ かつ } B=D}$$

複素数に関する等式では実部と虚部に分けて扱いましょう。

9-A 解答 ▶ STEP 1 $(2+ai)^3$ を計算する

$$(2+ai)^3=2^3+3\cdot2^2\cdot ai+3\cdot2\cdot(ai)^2+(ai)^3$$

◀ $(p+q)^3=p^3+3p^2q+3pq^2+q^3$

$$=8+12ai+6a^2i^2+a^3i^3$$

◀ $i^3=i^2\cdot i=-i$

$$=8+12ai+6a^2\cdot(-1)+a^3\cdot(-i)$$

$$=(\boxed{ア\ 8}-\boxed{イ\ 6}a^2)+(\boxed{ウエ\ 12}a-a^3)i$$

STEP 2 実数 a の値を求める

複素数 $(2+ai)^3$ が実数になるのは虚部が0となるときで，

$$12a-a^3=0$$

◀ $A+Bi$ で $B=0$

より，$a(a^2-12)=0$

$$a=\boxed{オ\ 0},\ \pm\boxed{カ\ 2}\sqrt{\boxed{キ\ 3}}$$

9-B 解答 ▶ STEP 1 実部と虚部に分ける

$$(1+i)x^2+(1-5i)xy+(2+6i)y^2=56$$

$$x^2+xy+2y^2+(x^2-5xy+6y^2)i=56$$

◀ 右辺は $56+0i$

x，y が実数のとき，$x^2+xy+2y^2$，$x^2-5xy+6y^2$ は実数なので

$$\begin{cases} x^2+xy+2y^2=56 & \cdots\cdots① \\ x^2-5xy+6y^2=0 & \cdots\cdots② \end{cases}$$

◀ POINT 9 を使う！

STEP 2 実数 x，y を求める

②より $(x-3y)(x-2y)=0$

◀ 高次の連立方程式では因数分解により次数を下げる

$x=3y$ または $x=2y$

(i) $x=3y$ のとき，①より

$$(3y)^2+3y\cdot y+2y^2=56$$

$14y^2=56$，$y^2=4$ より

$y=\pm2$，$x=\pm6$ (複号同順)

(ii) $x=2y$ のとき，①より

$$(2y)^2+2y\cdot y+2y^2=56$$

$8y^2=56$，$y^2=7$ より

$y=\pm\sqrt{7}$，$x=\pm2\sqrt{7}$ (複号同順)

よって，$(x,\ y)=(\boxed{ア\ 6},\ \boxed{イ\ 2})$，$(\boxed{ウ\ 2}\sqrt{\boxed{エ\ 7}},\ \sqrt{\boxed{オ\ 7}})$ の2組と，この符号を変えた2組である。

実戦問題 第1問

この問題のねらい

・剰余の定理の利用，整式の割り算ができる。（⇒ POINT 2 ，POINT 3 ）
・複素数と方程式の知識を活用できる。
（⇒ POINT 4 ，POINT 8 ，POINT 9 ）

解答 ▶ STEP 1 複素数の満たす等式を利用して $P(-1+\sqrt{6}i)$ を求める

(1) $x=-1+\sqrt{6}i$ のとき　　$x+1=\sqrt{6}i$

$(x+1)^2=-6$ より $x^2+2x+7=0$

よって，

$x^2=-2x-7=-2(-1+\sqrt{6}i)-7=-5-2\sqrt{6}i$

$x^3=x^2\cdot x=-2x^2-7x=-2(-2x-7)-7x$ ◀ POINT 4 を使う！

$=-3x+14=-3(-1+\sqrt{6}i)+14$

$=17-3\sqrt{6}i$

これらを利用して $P(-1+\sqrt{6}i)$ を求めると

$P(-1+\sqrt{6}i)$

$=17-3\sqrt{6}i+a(-5-2\sqrt{6}i)+b(-1+\sqrt{6}i)+c$

$=$ [アイ -5] $a-b+c+$ [ウエ 17] $+\left(\right.$[オカ -2] $a+b-$ [キ 3] $\left.\right)\sqrt{6}i$

STEP 2 複素数の相等を扱う

$P(-1+\sqrt{6}i)=0$ から

$-5a-b+c+17+(-2a+b-3)\sqrt{6}i=0$

$-5a-b+c+17$，$-2a+b-3$ は実数なので ◀ POINT 9 を使う！

$-5a-b+c+17=0$ ……①

かつ

$-2a+b-3=0$ ……②

②より　$b=$ [ク 2] $a+$ [ケ 3]

①より　$c=5a+b-17$

$=5a+(2a+3)-17$

$=$ [コ 7] $a-$ [サシ 14]

STEP 3 解と係数の関係を用いて2次方程式をつくる

$(-1+\sqrt{6}i)+(-1-\sqrt{6}i)=-2$ ◀ POINT 8 を使う！

$(-1+\sqrt{6}i)(-1-\sqrt{6}i)=(-1)^2-(-6)=7$

となるので，$-1+\sqrt{6}i$，$-1-\sqrt{6}i$ を解とする2次方程式で x^2 の係数が1のものは

$x^2-(-2)x+7=0$ より

α，β を解とする2次方程式は $x^2-(\alpha+\beta)x+\alpha\beta=0$

x^2+ [ス 2] $x+$ [セ 7] $=0$

STEP 4 筆算により商と余りを求める ◀ POINT 2 を使う！

右の計算により

商は $x+a-$ [ソ 2]

余りは [タ 0]

$$
\begin{array}{r}
x+(a-2) \\
x^2+2x+7\,\overline{)\,x^3+\quad ax^2+(2a+3)x+(7a-14)} \\
x^3+\quad 2x^2+\quad 7x \\
\hline
(a-2)x^2+(2a-4)x+(7a-14) \\
(a-2)x^2+2(a-2)x+\ 7(a-2) \\
\hline
0
\end{array}
$$

$P(x)=(x+a-2)(x^2+2x+7)$ ……③

となるので，$P(x)=0$ の実数解は $x=$ [チ −] $a+$ [ツ 2]

STEP 5 剰余の定理を利用する

(2) $P(x)$ を $x+a-3$ で割ったときの余りが6のとき，剰余の定理から

$P(-a+3)=6$ ◀ POINT 3 を使う！

③より

$(-a+3+a-2)\{(-a+3)^2+2(-a+3)+7\}=6$

$a^2-8a+16=0$

$(a-4)^2=0$

よって，$a=$ [テ 4]

STEP 6 3次式を因数分解する

$a=4$ のとき，$b=11$，$c=14$ となり

$P(x)=x^3+4x^2+11x+14$

$P(x)=(x-1)Q(x)+13x+17$ と表されるとき

$(x-1)Q(x)+13x+17=x^3+4x^2+11x+14$ から

$(x-1)Q(x)=x^3+4x^2-2x-3$

$(x-1)Q(x)=(x-1)(x^2+5x+3)$

よって，　$Q(x)=x^2+$ [ト 5] $x+$ [ナ 3]

実戦問題　第２問

この問題のねらい

・相加平均・相乗平均の関係を利用できる。(⇒ POINT 5)

解答 ▶ **STEP 1　解答Aの不等式で等号成立の条件を調べる**

(1)　$x>0$, $\dfrac{1}{y}>0$ のとき，相加平均と相乗平均の関係から

$$\frac{x+\frac{1}{y}}{2} \geqq \sqrt{x\cdot\frac{1}{y}}$$

◀ POINT 5 を使う！

$$x+\frac{1}{y} \geqq 2\sqrt{x\cdot\frac{1}{y}}=2\sqrt{\frac{x}{y}} \quad \cdots\cdots①$$

等号は $x=\dfrac{1}{y}$ から $xy=1$ のときに成立する。

また，$y>0$, $\dfrac{4}{x}>0$ のとき，相加平均と相乗平均の関係から

$$y+\frac{4}{x} \geqq 2\sqrt{y\cdot\frac{4}{x}}=4\sqrt{\frac{y}{x}} \quad \cdots\cdots②$$

◀ POINT 5 を使う！

等号は $y=\dfrac{4}{x}$ から $xy=4$ のときに成立する。

①，②の両辺は正であるので

$$\left(x+\frac{1}{y}\right)\left(y+\frac{4}{x}\right) \geqq 2\sqrt{\frac{x}{y}}\cdot 4\sqrt{\frac{y}{x}}$$

$$\left(x+\frac{1}{y}\right)\left(y+\frac{4}{x}\right) \geqq 8$$

この不等式で等号が成立するのは $xy=1$ かつ $xy=4$ を満たす x, y においてとなるが，このような x, y は存在しないため最小値が8であるとする解答Aは誤りとなる。

STEP 2　解答Bの不等式で等号成立の条件を調べる

$$\left(x+\frac{1}{y}\right)\left(y+\frac{4}{x}\right)=xy+\frac{4}{xy}+5$$

ここで，$xy>0$ のとき，相加平均と相乗平均の関係から

$$xy+\frac{4}{xy} \geqq 2\sqrt{xy\cdot\frac{4}{xy}}=4$$

等号は $xy=\dfrac{4}{xy}$ から $(xy)^2=4$ すなわち $xy=2$ のときに成立する。

よって，$xy+\dfrac{4}{xy}+5\geqq 4+5=9$ となり，$\left(x+\dfrac{1}{y}\right)\left(y+\dfrac{4}{x}\right)$ は $xy=2$ を満たす x，y において最小値 9 をとる。

STEP 3 解答Aと解答Bで答えが違う理由を考える

解答Aと解答Bのそれぞれにおいて，相加平均と相乗平均の関係を利用しているが，どちらも等号成立の条件を調べていない。

また，解答Aにおいては，
$P\geqq Q>0$，$R\geqq S>0$ のとき，$PR\geqq QS$ とした際に，等号成立について $P=Q$ かつ $R=S$ のときに $PR=QS$ となることを見落としている。

解答Aと解答Bで違う答えが出てしまった理由として花子さんの発言で適するのは，

$x+\dfrac{1}{y}=2\sqrt{\dfrac{x}{y}}$ かつ $y+\dfrac{4}{x}=4\sqrt{\dfrac{y}{x}}$ を満たす x，y の値がない（ア ②）

となる。

STEP 4 正しい最小値を求める

(2) 正しい最小値は解答Bから導かれる イ 9 である。

実戦問題 第3問

この問題のねらい
・複素数と方程式の知識を総合的に応用できる。

解答 ▶ STEP 1 1の3乗根を扱う

(1) 1の3乗根のうち，虚数であるものの1つを ω とすると

$\omega^3=1$ ……①（ア ③）

$\omega^3-1=0$

$(\omega-1)(\omega^2+\omega+1)=0$

より，ω は $\omega^2+\omega+1=0$ を満たすので

$\omega^2+\omega=-1$ ……②（イ ④）

STEP 2 1の3乗根の満たす等式を用いて計算をする

(2) $(x+\omega y+\omega^2 z)(x+\omega^2 y+\omega z)$

$=x^2+y^2+z^2+(\omega^2+\omega)xy+(\omega^4+\omega^2)yz+(\omega^2+\omega)zx$

ここで，

$$\omega^2+\omega=-1,\ \omega^4+\omega^2=\omega^3\omega+\omega^2=\omega+\omega^2=-1$$

であるので

$(x+\omega y+\omega^2 z)(x+\omega^2 y+\omega z)$

$=x^2+y^2+z^2-xy-yz-zx$ ……③

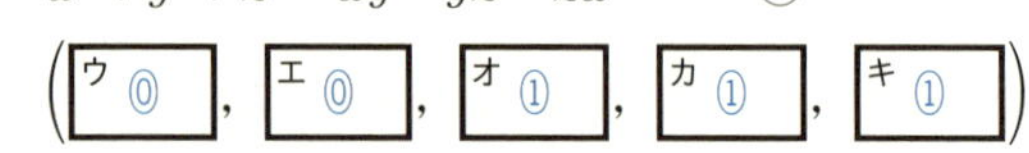

STEP 3 3次式の展開を計算する

(3) $(x+y+z)(x+\omega y+\omega^2 z)(x+\omega^2 y+\omega z)$

$=(x+y+z)(x^2+y^2+z^2-xy-yz-zx)$ ◀ (ii)より

$=x^3+y^3+z^3-3xyz$ ……④ （ク ⑦）

STEP 4 xについての式とみて係数を比較する

(4) $x^3+y^3+z^3-3xyz=x^3+12\sqrt{3}x+8-24\sqrt{3}$

をxについての恒等式とみると

$$-3yz=12\sqrt{3} \text{ かつ } y^3+z^3=8-24\sqrt{3}$$

となり

$$yz=-4\sqrt{3} \text{ かつ } y^3+z^3=8-24\sqrt{3}$$

$$y^3z^3=-192\sqrt{3} \text{ かつ } y^3+z^3=8-24\sqrt{3}$$

となるので，2次方程式の解と係数の関係からy^3，z^3はtについての2次方程式

◀ POINT 8 を使う！

$$t^2+(24\sqrt{3}-8)t-192\sqrt{3}=0$$

の解である。

$(t-8)(t+24\sqrt{3})=0$ より $t=8,\ -24\sqrt{3}$

$y^3=-24\sqrt{3}$，$z^3=8$ と選ぶと $y=-2\sqrt{3}$，$z=2$ となる。

よって，④の右辺において，

$$y=-\boxed{ケ\ 2}\sqrt{\boxed{コ\ 3}},\quad z=\boxed{サ\ 2}$$

を代入すると，右辺は$x^3+12\sqrt{3}x+8-24\sqrt{3}$ となる。

STEP 5 3次方程式の解を求める

④より，$x^3+y^3+z^3-3xyz=0$ のとき

$$(x+y+z)(x+\omega y+\omega^2 z)(x+\omega^2 y+\omega z)=0$$

これを x についての方程式とみると，解は

$$x=-y-z,\quad -\omega y-\omega^2 z,\quad -\omega^2 y-\omega z$$

ここで，$\omega^2+\omega+1=0$ から　$\omega=\dfrac{-1\pm\sqrt{3}\,i}{2}$

$\omega=\dfrac{-1+\sqrt{3}\,i}{2}$ のとき，$\omega^2=\dfrac{-1-\sqrt{3}\,i}{2}$，

$\omega=\dfrac{-1-\sqrt{3}\,i}{2}$ のとき，$\omega^2=\dfrac{-1+\sqrt{3}\,i}{2}$

であるから，$x^3+12\sqrt{3}\,x+8-24\sqrt{3}=0$ の解は ω がどちらの値であっても

$$\begin{cases} -(-2\sqrt{3})-2=2\sqrt{3}-2 \\ -\dfrac{-1+\sqrt{3}\,i}{2}\cdot(-2\sqrt{3})-\dfrac{-1-\sqrt{3}\,i}{2}\cdot 2=1-\sqrt{3}+(3+\sqrt{3})i \\ -\dfrac{-1-\sqrt{3}\,i}{2}\cdot(-2\sqrt{3})-\dfrac{-1+\sqrt{3}\,i}{2}\cdot 2=1-\sqrt{3}-(3+\sqrt{3})i \end{cases}$$

求める解は

$x=$ [シ 2] $\sqrt{[ス\ 3]}$ − [セ 2]，

[ソ 1] − $\sqrt{[タ\ 3]}$ ± ([チ 3] + $\sqrt{[ツ\ 3]}$) i

10 加法定理

要点チェック!

$\sin(\alpha+\beta)$, $\cos(\alpha+\beta)$ などを次のように $\sin\alpha$, $\cos\alpha$, $\sin\beta$, $\cos\beta$ で表すことができます。

POINT 10

$$\sin(\alpha\pm\beta)=\sin\alpha\cos\beta\pm\cos\alpha\sin\beta \quad \text{（複号同順）}$$
$$\cos(\alpha\pm\beta)=\cos\alpha\cos\beta\mp\sin\alpha\sin\beta \quad \text{（複号同順）}$$

α, β に自分の注目している角をあてはめて利用しましょう。なお，弧度法では，$180°=\pi$ ラジアン となります。

例えば，$\cos\left(\frac{\pi}{4}+\frac{\pi}{6}\right)=\cos\frac{\pi}{4}\cos\frac{\pi}{6}-\sin\frac{\pi}{4}\sin\frac{\pi}{6}$ より

$\cos\frac{5}{12}\pi=\frac{\sqrt{2}}{2}\cdot\frac{\sqrt{3}}{2}-\frac{\sqrt{2}}{2}\cdot\frac{1}{2}=\frac{\sqrt{6}-\sqrt{2}}{4}$ となります。

また，$\tan(\alpha-\beta)$ の加法定理は次のように導くことができます。

$$\tan(\alpha-\beta)=\frac{\sin(\alpha-\beta)}{\cos(\alpha-\beta)}=\frac{\sin\alpha\cos\beta-\cos\alpha\sin\beta}{\cos\alpha\cos\beta+\sin\alpha\sin\beta}$$

◀ $\tan\theta=\frac{\sin\theta}{\cos\theta}$

$$=\frac{\frac{\sin\alpha\cos\beta}{\cos\alpha\cos\beta}-\frac{\cos\alpha\sin\beta}{\cos\alpha\cos\beta}}{1+\frac{\sin\alpha\sin\beta}{\cos\alpha\cos\beta}}=\frac{\tan\alpha-\tan\beta}{1+\tan\alpha\tan\beta}$$

◀ 分母・分子をそれぞれ $\cos\alpha\cos\beta$ で割る

10-A 解答 ▶ STEP 1 $\sin\alpha$, $\cos\beta$ の値を求める

$\cos^2\alpha+\sin^2\alpha=1$ より，$\sin^2\alpha=1-\left(\frac{3}{5}\right)^2=\frac{16}{25}$

◀ $\sin^2\alpha=1-\cos^2\alpha$

$0<\alpha<\frac{\pi}{2}$ より $\sin\alpha>0$ なので，$\sin\alpha=\frac{4}{5}$

同様に，$\cos^2\beta=1-\left(\frac{5}{13}\right)^2=\frac{144}{169}$

$0<\beta<\frac{\pi}{2}$ より $\cos\beta>0$ なので，$\cos\beta=\frac{12}{13}$

STEP 2 $\sin(\alpha+\beta)$ の値を求める

$\sin(\alpha+\beta)=\sin\alpha\cos\beta+\cos\alpha\sin\beta=\frac{4}{5}\cdot\frac{12}{13}+\frac{3}{5}\cdot\frac{5}{13}=\frac{\text{アイ } 63}{\text{ウエ } 65}$

10-B 解答 ▶ STEP 1 加法定理を利用する

$$\cos\left(\theta-\frac{\pi}{6}\right)=\cos\theta\cos\frac{\pi}{6}+\sin\theta\sin\frac{\pi}{6}$$

◀ POINT 10 を使う！

$$=\cos\theta\cdot\frac{\sqrt{3}}{2}+\sin\theta\cdot\frac{1}{2}$$

$\begin{cases}\cos\frac{\pi}{6}=\frac{\sqrt{3}}{2}\\ \sin\frac{\pi}{6}=\frac{1}{2}\end{cases}$

$$\cos\left(\theta+\frac{\pi}{6}\right)=\cos\theta\cos\frac{\pi}{6}-\sin\theta\sin\frac{\pi}{6}$$

$$=\cos\theta\cdot\frac{\sqrt{3}}{2}-\sin\theta\cdot\frac{1}{2}$$

STEP 2 $f(\theta)$ を t を用いて表す

$$f(\theta)=\sin\theta\cdot\frac{\sqrt{3}\cos\theta+\sin\theta}{2}\cdot\frac{\sqrt{3}\cos\theta-\sin\theta}{2}$$

$$=\frac{1}{4}\sin\theta(3\cos^2\theta-\sin^2\theta)$$

ここで，$\cos^2\theta=1-\sin^2\theta=1-t^2$ より ◀ $\cos^2\theta+\sin^2\theta=1$

$$f(\theta)=\frac{1}{4}t\{3(1-t^2)-t^2\}=\frac{1}{4}t(3-4t^2)=-t^{\boxed{ア\ 3}}+\frac{\boxed{イ\ 3}}{\boxed{ウ\ 4}}t$$

11 2倍角の公式

要点チェック!

加法定理 $\cos(\alpha+\beta)=\cos\alpha\cos\beta-\sin\alpha\sin\beta$ で $\alpha=\theta$, $\beta=\theta$ とすると

$$\cos 2\theta=\cos^2\theta-\sin^2\theta$$

が成り立ちます。

$\cos^2\theta+\sin^2\theta=1$ より $\sin^2\theta=1-\cos^2\theta$ を用いると

$$\cos 2\theta=\cos^2\theta-(1-\cos^2\theta)=2\cos^2\theta-1$$

となります。また,

$$\cos 2\theta=(1-\sin^2\theta)-\sin^2\theta=1-2\sin^2\theta$$

とすることもできます。

一方, $\sin(\alpha+\beta)=\sin\alpha\cos\beta+\cos\alpha\sin\beta$ で $\alpha=\theta$, $\beta=\theta$ とすると

$$\sin 2\theta=\sin\theta\cos\theta+\cos\theta\sin\theta=2\sin\theta\cos\theta$$

となります。

POINT 11

$$\cos 2\theta=\cos^2\theta-\sin^2\theta=2\cos^2\theta-1=1-2\sin^2\theta$$
$$\sin 2\theta=2\sin\theta\cos\theta$$

三角関数を含む方程式や不等式を解くときに利用します。

11-A 解答 ▶ STEP 1 $\sin 3\theta$ を $\sin\theta$ を用いて表す

$$\begin{aligned}\sin 3\theta&=\sin(2\theta+\theta)=\sin 2\theta\cos\theta+\cos 2\theta\sin\theta\\&=2\sin\theta\cos\theta\cdot\cos\theta+(1-2\sin^2\theta)\sin\theta\\&=2\sin\theta(1-\sin^2\theta)+(1-2\sin^2\theta)\sin\theta\\&=\boxed{ア\ 3}\sin\theta-\boxed{イ\ 4}\sin^3\theta\end{aligned}$$

◀ $3\theta=2\theta+\theta$

◀ 3倍角の公式

11-B 解答 ▶ STEP 1 $\cos 2x$ を $\cos x$ を用いて表す

◀ POINT 11 を使う！

$\cos(\alpha+\beta)=\cos\alpha\cos\beta-\sin\alpha\sin\beta$ ……①

①で $\alpha=x$, $\beta=x$ とおくと

$$\begin{aligned}\cos 2x&=\cos^2x-\sin^2x=\cos^2x-(1-\cos^2x)\\&=\boxed{ア\ 2}\cos^2x-\boxed{イ\ 1}\end{aligned}$$

◀ $\sin^2x=1-\cos^2x$

STEP 2 $\cos 3x$ を $\cos x$ を用いて表す

◀ POINT 11 を使う！

①で $\alpha=2x$, $\beta=x$ とおくと

$$\begin{aligned}\cos 3x&=\cos 2x\cdot\cos x-\sin 2x\cdot\sin x\\&=(2\cos^2x-1)\cos x-2\sin x\cos x\cdot\sin x\\&=(2\cos^2x-1)\cos x-2(1-\cos^2x)\cos x\\&=\boxed{ウ\ 4}\cos^3x-\boxed{エ\ 3}\cos x\end{aligned}$$

◀ $\sin 2x=2\sin x\cos x$

STEP 3 $\cos x$ の値を求める

$$\begin{aligned}f(x)&=(4\cos^3x-3\cos x)+2(2\cos^2x-1)+\cos x\\&=4\cos^3x+4\cos^2x-2\cos x-2\\&=2(\cos x+1)(2\cos^2x-1)\end{aligned}$$

◀ $4t^3+4t^2-2t-2$
$=2(2t^3+2t^2-t-1)$
$=2(t+1)(2t^2-1)$

$0\leqq x\leqq\dfrac{\pi}{2}$ のとき $0\leqq\cos x\leqq 1$ であるから，$f(x)=0$ となるとき

$$\cos x=\frac{1}{\sqrt{2}}=\frac{\sqrt{\boxed{オ\ 2}}}{\boxed{カ\ 2}}$$

◀ $f(x)=0$ のとき，$\cos x=-1$, $\pm\dfrac{1}{\sqrt{2}}$ が候補

12 三角関数の合成

要点チェック!

右図のような,

$$\cos\alpha=\frac{a}{\sqrt{a^2+b^2}},\ \sin\alpha=\frac{b}{\sqrt{a^2+b^2}}$$

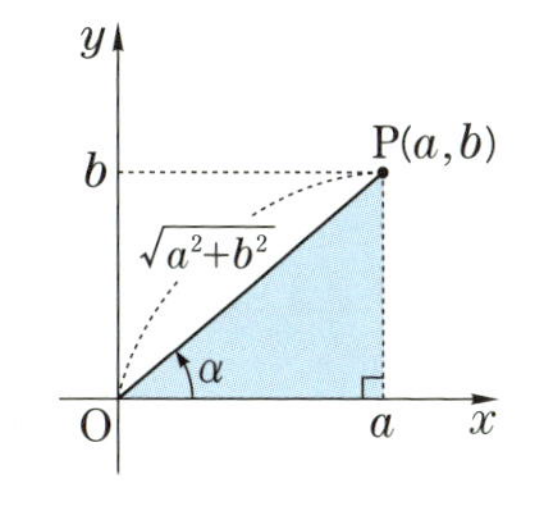

となる角αを考えることにより

$$a\sin\theta+b\cos\theta=\sqrt{a^2+b^2}\sin(\theta+\alpha)$$

と変形できます。これは,

$$\sin\theta\cos\alpha+\cos\theta\sin\alpha=\sin(\theta+\alpha)$$

$$\frac{a}{\sqrt{a^2+b^2}}\sin\theta+\frac{b}{\sqrt{a^2+b^2}}\cos\theta=\sin(\theta+\alpha)$$

と変形できることを用いています。

POINT 12

$$\boldsymbol{a\sin\theta+b\cos\theta=\sqrt{a^2+b^2}\sin(\theta+\alpha)}$$

ただし,$\cos\alpha=\frac{a}{\sqrt{a^2+b^2}}$,$\sin\alpha=\frac{b}{\sqrt{a^2+b^2}}$

「$a\sin\theta+b\cos\theta$」を含む方程式や関数の問題で,θを1か所にまとめて式を簡単な形にすることができます。

12-A 解答 ▶ STEP 1 三角関数を合成する

$\sqrt{(\sqrt{2})^2+(\sqrt{6})^2}=2\sqrt{2}$ であるので

$$\sqrt{2}\sin\theta+\sqrt{6}\cos\theta=2\sqrt{2}\left(\frac{1}{2}\sin\theta+\frac{\sqrt{3}}{2}\cos\theta\right)$$

$\cos\alpha=\frac{1}{2}$,$\sin\alpha=\frac{\sqrt{3}}{2}$ を満たすαとして $\alpha=\frac{\pi}{3}$ とすると

$$\sqrt{2}\sin\theta+\sqrt{6}\cos\theta=2\sqrt{2}\left(\cos\frac{\pi}{3}\sin\theta+\sin\frac{\pi}{3}\cos\theta\right)$$

$$=\boxed{{}^{ア}\ 2}\sqrt{\boxed{{}^{イ}\ 2}}\sin\left(\theta+\frac{\pi}{\boxed{{}^{ウ}\ 3}}\right)$$

12-B 解答 ▶ STEP 1 三角関数を合成する

$\sqrt{(\sqrt{3})^2+1^2}=2$ より ◀ $\sqrt{a^2+b^2}$ の部分を計算

$$\sqrt{3}\sin x+\cos x=2\left(\frac{\sqrt{3}}{2}\sin x+\frac{1}{2}\cos x\right)$$

$\cos\alpha=\frac{\sqrt{3}}{2}$，$\sin\alpha=\frac{1}{2}$ を満たす α として $\alpha=\frac{\pi}{6}$ とすると

$$\sqrt{3}\sin x+\cos x=2\left(\cos\frac{\pi}{6}\sin x+\sin\frac{\pi}{6}\cos x\right)$$ ◀ POINT 12 を使う！

$$=\boxed{ア\ 2}\sin\left(x+\frac{\pi}{\boxed{イ\ 6}}\right)$$

STEP 2 三角関数を含む方程式を解く

よって，$2\sin\left(x+\frac{\pi}{6}\right)=\sqrt{2}$ より $\sin\left(x+\frac{\pi}{6}\right)=\frac{\sqrt{2}}{2}$

$0\leqq x<2\pi$ のとき $\frac{\pi}{6}\leqq x+\frac{\pi}{6}<\frac{13}{6}\pi$ であるから

$$x+\frac{\pi}{6}=\frac{\pi}{4} \text{ または } x+\frac{\pi}{6}=\frac{3}{4}\pi$$

したがって，$x=\frac{\pi}{\boxed{ウエ\ 12}}$ と $x=\frac{\boxed{オ\ 7}}{\boxed{カキ\ 12}}\pi$

13 半角の公式

要点チェック！

2倍角の公式 $\cos 2\theta=2\cos^2\theta-1$，$\cos 2\theta=1-2\sin^2\theta$ から

$$\cos^2\theta=\frac{1+\cos 2\theta}{2},\quad \sin^2\theta=\frac{1-\cos 2\theta}{2}$$

となります。

また，$\sin 2\theta=2\sin\theta\cos\theta$ から $\sin\theta\cos\theta=\frac{\sin 2\theta}{2}$ となります。

POINT 13

$$\boldsymbol{\cos^2\theta=\frac{1+\cos 2\theta}{2},\quad \sin^2\theta=\frac{1-\cos 2\theta}{2},\quad \sin\theta\cos\theta=\frac{\sin 2\theta}{2}}$$

これらを用いると，$\cos^2\theta$，$\sin^2\theta$，$\sin\theta\cos\theta$ で表された三角関数の 2 次式 $A\cos^2\theta+B\sin^2\theta+C\sin\theta\cos\theta$ を $a\sin2\theta+b\cos2\theta+c$ の形に変形することができます。$\cos\theta$，$\sin\theta$ の 2 次式の問題で利用します。

また，13-B のように，与式を $a\sin2\theta+b\cos2\theta+c$ の形に変形したあと，POINT 12 を利用することがあります。

13-A 解答 ▶ STEP 1 半角の公式を用いて $f(\theta)$ を変形する

$$f(\theta)=2\left\{(a-1)\cdot\frac{1-\cos2\theta}{2}+a\cdot\frac{\sin2\theta}{2}+(a+1)\cdot\frac{1+\cos2\theta}{2}\right\}$$

$$=\boxed{{}^{ア}\ a}\sin2\theta+\boxed{{}^{イ}\ 2}\cos2\theta+\boxed{{}^{ウエ}\ 2a}$$

13-B 解答 ▶ STEP 1 半角の公式を用いて $f(\theta)$ を変形する

$\sin^2\theta=\dfrac{1-\cos2\theta}{2}$，$\cos^2\theta=\dfrac{1+\cos2\theta}{2}$，　◀ POINT 13 を使う！

$2\sin\theta\cos\theta=\sin2\theta$ より

$$f(\theta)=\sqrt{3}\cdot\frac{1-\cos2\theta}{2}-\sqrt{3}\cdot\frac{1+\cos2\theta}{2}+\sin2\theta$$

$$=\sin2\theta-\sqrt{3}\cos2\theta$$

STEP 2 三角関数を合成する　◀ POINT 12 を使う！

$$f(\theta)=2\left\{\frac{1}{2}\sin2\theta+\left(\frac{-\sqrt{3}}{2}\right)\cos2\theta\right\}$$

◀ $\sqrt{1^2+(-\sqrt{3})^2}=2$

$$=2\left\{\sin2\theta\cos\left(-\frac{\pi}{3}\right)+\cos2\theta\sin\left(-\frac{\pi}{3}\right)\right\}$$

◀ $\begin{cases}\cos\alpha=\dfrac{1}{2}\\ \sin\alpha=-\dfrac{\sqrt{3}}{2}\end{cases}$ を満たす α を $\alpha=-\dfrac{\pi}{3}$ とした

$$=2\sin\left(2\theta-\frac{\pi}{3}\right)$$

STEP 3 最大値と，そのときの θ の値を求める

$0\leqq\theta<\pi$ のとき $-\dfrac{\pi}{3}\leqq2\theta-\dfrac{\pi}{3}<\dfrac{5}{3}\pi$ であり，

$-1\leqq\sin\left(2\theta-\dfrac{\pi}{3}\right)\leqq1$ より　◀ $-2\leqq2\sin\left(2\theta-\dfrac{\pi}{3}\right)\leqq2$

$f(\theta)$ の最大値は $2\cdot1=\boxed{{}^{ア}\ 2}$

このとき $2\theta-\dfrac{\pi}{3}=\dfrac{\pi}{2}$ より $\theta=\dfrac{\boxed{{}^{イ}\ 5}}{\boxed{{}^{ウエ}\ 12}}\pi$

14 単位円の利用

要点チェック!

原点を中心とする半径1の円を**単位円**といいます。単位円を用いると，$\cos\theta$，$\sin\theta$ を円周上の点の x 座標，y 座標として視覚化することができます。

POINT 14

単位円上の点Pに対する動径OPが表す角を θ とすると，Pの座標は，

$$\mathbf{P(\cos\theta,\ \sin\theta)}$$

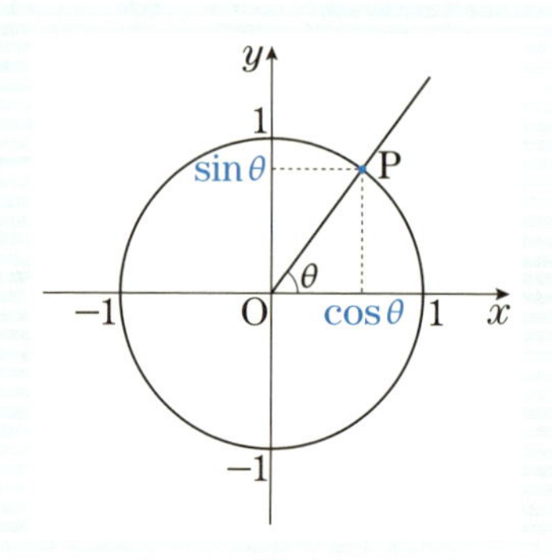

三角関数を含む不等式を解くときは，単位円のどの部分が不等式を満たしているかを単位円にかきこむことで，θ の範囲を読みとることができます。単位円を利用すると，三角関数を含む不等式を視覚化して解くことができます。

14-A 解答 ▶ STEP 1 三角関数を含む不等式を解く

単位円上の（x 座標）$\geqq\frac{1}{2}$，（y 座標）$\geqq-\frac{1}{2}$

の部分を右図から読みとると，

$\boxed{ア\ 0}\leqq\theta\leqq\frac{\pi}{\boxed{イ\ 3}}$，

$\frac{\boxed{ウエ\ 11}}{\boxed{オ\ 6}}\pi\leqq\theta<\boxed{カ\ 2}\pi$

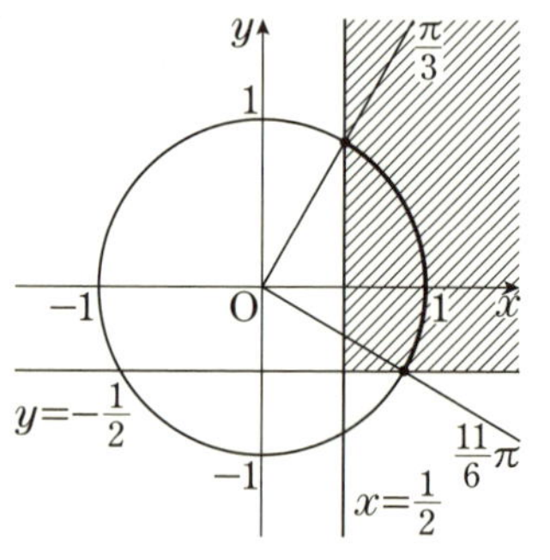

14-B 解答 ▶ STEP 1 $\cos\theta$ のとる値の範囲を求める

$\cos2\theta=2\cos^2\theta-1$ より $f(\theta)\leqq0$ のとき　◀ POINT 11 を使う！

$3(2\cos^2\theta-1)-16\cos\theta+11\leqq0$

$6\cos^2\theta-16\cos\theta+8\leqq0$

$2(3\cos\theta-2)(\cos\theta-2)\leqq 0$

(3x−2)(x−2)≦0 を解くと $\frac{2}{3}\leqq x\leqq 2$

$\frac{2}{3}\leqq\cos\theta\leqq 2$ ……①

また，$0\leqq\theta<2\pi$ のとき，$-1\leqq\cos\theta\leqq 1$ ……②

①，②より，$\frac{\boxed{ア\ 2}}{\boxed{イ\ 3}}\leqq\cos\theta\leqq\boxed{ウ\ 1}$

STEP 2 不等式を満たす sinθ の最小値を求める

$f(\theta)\leqq 0$ を満たす θ は右図の単位円の太線の部分であり，$\cos\alpha=\frac{2}{3}\left(\frac{3}{2}\pi<\alpha<2\pi\right)$ となる点Aのとき $\sin\theta$ は最小となる。

◀ POINT 14 を使う！

y 座標が最小の点がA

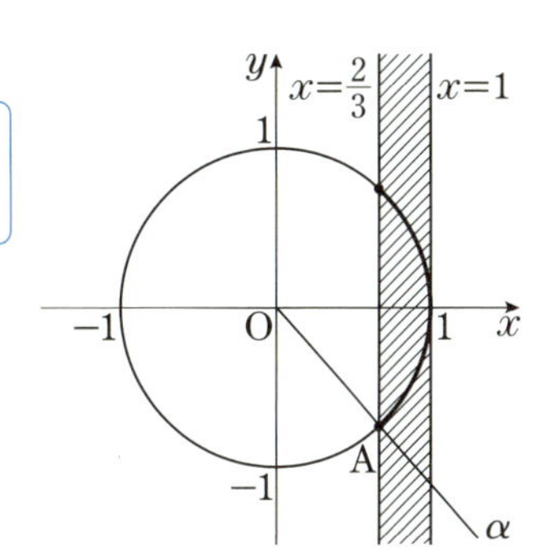

$\sin^2\alpha+\left(\frac{2}{3}\right)^2=1$ より $\sin^2\alpha=\frac{5}{9}$

$\sin\alpha<0$ であり，最小値は

$$\sin\alpha=-\frac{\sqrt{\boxed{エ\ 5}}}{\boxed{オ\ 3}}$$

15 三角関数の対称式

要点チェック!

$\sin^2\theta+\cos^2\theta=1$ がつねに成立することから，$\sin\theta+\cos\theta=t$ のとき，$\sin\theta\cos\theta$ を t を用いて表すことができます。$(\sin\theta+\cos\theta)^2=t^2$ より

$\sin^2\theta+\cos^2\theta+2\sin\theta\cos\theta=t^2$ から $1+2\sin\theta\cos\theta=t^2$

よって，$\sin\theta\cos\theta=\frac{t^2-1}{2}$ となります。

POINT 15

$\sin\theta+\cos\theta=t$ のとき，$\sin\theta\cos\theta=\frac{t^2-1}{2}$

三角関数の対称式の計算で利用しましょう。

15-A 解答 ▶ STEP 1 $\sin\theta\cos\theta$ の値を求める

$(\sin\theta+\cos\theta)^2=\left(\frac{1}{3}\right)^2$ より ◀ 両辺を2乗する

$\sin^2\theta+\cos^2\theta+2\sin\theta\cos\theta=\frac{1}{9}$ ◀ $\sin^2\theta+\cos^2\theta=1$

$1+2\sin\theta\cos\theta=\frac{1}{9}$

$2\sin\theta\cos\theta=-\frac{8}{9}$ より，$\sin\theta\cos\theta=\frac{\boxed{アイ\ -4}}{\boxed{ウ\ 9}}$

STEP 2 $\tan\theta+\frac{1}{\tan\theta}$ の値を求める

$\tan\theta+\frac{1}{\tan\theta}=\frac{\sin\theta}{\cos\theta}+\frac{\cos\theta}{\sin\theta}$ ◀ $\tan\theta=\frac{\sin\theta}{\cos\theta}$

$=\frac{\sin^2\theta+\cos^2\theta}{\sin\theta\cos\theta}$

$=\frac{1}{\sin\theta\cos\theta}=\frac{\boxed{エオ\ -9}}{\boxed{カ\ 4}}$

15-B 解答 ▶ STEP 1 x^2 を計算する

$x^2=(\sin\theta-\cos\theta)^2$

$=\sin^2\theta+\cos^2\theta-2\sin\theta\cos\theta$ ◀ $\sin^2\theta+\cos^2\theta=1$

$=\boxed{ア\ 1}-\boxed{イ\ 2}\sin\theta\cos\theta$

STEP 2 y を x を用いて表す

$2\sin\theta\cos\theta=1-x^2$ より $\sin\theta\cos\theta=\frac{1-x^2}{2}$ ◀ POINT 15 を使う！

$x^3=\sin^3\theta-3\sin^2\theta\cos\theta+3\sin\theta\cos^2\theta-\cos^3\theta$

$=\sin^3\theta-\cos^3\theta-3\sin\theta\cos\theta(\sin\theta-\cos\theta)$

より

$\sin^3\theta-\cos^3\theta=x^3+3\sin\theta\cos\theta(\sin\theta-\cos\theta)$

よって，

$y=x^3+3\cdot\frac{1-x^2}{2}\cdot x=-\frac{\boxed{ウ\ 1}}{\boxed{エ\ 2}}x^{\boxed{オ\ 3}}+\frac{\boxed{カ\ 3}}{\boxed{キ\ 2}}x$

16 三角関数の周期

要点チェック!

$y=\sin x$, $y=\cos x$ のグラフは下図になり，2π を**周期**とする**周期関数**です。また，$y=\tan x$ は π を周期とする周期関数です。次のことが成り立ちます。

$$\sin(\theta+2\pi)=\sin\theta,\ \cos(\theta+2\pi)=\cos\theta,\ \tan(\theta+\pi)=\tan\theta$$

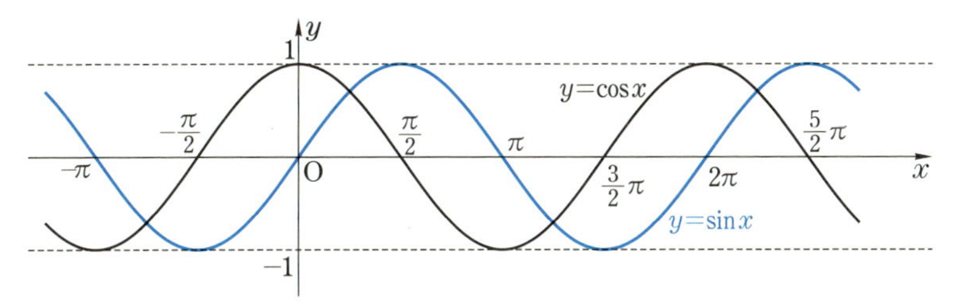

さらに，a を正の定数とするとき，$y=\sin ax$, $y=\cos ax$ の周期は $\dfrac{2\pi}{a}$ であり $a\times$(周期)$=2\pi$ となります。また，r, b, c を定数とするとき，$y=r\sin(ax+b)+c$ の周期は $y=\sin ax$ の周期と同じく $\dfrac{2\pi}{a}$ となります。

POINT 16

$\sin x$, $\cos x$ の周期は $\boldsymbol{2\pi}$, $\tan x$ の周期は $\boldsymbol{\pi}$

$\sin ax$, $\cos ax$ の周期は $\boldsymbol{\dfrac{2\pi}{a}}$ （a は正の定数）

三角関数の周期は，角の部分の係数を読みとって求めます。

16-A 解答 ▶ STEP 1 $f(x)$ の周期を求める

$$f\left(\theta+\frac{2}{3}\pi\right)=2\cos\left\{3\left(\theta+\frac{2}{3}\pi\right)\right\}$$
$$=2\cos(3\theta+2\pi)$$
$$=\boxed{{}^{ア}\ 2}\cos\boxed{{}^{イ}\ 3}\theta$$

$\cos(\alpha+2\pi)=\cos\alpha$
$f\left(\theta+\dfrac{2}{3}\pi\right)=f(\theta)$ が成立している

よって，$f(x)$ の周期は $\dfrac{\boxed{{}^{ウ}\ 2}}{\boxed{{}^{エ}\ 3}}\pi$ である。

ふつう，周期といえば正で最小のものを意味する

16-B 解答 ▶ STEP 1 PQ^2 を計算する

$$PQ^2=\left(2\sin\frac{\theta}{3}-\cos a\theta\right)^2+\left(2\cos\frac{\theta}{3}-\sin a\theta\right)^2$$

$$=4\left(\sin^2\frac{\theta}{3}+\cos^2\frac{\theta}{3}\right)+(\cos^2 a\theta+\sin^2 a\theta)$$

◀ $\sin^2\alpha+\cos^2\alpha=1$

$$-4\left(\sin\frac{\theta}{3}\cos a\theta+\cos\frac{\theta}{3}\sin a\theta\right)$$

$$=4\cdot1+1-4\sin\left(\frac{\theta}{3}+a\theta\right)$$

$$=\boxed{ア\ 5}-\boxed{イ\ 4}\sin\left(\frac{\boxed{ウ\ 3}a+\boxed{エ\ 1}}{\boxed{オ\ 3}}\theta\right)$$

STEP 2 a の値を求める

$f(x)=5-4\sin\left(\dfrac{3a+1}{3}x\right)$ の周期が 4π のとき

$$\frac{2\pi}{\frac{3a+1}{3}}=4\pi$$

◀ $\dfrac{3a+1}{3}\times4\pi=2\pi$ としてもよい

◀ POINT 16 を使う！

$$\frac{3a+1}{3}=\frac{1}{2}$$

よって，$a=\dfrac{\boxed{カ\ 1}}{\boxed{キ\ 6}}$

実戦問題 第1問

この問題のねらい

・三角関数の加法定理を利用できる。(⇒ POINT 10)

・三角関数の問題で他分野の知識を活用できる。

解答 ▶ STEP 1 $\tan\theta$ の値を求める

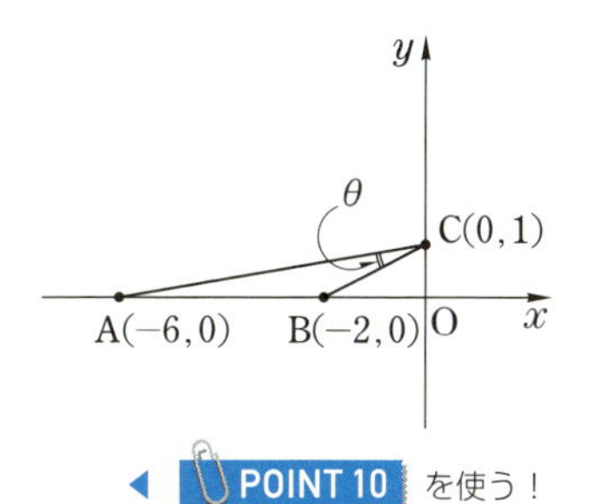

(1) $\angle CAO=\alpha$, $\angle CBO=\beta$ とすると,

$$\tan\alpha=\frac{1}{6},\quad \tan\beta=\frac{1}{2}$$

$\theta=\beta-\alpha$ であるので

$$\tan\theta=\tan(\beta-\alpha)=\frac{\tan\beta-\tan\alpha}{1+\tan\beta\tan\alpha}$$

◀ POINT 10 を使う！

$$=\frac{\frac{1}{2}-\frac{1}{6}}{1+\frac{1}{2}\cdot\frac{1}{6}}=\frac{\boxed{ア\ 4}}{\boxed{イウ\ 13}}$$

STEP 2 $\cos 2\theta$ の値を求める

$$1+\tan^2\theta=\frac{1}{\cos^2\theta}\text{ より}$$

$$1+\left(\frac{4}{13}\right)^2=\frac{1}{\cos^2\theta}\qquad \cos^2\theta=\frac{169}{185}$$

よって,

$$\cos 2\theta=2\cos^2\theta-1$$

◀ POINT 11 を使う！

$$=2\cdot\frac{169}{185}-1=\frac{\boxed{エオカ\ 153}}{\boxed{キクケ\ 185}}$$

STEP 3 $\tan\theta$ を c を用いて表す

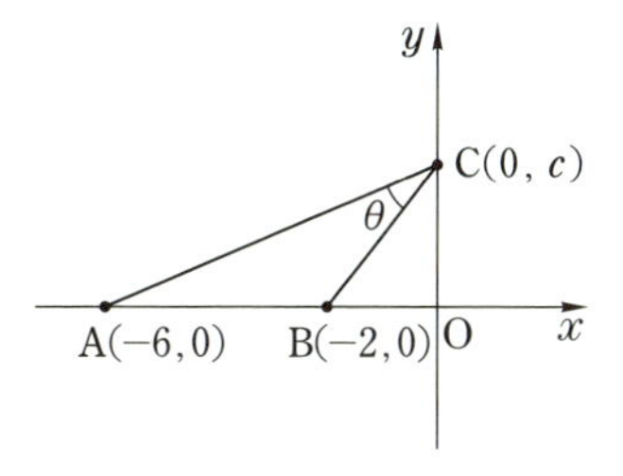

(2) (1)と同様に $\tan\alpha=\frac{c}{6}$, $\tan\beta=\frac{c}{2}$ から

$$\tan\theta=\frac{\frac{c}{2}-\frac{c}{6}}{1+\frac{c}{2}\cdot\frac{c}{6}}=\frac{\boxed{コ\ 4}\,c}{c^2+\boxed{サシ\ 12}}$$

$$=\frac{4}{c+\frac{12}{c}}\quad\cdots\cdots①$$

STEP 4 相加平均・相乗平均の関係を利用する

$c>0$, $\dfrac{12}{c}>0$ であり相加平均・相乗平均の関係から

◀ POINT 5 を使う！

$$\frac{c+\dfrac{12}{c}}{2}\geqq\sqrt{c\cdot\frac{12}{c}}$$

より

$$c+\frac{12}{c}\geqq4\sqrt{3}\quad\cdots\cdots②$$

等号は $c=\dfrac{12}{c}$ のとき成立する。このとき，$c^2=12$ から $c=2\sqrt{3}$

①，②より

$$\tan\theta\leqq\frac{4}{4\sqrt{3}}=\frac{\sqrt{\boxed{ス\ 3}}}{\boxed{セ\ 3}}$$

$c+\dfrac{12}{c}$ が最小のときに $\tan\theta$ は最大となるので，θ が最大となるのは

$c=\boxed{ソ\ 2}\sqrt{\boxed{タ\ 3}}$ のときである。

実戦問題 第2問

この問題のねらい

・三角関数のグラフを値域，周期，平行移動に注目して判別できる。

(⇒ POINT 16)

解答 ▶ STEP 1 三角関数の値域，周期，平行移動に注目する

(1) (i) $y=\sin2x$ の値域は $-1\leqq y\leqq1$，周期は π であり，グラフは原点を通る。さらに，$0<x<\dfrac{\pi}{2}$ のとき $y>0$ であることから判断して $\boxed{ア\ ④}$

(ii) $y=\sin\left(x+\dfrac{3}{2}\pi\right)$

$$=\sin\left(x+\frac{3}{2}\pi-2\pi\right)$$

$$=\sin\left(x-\frac{\pi}{2}\right)$$

であるので，$y=\sin x$ のグラフを x 軸方向に $\frac{\pi}{2}$ だけ平行移動したグラフとなる。よって，イ ⑥

周期が 2π であり，x 軸方向に $-\frac{3}{2}\pi$ だけ平行移動したグラフとしてもよい

別解 ▶ $y=\sin\left(x+\frac{3}{2}\pi\right)$

$=\sin x\cos\frac{3}{2}\pi+\cos x\sin\frac{3}{2}\pi=-\cos x$

であるので ⑥

！ 選択肢のグラフの値域，周期，特徴的な点を表のように整理して考えることもできる。

	値域	周期	$x=0$ のときの y の値	$x=\frac{\pi}{2}$ のときの y の値	関数の式の例
$y=\sin 2x$	$-1\leqq y\leqq 1$	π	0	0	
$y=\sin\left(x+\frac{3}{2}\pi\right)$	$-1\leqq y\leqq 1$	2π	-1	0	
⓪	$-1\leqq y\leqq 1$	2π	0	-1	$y=\sin(x-\pi)$ $y=-\sin x$
①	$-\frac{1}{2}\leqq y\leqq\frac{1}{2}$	2π	0	$\frac{1}{2}$	$y=\frac{1}{2}\sin x$
②	$-1\leqq y\leqq 1$	2π	$\frac{\sqrt{3}}{2}$	$\frac{1}{2}$	$y=\sin\left(x+\frac{\pi}{3}\right)$
③	$-2\leqq y\leqq 2$	2π	0	2	$y=2\sin x$
④	$-1\leqq y\leqq 1$	π	0	0	
⑤	$-1\leqq y\leqq 1$	2π	1	0	$y=\sin\left(x+\frac{\pi}{2}\right)$ $y=\cos x$
⑥	$-1\leqq y\leqq 1$	2π	-1	0	
⑦	$-1\leqq y\leqq 1$	4π	0	$\frac{\sqrt{2}}{2}$	$y=\sin\frac{1}{2}x$
⑧	$-1\leqq y\leqq 1$	$\frac{4}{5}\pi$	0	$-\frac{\sqrt{2}}{2}$	$y=\sin\frac{5}{2}x$
⑨	$-1\leqq y\leqq 1$	4π	0	$-\frac{\sqrt{2}}{2}$	$y=\sin\frac{1}{2}(x-2\pi)$ $y=-\sin\frac{1}{2}x$

STEP 2 三角関数のグラフの特徴を読み取る

(2) 下図の点A，Bの2点から周期はπであり，点A，Cの2点から値域は

$-2\leqq y\leqq 2$ である。点Dは $x=\dfrac{\pi}{4}$ の位置にあるので関数の式は

$y=2\sin 2\left(x-\dfrac{\pi}{4}\right)$ となる。

このとき，$y=2\sin\left(2x-\dfrac{\pi}{2}\right)$ ((b))

これをx軸方向に周期のπの整数倍だけ平行移動したもので

$y=2\sin 2(x-\alpha)$，$y=2\sin(2x-\alpha)$ の表現のものは他にない。

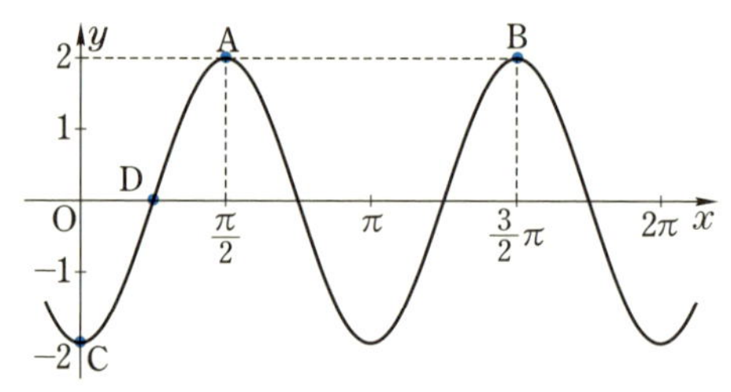

また，関数の式は点Aが $x=\dfrac{\pi}{2}$ の位置にあることから

$y=2\cos 2\left(x-\dfrac{\pi}{2}\right)$ となる。((f))

これをx軸方向に周期のπの整数倍だけ平行移動したものとして(g)がある。

よって，(b)，(f)，(g)となる。（ウ ⑧）

! 選択肢の関数の値域，周期，特徴的な点，$a\sin cx+b\cos cx$ の表現（加法定理を用いて展開）を表のように整理して考えることもできる。

	値域	周期	$x=0$ のときのyの値	$x=\dfrac{\pi}{2}$ のときのyの値	$a\sin cx+b\cos cx$ の表現
(a)	$-2\leqq y\leqq 2$	π	2	-2	$2\cos 2x$
(b)	$-2\leqq y\leqq 2$	π	-2	2	$-2\cos 2x$
(c)	$-2\leqq y\leqq 2$	π	0	0	$-2\sin 2x$
(d)	$-1\leqq y\leqq 1$	$\dfrac{\pi}{2}$	0	0	$-\sin 4x$
(e)	$-2\leqq y\leqq 2$	π	0	0	$-2\sin 2x$
(f)	$-2\leqq y\leqq 2$	π	-2	2	$-2\cos 2x$
(g)	$-2\leqq y\leqq 2$	π	-2	2	$-2\cos 2x$
(h)	$-1\leqq y\leqq 1$	$\dfrac{\pi}{2}$	-1	-1	$-\cos 4x$

実戦問題　第3問

この問題のねらい

・三角関数の知識を総合的に応用できる。

解答 ▸ STEP 1　P，Q の座標を α を用いて表す

(1)　(i)　Pの座標は $(\cos\alpha,\ \sin\alpha)$　（ア ①，イ ⓪）

x 軸と OQ のなす角は $\alpha+\frac{\pi}{2}$ であるので

Qの座標は　$\left(\cos\left(\alpha+\frac{\pi}{2}\right),\ \sin\left(\alpha+\frac{\pi}{2}\right)\right)$

$\cos\left(\alpha+\frac{\pi}{2}\right)=-\sin\alpha,\ \sin\left(\alpha+\frac{\pi}{2}\right)=\cos\alpha$ より

$\mathrm{Q}(-\sin\alpha,\ \cos\alpha)$　（ウ ②，エ ①）

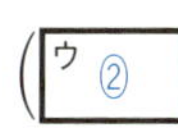

STEP 2　Rの座標を α を用いて表す

(ii)　$\mathrm{R}(\cos\alpha-\sin\alpha,\ \sin\alpha+\cos\alpha)$ である。

OR は 1 辺の長さが 1 の正方形の対角線であり

$\mathrm{OR}=\sqrt{\boxed{オ\ 2}}$，$\angle\mathrm{POR}=\frac{\pi}{\boxed{カ\ 4}}$

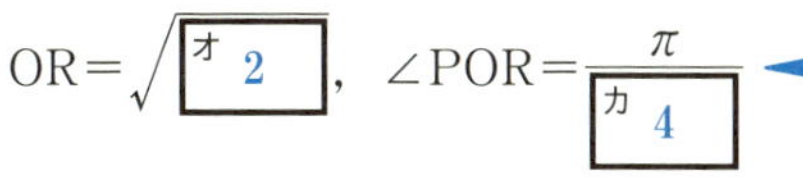

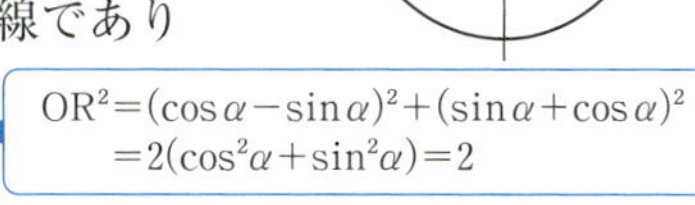

$\mathrm{OR}^2=(\cos\alpha-\sin\alpha)^2+(\sin\alpha+\cos\alpha)^2$
$=2(\cos^2\alpha+\sin^2\alpha)=2$

STEP 3　Rの y 座標のとり得る値の範囲を求める

Rの y 座標は

$$\sin\alpha+\cos\alpha=\sqrt{2}\sin\left(\alpha+\frac{\pi}{4}\right)\quad\left(0<\alpha<\frac{\pi}{2}\right)$$

を使う！

$\alpha=0$ のとき　　$\sin 0+\cos 0=0+1=1$

$\alpha=\frac{\pi}{2}$ のとき　　$\sin\frac{\pi}{2}+\cos\frac{\pi}{2}=1+0=1$

点Rは $\mathrm{OR}=\sqrt{2}$ からOを中心とする半径 $\sqrt{2}$ の円周上の点であり，図の太線の弧（両端を含まない）の上を動くので，R の y 座標のとり得る値の範囲に注目すると $\boxed{キ\ 1}<\sin\alpha+\cos\alpha\leqq\sqrt{\boxed{コ\ 2}}$　（ク ⓪，ケ ①）

STEP 4　S，T，U の座標を β を用いて表す

(2)　(i)　x 軸と OS のなす角は β，x 軸と OT のなす角は $\beta+\frac{\pi}{3}$ であるので

$S(3\cos\beta,\ 3\sin\beta)$ （サ ①，シ ⓪）

$T\left(5\cos\left(\beta+\frac{\pi}{3}\right),\ 5\sin\left(\beta+\frac{\pi}{3}\right)\right)$ （ス ⑤，セ ④）

STEP 5 OUの長さを求める

(ii) $U\left(3\cos\beta+5\cos\left(\beta+\frac{\pi}{3}\right),\ 3\sin\beta+5\sin\left(\beta+\frac{\pi}{3}\right)\right)$ であり

$$OU^2=\left\{3\cos\beta+5\cos\left(\beta+\frac{\pi}{3}\right)\right\}^2+\left\{3\sin\beta+5\sin\left(\beta+\frac{\pi}{3}\right)\right\}^2$$

$$=9(\cos^2\beta+\sin^2\beta)+25\left\{\cos^2\left(\beta+\frac{\pi}{3}\right)+\sin^2\left(\beta+\frac{\pi}{3}\right)\right\}$$

$$+30\left\{\cos\beta\cos\left(\beta+\frac{\pi}{3}\right)+\sin\beta\sin\left(\beta+\frac{\pi}{3}\right)\right\}$$

◀ POINT 10 を使う！

$$=9+25+30\cos\left\{\beta-\left(\beta+\frac{\pi}{3}\right)\right\}=34+30\cos\left(-\frac{\pi}{3}\right)=49$$

よって，$OU=$ ソ 7

別解 ▸ △OSU において余弦定理より，

$$OU^2=OS^2+SU^2-2OS\cdot SU\cos\left(\pi-\frac{\pi}{3}\right)$$

$$=3^2+5^2-2\cdot3\cdot5\cdot\left(-\frac{1}{2}\right)$$

$$=49$$

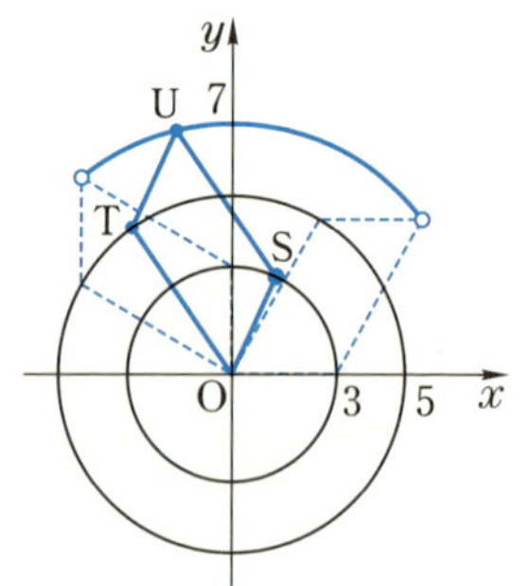

STEP 6 Uのy座標のとり得る値の範囲を求める

$\angle SOU=\gamma$ とすると，

$$3\sin\beta+5\sin\left(\beta+\frac{\pi}{3}\right)=7\sin(\beta+\gamma)\quad\left(0<\beta<\frac{\pi}{2}\right)$$

$\beta=0$ のとき　$3\sin0+5\sin\frac{\pi}{3}=\frac{5\sqrt{3}}{2}$

$\beta=\frac{\pi}{2}$ のとき　$3\sin\frac{\pi}{2}+5\sin\frac{5}{6}\pi=\frac{11}{2}$

点UはOを中心とする半径7の円周上の点で，上の図の太線の弧（両端を含まない）の上を動くので，Uのy座標のとり得る値の範囲に注目すると

$$\frac{\boxed{タ\ 5}\sqrt{\boxed{チ\ 3}}}{\boxed{ツ\ 2}}<3\sin\beta+5\sin\left(\beta+\frac{\pi}{3}\right)\leqq\boxed{ナ\ 7}$$

（テ ⓪，ト ①）

17 対数と指数の関係

要点チェック!

$a>0$，$a\neq1$，$M>0$ のとき，x についての方程式 $a^x=M$ の解として $x=\log_a M$ を定義します。

この定義から種々の公式を導くことができます。

$a^1=a$ より，$\mathbf{1=\log_a a}$　　$a^0=1$ より，$\mathbf{0=\log_a 1}$

です。また，$a^x=a^x$ を定義と見比べると，$\boldsymbol{x=\log_a a^x}$ となります。

POINT 17

$a>0$，$a\neq1$，$M>0$ のとき，　$\boldsymbol{a^x=M \iff x=\log_a M}$

$x=\log_a M$ の形で与えられた式を $a^x=M$ と変形して利用することができます。

17-A 解答 ▶ STEP 1 式の値を求める

$x=\log_2 3$ より $2^x=3$ となるので

$8^x+2^{x+3}=(2^3)^x+2^x\cdot2^3$ ◀ $8^x=(2^3)^x=2^{3x}=(2^x)^3$　$2^{p+q}=2^p\cdot2^q$

$=(2^x)^3+8\cdot2^x=3^3+8\cdot3=27+24=$ アイ **51**

17-B 解答 ▶ STEP 1 2^m，2^n を a を用いて表す

$x=4$ のとき $y=m$ より

$m=\log_2\left(\dfrac{8}{3}-a\right)$ ◀ $m=\log_2 A$ のとき $2^m=A$　　◀ POINT 17 を使う！

よって，$2^m=\dfrac{8}{3}-a$ ……①

$x=13$ のとき $y=n$ より

$n=\log_2\left(\dfrac{26}{3}-a\right)$ ◀ $n=\log_2 B$ のとき $2^n=B$　　◀ POINT 17 を使う！

よって，$2^n=\dfrac{26}{3}-a$ ……②

STEP 2 2^n-2^m の値を求める

①，②より，$2^n-2^m=\left(\dfrac{26}{3}-a\right)-\left(\dfrac{8}{3}-a\right)=$ ア **6**

18 対数関数を含む方程式

要点チェック!

対数について，次の計算法則が成り立ちます。

POINT 18

$a>0,\ a\neq1,\ M>0,\ N>0$ のとき

(i) $\log_a M+\log_a N=\log_a MN$

(ii) $\log_a M-\log_a N=\log_a \dfrac{M}{N}$

(iii) $\log_a M^r=r\log_a M$

これらは対数関数を含む方程式・不等式を解くときによく利用します。

(i)，(ii)は2つの対数を1つの対数にまとめるときに利用できます。対数関数を含む方程式では，$\log_a f(x)=\log_a g(x)$ のとき $f(x)=g(x)$ となるので，両辺をそれぞれ1つの対数にまとめることが多くあります。また，方程式に定数 n が含まれているときは $n=\log_a a^n$ として利用します。なお，対数 $\log_a b$ の真数 b は $b>0$ であることに注意しましょう。

18-A 解答 ▶ STEP 1 対数関数を含む方程式を解く

真数は正であることから $x>0,\ x-2>0$ より

$x>2$ ……②

①の両辺をそれぞれ1つの対数で表すと

$\log_2\{x(x-2)\}=\log_2 4$ ◀ $2=\log_2 2^2=\log_2 4$

よって，

$x(x-2)=4$

$x^2-2x-4=0$

解の公式より

$x=1\pm\sqrt{5}$

②より

$x=$ ア 1 $+\sqrt{\text{イ } 5}$

18-B 解答 ▶ STEP 1 対数関数を含む方程式を解く

(1) 真数は正であるから $x+1>0$, $7-x>0$ より

$-1<x<7$ ……①

$\log_8(x+1)-\log_8(7-x)=1$ ◀ $\log_8 P-\log_8 Q=\log_8\frac{P}{Q}$, $1=\log_8 8$

$\log_8\frac{x+1}{7-x}=\log_8 8$ ◀ POINT 18 を使う！

よって, $\frac{x+1}{7-x}=8$ $x+1=8(7-x)$ $9x=55$ $x=\frac{55}{9}$

これは①に適するので, $x=\frac{アイ\ 55}{ウ\ 9}$

STEP 2 対数関数の最大値を求める

(2) $x+1>0$, $7-x>0$ より $f(x)$ の定義域は

$-1<x<7$ ……②

$f(x)=\log_8(x+1)+\log_8(7-x)$ ◀ POINT 18 を使う！

$=\log_8\{(x+1)(7-x)\}=\log_8(-x^2+6x+7)$

$=\log_8\{-(x-3)^2+16\}$

(底)>1 より $-(x-3)^2+16$ が最大のとき $f(x)$ は最大となる。 ◀ $a>1$ のとき $y=\log_a x$ は増加関数

②より $x=$ エ 3 のとき $f(x)$ は最大となり, 最大値は

$f(3)=\log_8 16=\frac{\log_2 16}{\log_2 8}=\frac{オ\ 4}{カ\ 3}$ ◀ $\log_a b=\frac{\log_c b}{\log_c a}$（底の変換公式） ◀ POINT 19 を使う！

19 対数の底をそろえる

要点チェック！

$a^x=b$ のとき, $x=\log_a b$ ……① です ($a>0$, $a\neq 1$, $b>0$)。

また, $a^x=b$ の両辺に「$\log_c$」の記号をつけると

$$\log_c a^x=\log_c b \qquad x\log_c a=\log_c b \qquad x=\frac{\log_c b}{\log_c a} \quad ……②$$

①, ②より, $\log_a b=\frac{\log_c b}{\log_c a}$ となります。

c は自由に選ぶことができます (ただし, $c>0$, $c\neq 1$)。

POINT 19

$a>0$, $a\neq1$, $b>0$, $c>0$, $c\neq1$ のとき，$\log_a b=\dfrac{\log_c b}{\log_c a}$

公式 $\log_a M+\log_a N=\log_a MN$ を使うときなど，すべての対数の底を統一するときに利用します。

19-A 解答 ▶ STEP 1 対数の積を求める

$\log_2 3\cdot\log_5 8\cdot\log_9 5$

$=\dfrac{\log_{10}3}{\log_{10}2}\cdot\dfrac{\log_{10}8}{\log_{10}5}\cdot\dfrac{\log_{10}5}{\log_{10}9}$ ◀ ここでは底を10で統一したが，2や3を底として統一してもよい。

$=\dfrac{\log_{10}3}{\log_{10}2}\cdot\dfrac{\log_{10}2^3}{\log_{10}5}\cdot\dfrac{\log_{10}5}{\log_{10}3^2}$ ◀ $\log_{10}p^n=n\log_{10}p$

$=\dfrac{\log_{10}3}{\log_{10}2}\cdot\dfrac{3\log_{10}2}{\log_{10}5}\cdot\dfrac{\log_{10}5}{2\log_{10}3}=\dfrac{\boxed{ア\ 3}}{\boxed{イ\ 2}}$

19-B 解答 ▶ STEP 1 $\log_2 27$ を d を用いて表す ◀ POINT 19 を使う！

底が10の対数に変換する。

$\log_2 27=\dfrac{\log_{10}27}{\log_{10}2}=\dfrac{\log_{10}3^3}{\log_{10}2}=\dfrac{3\log_{10}3}{\log_{10}2}$ ◀ $\log_{10}3^n=n\log_{10}3$

$=\dfrac{\boxed{ア\ 3}}{\boxed{イ\ d}}\log_{10}3$

STEP 2 $\log_{\frac{1}{2}}(x-1)$ を d を用いて表す ◀ POINT 19 を使う！

$\log_{\frac{1}{2}}(x-1)=\dfrac{\log_{10}(x-1)}{\log_{10}\frac{1}{2}}=\dfrac{\log_{10}(x-1)}{\log_{10}2^{-1}}=-\dfrac{1}{\boxed{ウ\ d}}\log_{10}(x-1)$

STEP 3 $\log_5\{27(x-1)\}$ を d を用いて表す ◀ POINT 19 を使う！

$\log_5\{27(x-1)\}=\dfrac{\log_{10}\{27(x-1)\}}{\log_{10}5}$

$=\dfrac{\log_{10}27+\log_{10}(x-1)}{\log_{10}\frac{10}{2}}$ ◀ $\log_{10}5=\log_{10}\dfrac{10}{2}$ $=\log_{10}10-\log_{10}2$

$=\dfrac{\log_{10}3^3+\log_{10}(x-1)}{\log_{10}10-\log_{10}2}=\dfrac{\boxed{エ\ 3}\log_{10}3+\log_{10}(x-1)}{\boxed{オ\ 1}-\boxed{カ\ d}}$

20 対数関数を含む不等式

要点チェック!

$a>1$ のとき，$y=\log_a x$ は**増加関数**で，グラフは右図のようになり

$0<x<1$ のとき，$y<0$ $(\log_a x<0)$

$x>1$ のとき，　$y>0$ $(\log_a x>0)$

また，$0<a<1$ のとき，$y=\log_a x$ は**減少関数**で

$0<x<1$ のとき，$y>0$

$x>1$ のとき，　$y<0$

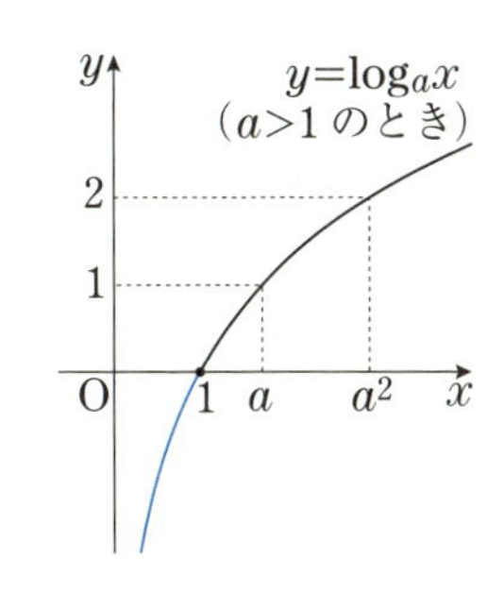

POINT 20

$a>1$ とする。

$0<x<1$ のとき，$\log_a x<0$

$x>1$ のとき，　$\log_a x>0$

不等式の両辺に負の数をかけると不等号の向きが逆になるので，$\log_a x$ を不等式の両辺にかけるときは場合分けが必要です。

20-A 解答 ▶ STEP 1 対数関数を含む不等式を解く

$\log_3 x\neq 0$ より $x\neq 1$ である。

(i) $0<x<1$ のとき，$\log_3 x<0$ ……①

(＊)は $2\log_3 x\leqq 1$

$\log_3 x\leqq\dfrac{1}{2}$ ……②　（不等号の向きに注意）

①，②より $\log_3 x<0$ となり $0<x<1$

(ii) $x>1$ のとき，$\log_3 x>0$ ……③

(＊)は $2\log_3 x\geqq 1$

$\log_3 x\geqq\dfrac{1}{2}$ ……④

③，④より $\log_3 x\geqq\dfrac{1}{2}$ となり $x\geqq\sqrt{3}$

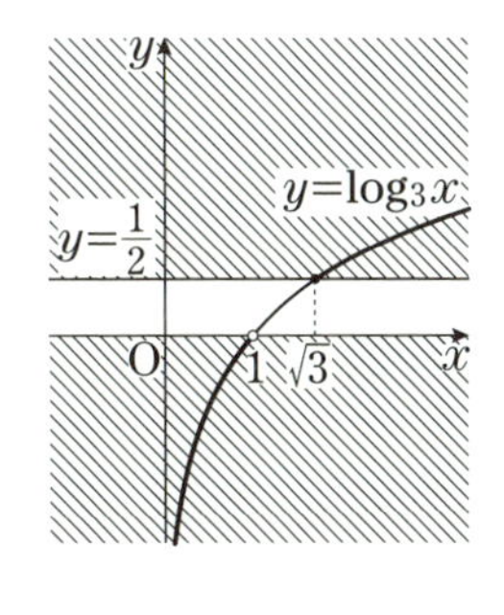

(i)，(ii)より $\boxed{ア\ 0}<x<\boxed{イ\ 1}$，$\sqrt{\boxed{ウ\ 3}}\leqq x$ となる。

20-B 解答 ▶ STEP 1 $0<x<1$ のときの解を求める

x は対数の底であるから $x>0$, $x \neq 1$ である。

$$\log_x 27=\frac{\log_3 27}{\log_3 x}=\frac{3}{\log_3 x}$$

より，不等式(＊)は　$2\log_3 x-4\cdot\frac{3}{\log_3 x}\leqq 5$　……①

(i) $0<x<1$ のとき，$\log_3 x<0$　……②　◀ POINT 20 を使う！

①の両辺に $\log_3 x$ をかけて

$2(\log_3 x)^2-12\geqq 5\log_3 x$　◀ 不等号の向きに注意

よって，$\boxed{ア\ 2}(\log_3 x)^2-\boxed{イ\ 5}\log_3 x-\boxed{ウエ\ 12}\geqq 0$

$(2\log_3 x+3)(\log_3 x-4)\geqq 0$ より $\log_3 x\leqq -\frac{3}{2}$，$4\leqq \log_3 x$　……③

②，③より $\log_3 x\leqq -\frac{3}{2}$ となり $0<x\leqq 3^{-\frac{3}{2}}$

◀ $3^{-\frac{3}{2}}=(3^{\frac{1}{2}})^{-3}=(\sqrt{3})^{-3}=\frac{1}{(\sqrt{3})^3}=\frac{\sqrt{3}}{9}$

よって，$0<x\leqq\frac{\sqrt{\boxed{オ\ 3}}}{\boxed{カ\ 9}}$

STEP 2 $x>1$ のときの解を求める

(ii) $x>1$ のとき，$\log_3 x>0$　……④　◀ POINT 20 を使う！

このとき　$2(\log_3 x)^2-5\log_3 x-12\leqq 0$

$(2\log_3 x+3)(\log_3 x-4)\leqq 0$ より $-\frac{3}{2}\leqq\log_3 x\leqq 4$　……⑤

④，⑤より $0<\log_3 x\leqq 4$ となり $3^0<x\leqq 3^4$

よって，$1<x\leqq\boxed{キク\ 81}$

21 a^x+a^{-x} を用いて式を表す

要点チェック！

$a^{2x}+a^{-2x}$ や $a^{3x}+a^{-3x}$ は a^x+a^{-x} を用いて表すことができます。

$a^x\cdot a^{-x}=a^{x+(-x)}=a^0=1$ となるので

$$(a^x+a^{-x})^2=(a^x)^2+2\cdot a^x\cdot a^{-x}+(a^{-x})^2=a^{2x}+2+a^{-2x}$$

よって，$a^x+a^{-x}=t$ のとき $t^2=a^{2x}+a^{-2x}+2$ より

$$a^{2x}+a^{-2x}=t^2-2$$

となります。また，

$$(a^x+a^{-x})^3=(a^x)^3+3(a^x)^2\cdot a^{-x}+3a^x\cdot(a^{-x})^2+(a^{-x})^3$$
$$=a^{3x}+3a^x+3a^{-x}+a^{-3x}$$

$(p+q)^3$
$=p^3+3p^2q$
$+3pq^2+q^3$

よって，$t^3=a^{3x}+a^{-3x}+3t$ より，

$$a^{3x}+a^{-3x}=t^3-3t$$

となります。

POINT 21

$a^x+a^{-x}=t$ のとき

$(a^x+a^{-x})^2=a^{2x}+a^{-2x}+2$ より，$a^{2x}+a^{-2x}=t^2-2$

a^x+a^{-x} や a^x-a^{-x} の値が与えられて $a^{2x}+a^{-2x}$ などの値を求めるときは，参考にしましょう。

21-A 解答 ▶ STEP 1　4^x+4^{-x} の値を求める

$(2^x-2^{-x})^2=5^2$ より

$$(2^x)^2-2\cdot2^x\cdot2^{-x}+(2^{-x})^2=25$$
$$4^x-2+4^{-x}=25$$

よって，$4^x+4^{-x}=$ [アイ 27]

STEP 2　8^x-8^{-x} の値を求める

$(2^x-2^{-x})^3=5^3$ より

$$(2^x)^3-3\cdot(2^x)^2\cdot2^{-x}+3\cdot2^x\cdot(2^{-x})^2-(2^{-x})^3=125$$
$$8^x-3(2^x-2^{-x})-8^{-x}=125$$

$(p-q)^3$
$=p^3-3p^2q$
$+3pq^2-q^3$

よって，$8^x-8^{-x}=125+3\cdot5=$ [ウエオ 140]

21-B 解答 ▶ STEP 1　3^x+3^{-x} の最小値を求める

$3^x>0$，$3^{-x}>0$ であるから，相加平均・相乗平均の関係より

$$\frac{3^x+3^{-x}}{2}\geqq\sqrt{3^x\cdot3^{-x}}$$

$$\frac{y}{2}\geqq1 \qquad y\geqq2$$

$P>0$，$Q>0$ のとき
$\frac{P+Q}{2}\geqq\sqrt{PQ}$
（等号は $P=Q$ のとき）
$3^x\cdot3^{-x}=3^0=1$

◀ POINT 5 を使う！

等号は $3^x=3^{-x}$ のとき成立し，$x=-x$ より $x=0$ のときである。

よって，最小値は [ア 2]

$x=0$ のとき最小

STEP 2 3^x+3^{-x} の値を求める

$3^x+3^{-x}=t$ とおくと，　◀ POINT 21 を使う！

$(3^x+3^{-x})^2=t^2$

$(3^x)^2+2\cdot3^x\cdot3^{-x}+(3^{-x})^2=t^2$　◀ $(3^x)^2=3^{2x}=(3^2)^x=9^x$

$9^x+2+9^{-x}=t^2$ より $9^x+9^{-x}=t^2-2$

よって，$9^{1+x}+9^{1-x}-25(3^x+3^{-x})=-12$ について

$9(9^x+9^{-x})-25(3^x+3^{-x})=-12$　　$9(t^2-2)-25t=-12$

$9t^2-25t-6=0$　　$(9t+2)(t-3)=0$　　$t=-\dfrac{2}{9}$，3

$t\geqq2$ であるから $t=3$ となり　◀ 前半の結果から $t\geqq2$

$3^x+3^{-x}=$ イ 3

22 整数の桁数

要点チェック！

例えばXが4桁の整数のとき，$1000\leqq X<10000$ より $10^3\leqq X<10^4$ であり，$3\leqq\log_{10}X<4$ となります。整数Xの桁数Nを求めるときは $10^{N-1}\leqq X<10^N$ を満たすNを $N-1\leqq\log_{10}X<N$ として考えます。

POINT 22

XがN桁の整数のとき

$$\mathbf{10^{N-1}\leqq X<10^N \iff N-1\leqq\log_{10}X<N}$$

整数Xの桁数がNであるとき $10^{N-1}\leqq X<10^N$ と表せることを利用しましょう。また，$\log_{10}X$ の値は，$\log_{10}2$ や $\log_{10}3$ などの与えられた値を用いて計算することになるため

$\mathbf{\log_{10}6=\log_{10}2+\log_{10}3}$ $(\log_{10}PQ=\log_{10}P+\log_{10}Q)$

$\mathbf{\log_{10}5=\log_{10}\dfrac{10}{2}=\log_{10}10-\log_{10}2}$ $\left(\log_{10}\dfrac{P}{Q}=\log_{10}P-\log_{10}Q\right)$

などの変形が必要となります。

なお，$0<Y<1$ を満たす小数Yが小数第M位で初めて0でない数字が現れる数であるときは $\mathbf{10^{-M}\leqq Y<10^{-M+1}}$ とおきます。例えば，小数第3位で初めて0でない数字が現れるとき $0.001\leqq Y<0.01$ より $10^{-3}\leqq Y<10^{-2}$ です。

22-A 解答 ▶ STEP 1 6^{20} の桁数を求める

求める桁数をNとおくと

$10^{N-1} \leqq 6^{20} < 10^N$

$\log_{10} 10^{N-1} \leqq \log_{10} 6^{20} < \log_{10} 10^N$ ◀ $\log_{10} P^n = n \log_{10} P$

$N-1 \leqq 20 \log_{10} 6 < N$

ここで,

$20 \log_{10} 6 = 20(\log_{10} 2 + \log_{10} 3) = 20(0.3010 + 0.4771) = 20 \times 0.7781 = 15.562$

$N-1 \leqq 15.562 < N$ より $N=16$ ◀ $15.562 < N \leqq 16.562$

したがって,6^{20} は [アイ 16] 桁の整数である。

22-B 解答 ▶ STEP 1 4^{200} の桁数を求める

$\log_{10} 4 = \log_{10} 2^2 = 2\log_{10} 2 = 2 \times 0.3010 = 0.$[アイウエ 6020]

$\log_{10} 5 = \log_{10} \dfrac{10}{2} = \log_{10} 10 - \log_{10} 2 = 1 - 0.3010 = 0.$[オカキク 6990]

4^{200} がN桁の整数であるとすると

$10^{N-1} \leqq 4^{200} < 10^N$ ◀ POINT 22 を使う!

$\log_{10} 10^{N-1} \leqq \log_{10} 4^{200} < \log_{10} 10^N$

$N-1 \leqq 200 \log_{10} 4 < N$

ここで,$200 \log_{10} 4 = 200 \times 0.6020 = 120.4$

$N-1 \leqq 120.4 < N$ より $N=121$ ◀ $120.4 < N \leqq 121.4$

4^{200} は [ケコサ 121] 桁の整数。

STEP 2 $\left(\dfrac{1}{5}\right)^{32}$ を小数で表したときを考える

$\left(\dfrac{1}{5}\right)^{32}$ の小数第M位で初めて 0 でない数字が現れるとき

$10^{-M} \leqq \left(\dfrac{1}{5}\right)^{32} < 10^{-M+1}$ $\log_{10} 10^{-M} \leqq \log_{10} \left(\dfrac{1}{5}\right)^{32} < \log_{10} 10^{-M+1}$

$-M \leqq -32 \log_{10} 5 < -M+1$

$M \geqq 32 \log_{10} 5 > M-1$

ここで,$32 \log_{10} 5 = 32 \times 0.6990 = 22.368$

$M-1 < 22.368 \leqq M$ より $M=23$ ◀ $22.368 \leqq M < 23.368$

$\left(\dfrac{1}{5}\right)^{32}$ は小数第 [シス 23] 位に初めて 0 でない数字が現れる。

23 指数・対数関数の最大値・最小値

要点チェック!

指数関数，対数関数のグラフは，$y=2^x$ や $y=\log_2 x$ などの基本的なものや，これらを平行移動したもの以外は，数学Ⅱの範囲ではかくことが困難です。指数関数，対数関数の最大・最小の問題ではおきかえを利用できるかを考えてみましょう。

例えば，$4^x=(2^x)^2$，$\log_2 x^3=3\log_2 x$ などの変形を利用することで，$2^x=t$ や $\log_2 x=t$ とおくような，おきかえが考えられます。

POINT 23

指数関数，対数関数の最大・最小問題ではおきかえを利用する

$2^x=t$ や $\log_2 x=t$ のような，おきかえを活用しましょう。

23-A 解答 ▸ STEP 1 最大値・最小値を求める

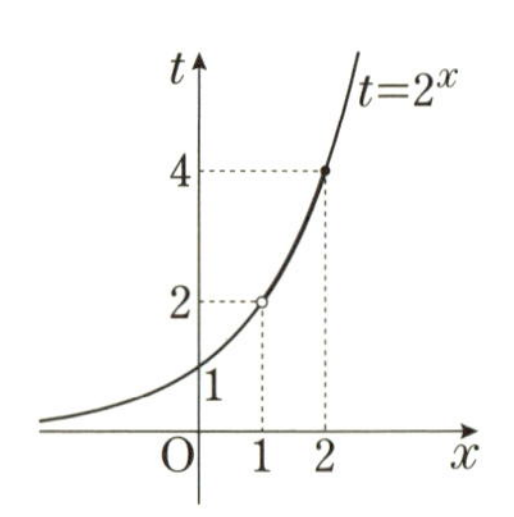

$2^x=t$ とおく。

$1<x\leqq 2$ のとき

$2^1<2^x\leqq 2^2$ より $2<t\leqq 4$

$4^x=(2^2)^x=2^{2x}=(2^x)^2=t^2$ となり

$y=t^2-6t+10$

$=(t-3)^2+1$

$2<t\leqq 4$ のとき，y は

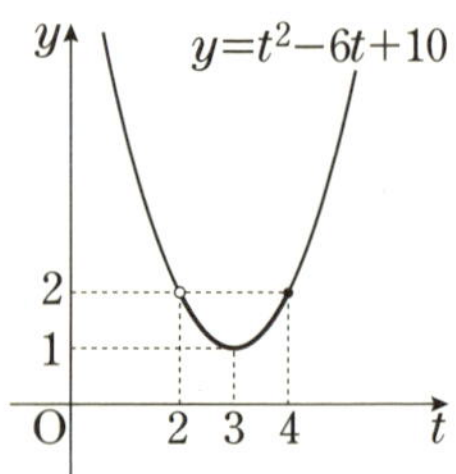

$t=4$ で最大となり最大値 ア 2

このとき $2^x=4$ より $x=2$

$t=3$ で最小となり最小値 イ 1

このとき $2^x=3$ より $x=\log_2 3$

23-B 解答 ▶ STEP 1 $\log_2 x$ を用いて式を表す

$$\log_2 2x = \log_2 x + \log_2 2 = \log_2 x + 1$$

$$\begin{aligned}\log_4 \frac{\sqrt{2}}{x} &= \log_4 \sqrt{2} - \log_4 x \\ &= \frac{\log_2 2^{\frac{1}{2}}}{\log_2 4} - \frac{\log_2 x}{\log_2 4} \\ &= \frac{1}{2}\cdot\frac{1}{2} - \frac{\log_2 x}{2} \\ &= -\frac{1}{2}\log_2 x + \frac{1}{4}\end{aligned}$$

STEP 2 最大値を求める

$\log_2 x = t$ とおくと，

◀ POINT 23 を使う！

$$\begin{aligned}(\log_2 2x)\left(\log_4 \frac{\sqrt{2}}{x}\right) &= (t+1)\left(-\frac{1}{2}t + \frac{1}{4}\right) \\ &= -\frac{1}{2}t^2 - \frac{1}{4}t + \frac{1}{4} \\ &= -\frac{1}{2}\left(t^2 + \frac{1}{2}t\right) + \frac{1}{4} \\ &= -\frac{1}{2}\left\{\left(t + \frac{1}{4}\right)^2 - \frac{1}{16}\right\} + \frac{1}{4} \\ &= -\frac{1}{2}\left(t + \frac{1}{4}\right)^2 + \frac{9}{32}\end{aligned}$$

$x>0$ のとき， t はすべての実数値をとるので，

$t = -\dfrac{1}{4}$ のとき，すなわち $\log_2 x = \dfrac{\boxed{\text{アイ}\ -1}}{\boxed{\text{ウ}\ 4}}$ のとき

◀ $x = 2^{-\frac{1}{4}}$ のとき

最大値 $\dfrac{\boxed{\text{エ}\ 9}}{\boxed{\text{オカ}\ 32}}$

をとる。

第3章 指数・対数関数

実戦問題 第1問

この問題のねらい

・指数と対数の基本公式を活用できる。

(⇒ POINT 17, POINT 18, POINT 19)

解答 ▶ **STEP 1** 2^a と 5^b を用いて表す

$2^{2a}+5^{2b}=(2^a)^2+(5^b)^2$ ◀ $\alpha^2+\beta^2=(\alpha+\beta)^2-2\alpha\beta$

$=(2^a+5^b)^2-$ ア 2 $\cdot 2^a\cdot 5^b$

$2^{a-3}\cdot 5^b=2^{-3}\cdot 2^a\cdot 5^b=\dfrac{1}{\text{イ } 8}\cdot 2^a\cdot 5^b$

STEP 2 2^a+5^b と $2^a\cdot 5^b$ の値を求める

$\dfrac{1}{8}\cdot 2^a\cdot 5^b=5$ より $2^a\cdot 5^b=$ オカ 40

また, $(2^a+5^b)^2-2\cdot 2^a\cdot 5^b=89$ より

$(2^a+5^b)^2-2\cdot 40=89$

$(2^a+5^b)^2=169$

$2^a>0$, $5^b>0$ より $2^a+5^b>0$ であり

$2^a+5^b=$ ウエ 13

STEP 3 2次方程式の解と係数の関係を利用する

(1) 2^a と 5^b は x の2次方程式 ◀ POINT 8 を使う!

x^2- キク 13 $x+$ ケコ 40 $=0$

の解である。

$(x-5)(x-8)=0$ より $x=5$, 8

STEP 4 a, b の値を求める

$\begin{cases}2^a=8\\5^b=5\end{cases}$ より $\begin{cases}a=\text{サ } 3\\b=\text{シ } 1\end{cases}$

$\begin{cases}2^a=5\\5^b=8\end{cases}$ より $\begin{cases}a=\log_2 \text{ス } 5\\b=\log_5 8=\text{セ } 3\ \log_5 2\end{cases}$ ◀ POINT 17 を使う!

◀ $\log_p q^n=n\log_p q$

STEP 5 対数の底をそろえて ab の値を求める

(2) $a=\log_2 5$, $b=3\log_5 2$ のとき

$$ab=\log_2 5\times 3\log_5 2$$
$$=\log_2 5\times 3\cdot\frac{\log_2 2}{\log_2 5}$$
$$=3$$

◀ POINT 18, ◀ POINT 19 を使う！

よって，$10^{ab}=10^3=$ ソタチツ **1000**

！ $2^a=5$, $5^b=8$ のとき

$$2^{ab}=(2^a)^b=5^b=8$$
$$5^{ab}=(5^b)^a=8^a=(2^3)^a=2^{3a}=(2^a)^3=5^3=125$$

これらを用いると

$$10^{ab}=(2\cdot 5)^{ab}=2^{ab}\cdot 5^{ab}=8\times 125=1000$$

実戦問題 第2問

この問題のねらい

・日常的なテーマで指数と対数の関係式を利用できる。

解答 ▶ STEP 1 整数部分の桁数を求める

(1) $M=8.0$ のとき

$$\log_{10}E=4.8+1.5\times 8.0=16.8$$

$E=10^{16.8}$ であり

$$10^{16}<E<10^{17}$$

◀ POINT 22 を使う！

E の整数部分の桁数は アイ **17**

STEP 2 マグニチュードが m のときと $m+2$ のときを比較する

(2) マグニチュードが m のときのエネルギーの大きさを e_0, マグニチュードが $m+2$ のときのエネルギーの大きさを e_2 とすると

$$\log_{10}e_2=4.8+1.5(m+2) \quad \cdots\cdots ①$$
$$\log_{10}e_0=4.8+1.5m \quad \cdots\cdots ②$$

①, ②で辺々の差をとると

$$\log_{10}e_2-\log_{10}e_0=1.5\times 2$$

$\log_{10}\dfrac{e_2}{e_0}=3$ ◀ POINT 18 を使う！

$\dfrac{e_2}{e_0}=10^3=1000$

よって，1000 倍となる。（ウ ⑥）

STEP ③ エネルギーが e のときと $2e$ のときを比較する

(3) エネルギーが e のときのマグニチュードを m_1，エネルギーが $2e$ のときのマグニチュードを m_2 とすると

$\log_{10}2e=4.8+1.5m_2$ ……③

$\log_{10}e=4.8+1.5m_1$ ……④

③，④で辺々の差をとると

$\log_{10}2e-\log_{10}e=1.5(m_2-m_1)$

$\log_{10}2=1.5(m_2-m_1)$ ◀ POINT 18 を使う！

$0.3=1.5(m_2-m_1)$

$m_2-m_1=0.2$

よって，0.2 だけ増加した値となる。（エ ①）

STEP ④ 平均に関する等式を導く

(4) $\log_{10}E_1=4.8+1.5M_1$ ……⑤

$\log_{10}E_2=4.8+1.5M_2$ ……⑥

$\log_{10}E_3=4.8+1.5M_3$ ……⑦

⑤，⑥，⑦で辺々の和をとると

$\log_{10}E_1+\log_{10}E_2+\log_{10}E_3=4.8\times3+1.5(M_1+M_2+M_3)$

$\log_{10}E_1E_2E_3=4.8\times3+1.5(M_1+M_2+M_3)$ ◀ POINT 18 を使う！

両辺を $\dfrac{1}{3}$ 倍して

$\dfrac{1}{3}\log_{10}E_1E_2E_3=4.8+1.5\cdot\dfrac{M_1+M_2+M_3}{3}$

$\log_{10}(E_1E_2E_3)^{\frac{1}{3}}=4.8+1.5\cdot\dfrac{M_1+M_2+M_3}{3}$

$\log_{10}\sqrt[3]{E_1E_2E_3}=4.8+1.5\cdot\dfrac{M_1+M_2+M_3}{3}$ （オ ⑤）

実戦問題　第3問

この問題のねらい

・指数と対数の知識を総合的に応用できる。

解答 ▶ STEP 1　対数目盛の定義を理解する

(1)　$10^0=$ [ア 1]

対数目盛が2となる点は

$10^y=2$ より $y=\log_{10}2=0.3010$

であるから，これを表す点はE　([イ ④])

対数目盛が20となる点は

$10^y=20$ より $y=\log_{10}20=\log_{10}2+1=1.3010$

であるから，これを表す点はG　([ウ ⑥])

対数目盛が0.2となる点は

$10^y=0.2$ より $y=\log_{10}\dfrac{2}{10}=\log_{10}2-1=0.3010-1=-0.6990$

であるから，これを表す点はB　([エ ①])

STEP 2　片方が対数目盛の座標を扱う

(2)　点LのY座標は $10^1=10$ であり，K$(1,\ 1)$，L$(2,$ [オカ 10]$)$

・$Y=10^X$ のグラフについて

通常のx-y平面で$(t,\ 10^t)$の点は，y座標が対数目盛のときには$(t,\ t)$の位置になることから，$y=x$ のグラフの形になる。([キ ⓪])

・$Y=X$ $(X>0)$ のグラフについて

通常のx-y平面で$(t,\ t)$ $(t>0)$の点は，$t=10^{\log_{10}t}$ よりy座標が対数目盛のときには$(t,\ \log_{10}t)$の位置になる。

$\log_{10}t=\log_{10}t$ より
$t=10^{\log_{10}t}$
と変形できる

よって，$y=\log_{10}x$ $(x>0)$ のグラフの形になる。([ク ④])

第3章　指数・対数関数

STEP ③ 両方が対数目盛の座標を扱う

(3) ・$Y=X$ $(X>0)$ のグラフについて

通常の x-y 平面で $(t,\ t)$ $(t>0)$ の点は，x 座標，y 座標の両方が対数目盛のときには $(\log_{10}t,\ \log_{10}t)$ の位置になる。

また，$t>0$ のとき，$\log_{10}t$ はすべての実数値をとる。これらのことから，$y=x$ のグラフの形になる。（ケ ⓪）

・$Y=10X^2$ $(X>0)$ のグラフについて

通常の x-y 平面で $(t,\ 10t^2)$ $(t>0)$ の点は，

$$\log_{10}(10t^2)=\log_{10}10+2\log_{10}t=2\log_{10}t+1$$

> $\log_{10}(10t^2)=2\log_{10}t+1$
> $10t^2=10^{2\log_{10}t+1}$

より，x 座標，y 座標の両方が対数目盛のときには $(\log_{10}t,\ 2\log_{10}t+1)$ の位置になる。よって，$y=2x+1$ のグラフの形になる。（コ ②）

・$Y=\dfrac{10}{X}$ $(X>0)$ のグラフについて

通常の x-y 平面で $\left(t,\ \dfrac{10}{t}\right)$ の点は，

$$\log_{10}\frac{10}{t}=\log_{10}10-\log_{10}t=1-\log_{10}t$$

> $\log_{10}\dfrac{10}{t}=1-\log_{10}t$
> $\dfrac{10}{t}=10^{1-\log_{10}t}$

より，x 座標，y 座標の両方が対数目盛のときには $(\log_{10}t,\ 1-\log_{10}t)$ の位置になる。よって，$y=1-x$ のグラフの形になる。（サ ⑦）

24　2直線の垂直条件

要点チェック!

点 $(p,\ q)$ を通り，傾き m の直線の方程式は

$$y=m(x-p)+q$$

です。直線の方程式は，傾きと直線上の1点の座標がわかれば求められます。

いま，2直線が垂直なとき，片方の直線の傾きがわかっていれば，もう一方の直線の傾きはすぐに求めることができます。

2直線が垂直なとき，それらの傾きには，次の関係があります。

POINT 24

2直線 $y=mx+n$，$y=m'x+n'$ が垂直のとき，　$mm'=-1$

円と直線の問題などで，右図のように2直線が垂直であるときに利用します。

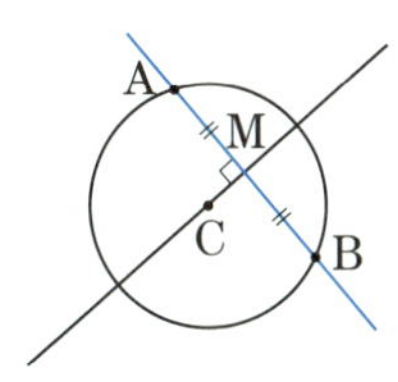

中心Cは弦ABの垂直二等分線上

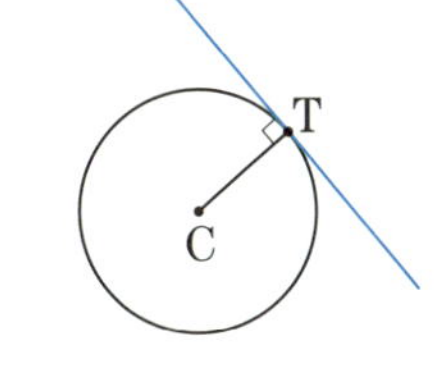

点Tにおける接線は半径CTと垂直

24-A　解答　STEP 1　点Aにおける接線の傾きを求める

直線OAの傾きは $\frac{4}{3}$

点Aにおける接線の傾きを m とすると

$m\cdot\frac{4}{3}=-1$ より，$m=\frac{\boxed{アイ\ -3}}{\boxed{ウ\ 4}}$

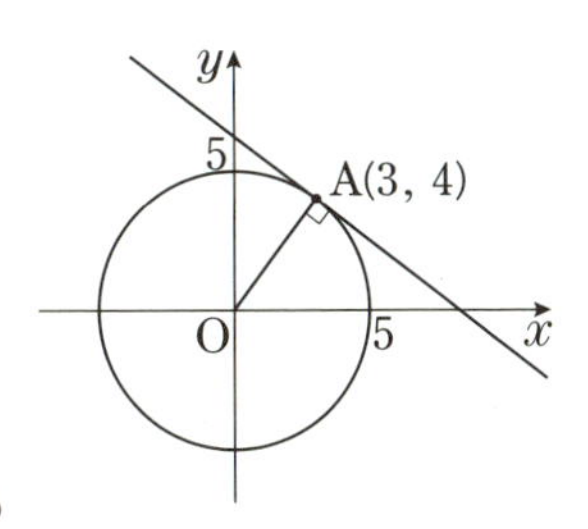

24-B　解答　STEP 1　円の中心の座標を求める

$x^2+y^2+2x+2y=0$

$x^2+2x+1+y^2+2y+1=1+1$

$(x+1)^2+(y+1)^2=2$

中心 $(p,\ q)$，半径 r の円の方程式は $(x-p)^2+(y-q)^2=r^2$

円 C は中心 P$\left(\boxed{アイ\ -1},\ \boxed{ウエ\ -1}\right)$，半径 $\sqrt{2}$ の円である。

STEP ② 弦の中点の座標を求める

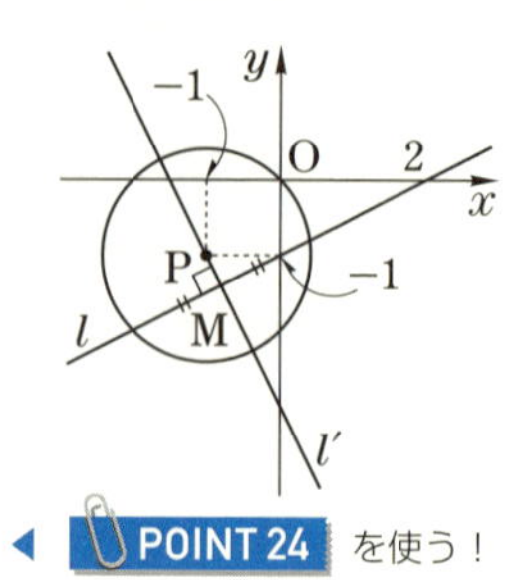

円Cの中心Pを通り，l と垂直な直線を l' とすると，l と l' の交点が弦の中点Mとなる。

$l : x-2y-2=0$ の傾きは　$y=\frac{1}{2}x-1$　……①

より $\frac{1}{2}$ となる。l' の傾きを m とすると

$m\cdot\frac{1}{2}=-1$ より　$m=-2$

◀ POINT 24 を使う！

l' は P$(-1,\ -1)$ を通り，傾き -2 の直線であり

$y=-2(x+1)-1$

より　$l' : y=-2x-3$　……②

傾き m で点 $(p,\ q)$ を通る直線の方程式は $y=m(x-p)+q$

Mの x 座標は①，②より $\frac{1}{2}x-1=-2x-3$ の解であり，$x=-\frac{4}{5}$

①より　$y=\frac{1}{2}\cdot\left(-\frac{4}{5}\right)-1=-\frac{7}{5}$　　よって，M$\left(\frac{\text{オカ}\ -4}{\text{キ}\ 5},\ \frac{\text{クケ}\ -7}{\text{コ}\ 5}\right)$

25 直線に関して対称な点

要点チェック！

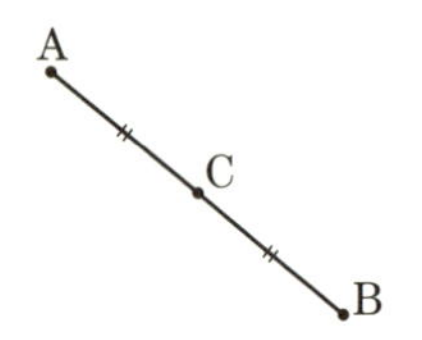

2点A，Bが点Cに関して対称であるとき，点Cは線分ABの中点です。

2点が直線に関して対称であるとき，次の性質が成り立ちます。

POINT 25

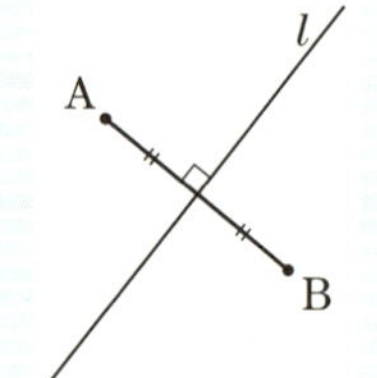

2点A，Bが直線 l に関して対称であるとき

(i)　**直線ABは l に垂直である**

(ii)　**線分ABの中点は l 上にある**

点Aと直線 l が与えられていて，点Bの座標を求めるときは，B$(p,\ q)$ とおいて(i)，(ii)から，$p,\ q$ についての連立方程式をつくることができます。

25-A 解答 ▶ STEP 1　点Bの座標を求める

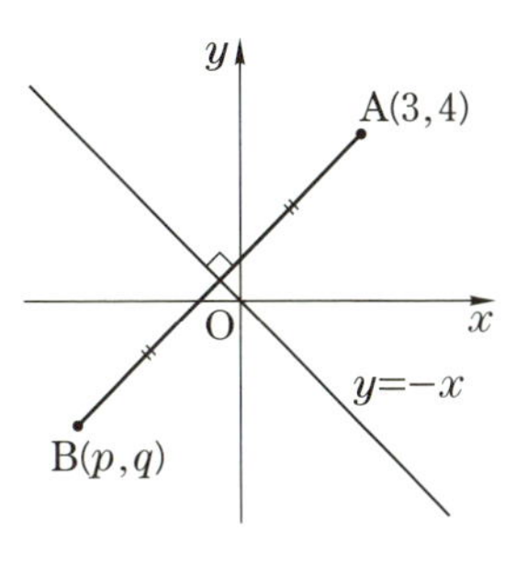

点Bの座標を $(p,\ q)$ とする。

直線 AB の傾きは $\dfrac{q-4}{p-3}$ であり，直線 $y=-x$ と垂直であるから

$$(-1)\cdot\frac{q-4}{p-3}=-1$$

$$q-4=p-3$$

より，$p-q=-1$　……①

線分 AB の中点 $\left(\dfrac{p+3}{2},\ \dfrac{q+4}{2}\right)$ は直線 $y=-x$ 上にあるから

$\dfrac{q+4}{2}=-\dfrac{p+3}{2}$ より，$p+q=-7$　……②

①，②より $p=-4$，$q=-3$ となり，B（アイ -4，ウエ -3）

25-B 解答 ▶ STEP 1　点Cの座標を求める

(1)　直線 l の傾きは，$y=4x-1$ より 4 である。

点Cの座標を $(p,\ q)$ とする。

直線 AC は l に垂直であるから　◀ POINT 25 を使う！

$$4\cdot\frac{q-10}{p-7}=-1$$　◀ POINT 24 を使う！

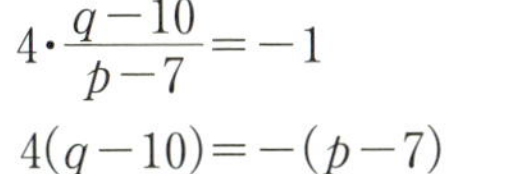

$$4(q-10)=-(p-7)$$

より，$p+4q=47$　……①

線分 AC の中点 $\left(\dfrac{p+7}{2},\ \dfrac{q+10}{2}\right)$ は直線 l 上にあるから　◀ POINT 25 を使う！

$$4\cdot\frac{p+7}{2}-\frac{q+10}{2}-1=0$$

$$4p-q=-16$$　……②

①，②より $p=-1$，$q=12$ となり，C（アイ -1，ウエ 12）

STEP 2　線分 AB の垂直二等分線の方程式を求める

(2)　AB の傾きは $\dfrac{10-1}{7-9}=-\dfrac{9}{2}$ であり，線分 AB の中点の座標は

$\left(\dfrac{7+9}{2},\ \dfrac{10+1}{2}\right)$ より $\left(8,\ \dfrac{11}{2}\right)$

線分 AB の垂直二等分線の方程式は

$$y=\frac{2}{9}(x-8)+\frac{11}{2} \text{ より } y=\frac{2}{9}x+\frac{67}{18}$$

◀ POINT 24 を使う！

STEP 3 △ABCの外心の座標を求める

線分ABの垂直二等分線と線分ACの垂直二等分線 l との交点が△ABCの外心となる。

$$\frac{2}{9}x+\frac{67}{18}=4x-1 \text{ より } x=\frac{5}{4}$$

$y=4\cdot\frac{5}{4}-1=4$ となり，外心の座標は $\left(\frac{\boxed{オ\ 5}}{\boxed{カ\ 4}},\ \boxed{キ\ 4}\right)$

26 点と直線の距離

要点チェック！

点と直線の距離は次の公式で求めることができます。

POINT 26

点 $(x_0,\ y_0)$ と直線 $ax+by+c=0$ の距離 d は

$$d=\frac{|ax_0+by_0+c|}{\sqrt{a^2+b^2}}$$

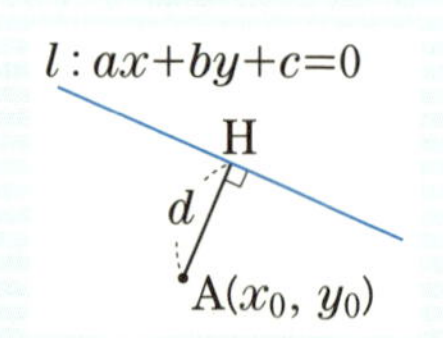

点と直線の距離（点から直線に下ろした垂線の長さ）を直接求めることができます。直線の方程式が $y=mx+n$ の形で与えられたときは，$mx-y+n=0$ と一般形に変形してから利用します。

また，円と直線が接するとき，円の中心と直線の距離（図の中心Aと接点Hの距離）は円の半径に等しくなります。この公式を用いると，接点の座標を求めることなく，中心と直線の距離を扱うことができます。

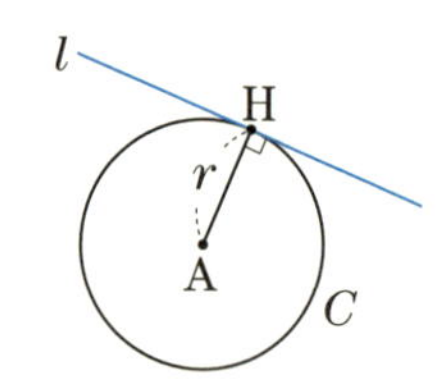

26-A 解答 ▶ STEP 1 半径 r を求める

r は，点Aと直線 l の距離と等しいので，

$$r=\frac{|5+3\cdot4+3|}{\sqrt{1^2+3^2}}=\frac{20}{\sqrt{10}}=\boxed{ア\ 2}\sqrt{\boxed{イウ\ 10}}$$

26-B 解答 STEP 1 **直線 l の方程式を求める**

点 P(2, 0) を通り，傾き b の直線 l の方程式は

$$y=\boxed{{}^{ア}\ b}\left(x-\boxed{{}^{イ}\ 2}\right)$$

> 点 $(p,\ q)$ を通り，傾き m の直線の方程式は $y=m(x-p)+q$

STEP 2 **a と b の関係式を求める**

直線 l と円 C が接するとき，円 C の中心 A$(a,\ 1)$ と $l:bx-y-2b=0$ の距離が円 C の半径 1 と等しいので

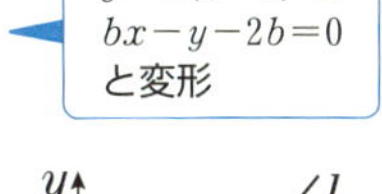

$$\frac{|ba-1-2b|}{\sqrt{b^2+(-1)^2}}=1$$

◀ POINT 26 を使う！

$$|ab-1-2b|=\sqrt{b^2+1}$$

両辺を 2 乗して

$$(ab-1-2b)^2=b^2+1$$

$$a^2b^2+(-1)^2+(-2b)^2+2\{ab\cdot(-1)+(-1)\cdot(-2b)+(-2b)\cdot ab\}=b^2+1$$

$$b^2(a^2-4a+3)-2b(a-2)=0$$

$b\neq 0$ より，両辺を b で割って

> l は x 軸でないので $b\neq 0$

$$b(a^2-4a+3)=2(a-2)$$

よって，$b\left(a-\boxed{{}^{ウ}\ 1}\right)\left(a-\boxed{{}^{エ}\ 3}\right)=2\left(a-\boxed{{}^{オ}\ 2}\right)$

27 曲線の通る定点

要点チェック！

例えば，$x+2y-4+a(2x-5y+1)=0$ で表される図形（直線）は，a の値によらず $\begin{cases} x+2y-4=0 \\ 2x-5y+1=0 \end{cases}$ を満たす定点 (2, 1) を通ります。

一般に次のことが成り立ちます。

POINT 27

> $\boldsymbol{f(x,\ y)+a\cdot g(x,\ y)=0}$ で表される直線や曲線は
> a の値によらず，$f(x,\ y)=0$ と $g(x,\ y)=0$ の共有点を通る

直線や曲線の方程式の係数や定数に，ある変数が含まれているとき，その変数によらずに通る定点を求める場合は，まず，その変数について整理します。

27-A 解答 ▶ STEP 1 定点の座標を求める

直線の方程式を a について整理すると

$$a(x+y-4)+(4-2y)=0$$

となる。

よって，直線 l は

$$\begin{cases} x+y-4=0 & \cdots\cdots① \\ 4-2y=0 & \cdots\cdots② \end{cases}$$

を満たす点 $(x,\ y)$ を a の値によらず通る。

②より $y=2$ を①に代入すると $x=2$ となり，直線 l は定点

(ア 2 , イ 2) を通る。

27-B 解答 ▶ STEP 1 円の中心の座標を求める

$$x^2-6ax+y^2-4ay+26a-65=0 \quad \cdots\cdots①$$

$$x^2-6ax+9a^2+y^2-4ay+4a^2=-26a+65+9a^2+4a^2$$

$$(x-3a)^2+(y-2a)^2=13a^2-26a+65$$

$13a^2-26a+65=13(a-1)^2+52$ より a の値によらず $13a^2-26a+65>0$ である。

円 C の中心は (ア 3 a, イ 2 a)

STEP 2 定点の座標を求める

①を a について整理すると

$$x^2+y^2-65-2a(3x+2y-13)=0$$

a の値によらず成り立つとき

$$\begin{cases} x^2+y^2-65=0 & \cdots\cdots② \\ 3x+2y-13=0 & \cdots\cdots③ \end{cases}$$

◀ POINT 27 を使う！

③より $y=\dfrac{13-3x}{2}$ ……④

これを②に代入して

$$x^2+\frac{(13-3x)^2}{4}-65=0$$

展開して整理すると

$$x^2-6x-7=0$$

$$(x+1)(x-7)=0$$

より $x=-1,\ 7$

④より y の値を求めると，$x=-1$ のとき $y=8$，$x=7$ のとき $y=-4$

定点は A(ウエ −1 , オ 8)，B(カ 7 , キク −4)

28 円の接線

要点チェック!

原点を中心とする円の接線の方程式は，接点の x 座標，y 座標を用いて簡単に表すことができます。

円 $x^2+y^2=r^2$ 上の点 (○，△) における接線の方程式は，○x＋△$y=r^2$ となります。

POINT 28

円 $x^2+y^2=r^2$ 上の点 $(a,\ b)$ における接線の方程式は

$$\boldsymbol{ax+by=r^2}$$

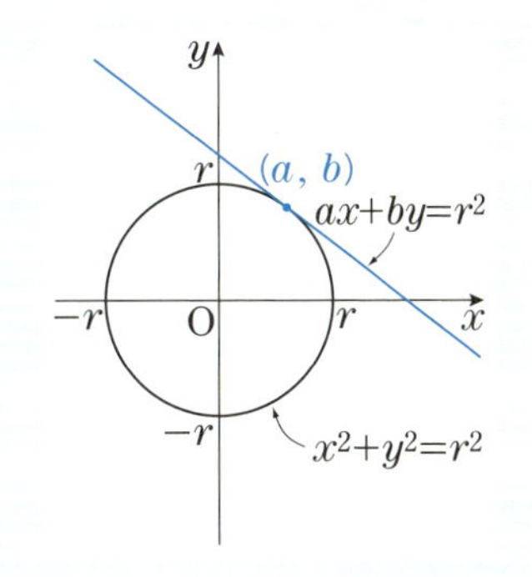

原点を中心とする円で，接点の座標がわかっているときに利用できます。

また，28-B のように，接点の座標がわかっていないときは，接点を $(a,\ b)$ とおいて接線を $ax+by=r^2$ とし，どのような接線であるかを考えて，a，b についての方程式をつくります。

さらに，接点は $x^2+y^2=r^2$ 上の点なので，$a^2+b^2=r^2$ を満たすことから，これらを連立して解いて a，b を求めます。

28-A 解答 ▶ STEP 1 円の接線の方程式を求める

公式より，

$$\boxed{ア\ 2}\,x+\sqrt{\boxed{イ\ 5}}\,y=\boxed{ウ\ 9}$$

28-B 解答 ▶ STEP 1 直線 l の方程式を a，b を用いて表す

l の方程式は

$$\boxed{ア\ a}\,x+\boxed{イ\ b}\,y=10 \quad \cdots\cdots①$$

◀ POINT 28 を使う！

と表される。

STEP 2　点Pの座標を求める

点A(2, −4)は l 上にあるので [ウ 2] $a-$ [エ 4] $b=10$

（$ax+by=10$ で $x=2$, $y=-4$ とする）

$a=2b+5$ ……② として $a^2+b^2=10$ に代入すると

$(2b+5)^2+b^2=10$

（点P(a, b)は円 C 上の点より，$a^2+b^2=10$）

$5(b^2+4b+3)=0$

$(b+1)(b+3)=0$

より，$b=-1, -3$

②より，$(a, b)=(3, -1), (-1, -3)$

（Pの座標）

STEP 3　直線 l の方程式を求める

l の方程式は

P(3, −1)のとき，$3x+(-1)\cdot y=10$ より　$y=$ [オ 3] $x-$ [カキ 10]

P(−1, −3)のとき，$(-1)\cdot x+(-3)\cdot y=10$ より $y=\dfrac{[クケ\ -1]}{[コ\ 3]}(x+[サシ\ 10])$

29　条件を満たす点の軌跡

要点チェック！

与えられた条件を満たしながら動く点が描く図形を，その条件を満たす点の**軌跡**といいます。

例えば，原点Oからの距離が2である点Pの座標をP(x, y)とおくと，

$OP=2$, $OP^2=4$ より，$x^2+y^2=4$

となり，点Pの軌跡は原点を中心とする半径2の円です。

点Pの満たす式が与えられたときの軌跡の問題は，次のように解きます。

POINT 29

点Pの軌跡を求める問題では，問題文中の点Pの満たす式を x, y の関係式にかき直す。

点Pの満たす式 $\xrightarrow{\text{P}(x,\ y)\text{とおく}}$ **x, y の満たす式**

点Pの満たす条件が等式で与えられているときは，P(x, y)とおいて，問題文中の「点Pに関する式」を「x, y の式」にかき直しましょう。

29-A 解答 ▶ STEP 1 点Pの軌跡を求める

$2AP=BP$ より　$4AP^2=BP^2$

$P(x,\ y)$ とおくと

$$4\{(x-2)^2+(y-1)^2\}=(x+4)^2+(y+2)^2$$
$$4(x^2-4x+4+y^2-2y+1)=x^2+8x+16+y^2+4y+4$$
$$3x^2-24x+3y^2-12y=0$$
$$x^2-8x+y^2-4y=0$$
$$x^2-8x+16+y^2-4y+4=0+16+4$$
$$(x^2-8x+16)+(y^2-4y+4)=20$$
$$(x-4)^2+(y-2)^2=(2\sqrt{5})^2$$

したがって，Pの軌跡は，中心（ア 4，イ 2），半径 ウ 2 $\sqrt{}$ エ 5 の円である。

29-B 解答 ▶ STEP 1 円の中心と半径を求める

点 $P(x,\ y)$ とする。　◀ POINT 29 を使う！

$AP^2+BP^2-CP^2=a$ から

$$(x-4)^2+(y-0)^2+(x+1)^2+(y-0)^2-\{(x-0)^2+(y+2)^2\}=a$$
$$x^2+y^2-6x-4y+13=a$$
$$x^2-6x+9+y^2-4y+4=a$$
$$(x-3)^2+(y-2)^2=a$$

中心 $(p,\ q)$，半径 r の円の方程式は $(x-p)^2+(y-q)^2=r^2$

よって，K は，中心（ア 3，イ 2），半径 $\sqrt{}$ ウ a の円である。

30 パラメータ表示された点の軌跡

要点チェック！

軌跡の問題には，29-A，29-B のように問題文中の点Pに関する式を x，y の式にかき直すものとは違って，注目する点の座標がパラメータ（媒介変数）を含む式で表されるものがあります。

頂点，中点，重心などの軌跡の問題では，座標に含まれるパラメータを消去し，x と y の関係式をつくります。

なお，x 座標や y 座標に含まれるパラメータのとる値に制限があれば，x，y のとる値の範囲を調べます。

POINT 30

x座標，y座標にパラメータが含まれる点の軌跡は

$\begin{cases} x=(\text{パラメータを含む式}) \\ y=(\text{パラメータを含む式}) \end{cases}$ とおいてパラメータを消去

30-A 解答 ▶ STEP 1 頂点Aの軌跡を求める

$y=(x+a)^2-a^3-3a^2$ より，$A(-a,\ -a^3-3a^2)$

$$\begin{cases} x=-a & \cdots\cdots① \\ y=-a^3-3a^2 & \cdots\cdots② \end{cases}$$

とおく。

x座標，y座標にパラメータaが含まれている

①より，$a=-x$ を②に代入すると

aの消去

$y=-(-x)^3-3(-x)^2$ より $y=x^3-3x^2$

したがって，頂点Aの軌跡は $y=x^{\boxed{ア\ 3}}-\boxed{イ\ 3}x^2$ の表すグラフである。

30-B 解答 ▶ STEP 1 中点Mの座標を求める

$M(x,\ y)$ とおくと

2点$(x_1,\ y_1)$，$(x_2,\ y_2)$を結ぶ線分の中点は$\left(\dfrac{x_1+x_2}{2},\ \dfrac{y_1+y_2}{2}\right)$

$$x=\frac{2a+(2-a)}{2}=\boxed{ア\ 1}+\frac{a}{\boxed{イ\ 2}}$$

$$y=\frac{(4a-4a^2)+(2a-a^2)}{2}=\boxed{ウ\ 3}a-\frac{\boxed{エ\ 5}}{\boxed{オ\ 2}}a^2$$

STEP 2 中点Mの軌跡を求める

$$\begin{cases} x=1+\dfrac{a}{2} & \cdots\cdots① \\ y=3a-\dfrac{5}{2}a^2 & \cdots\cdots② \end{cases}$$

◀ POINT 30 を使う！

①より $a=2x-2$

これを②に代入して

$$y=3(2x-2)-\frac{5}{2}(2x-2)^2=-10x^2+\boxed{カキ\ 26}x-\boxed{クケ\ 16}$$

また，$0<a<\dfrac{2}{3}$ のとき，①より $1<x<\dfrac{\boxed{コ\ 4}}{\boxed{サ\ 3}}$

$0<2x-2<\dfrac{2}{3}$ より $1<x<\dfrac{4}{3}$ としてもよい

31 領　域

要点チェック!

変数 x, y についての不等式を満たす点 $(x,\ y)$ 全体の集合を，その不等式の表す**領域**といいます。

与えられた定点に対して，領域内のどの点を選べば，2点間の距離や注目する直線の傾きが最大（最小）となるかを考えさせる問題では，いくつかの点を実際に選ぶことで図形的な考察から最大値（最小値）を与える点を見つけることになります。領域の境界線の交点や接点などの特徴的な点を選んで具体的に調べてみましょう。

POINT 31

領域が与えられたときの距離や傾きの最大値・最小値は，具体例をヒントにして考える

31-A 解答 ▶ STEP 1 距離の最大値・最小値を求める

$x^2+y^2 \leqq 4$, $y \geqq 0$ の表す領域 D は右図の斜線部分になる。

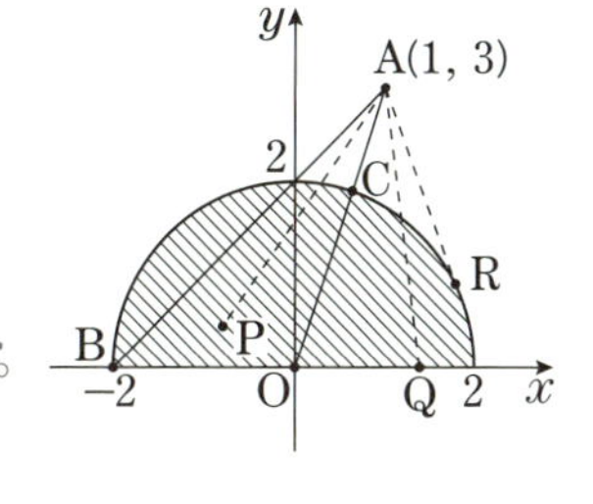

半円の領域 D 内において，点 P, Q, R などをとって，AP, AQ, AR などの距離を調べると，B$(-2,\ 0)$ をとったとき，A との距離が最大となる。

最大値は

$$\mathrm{AB}=\sqrt{\{1-(-2)\}^2+(3-0)^2}$$

$$=\boxed{^{ア}\ 3}\sqrt{\boxed{^{イ}\ 2}}$$

また，A との距離が最小となるのは図の点 C のときである。

最小値は

$$\mathrm{AC}=\mathrm{OA}-\mathrm{OC}$$ ◀ OC は半径

$$=\sqrt{1^2+3^2}-2$$

$$=\sqrt{\boxed{^{ウエ}\ 10}}-\boxed{^{オ}\ 2}$$

31-B 解答 ▶ STEP 1 領域Dを図示する

円 $x^2+y^2=1$ ……① と直線 $x+y=1$ ……② の共有点を求めると，

②より　$y=-x+1$

これを①に代入して

$$x^2+(-x+1)^2=1 \qquad 2x(x-1)=0 \qquad x=0,\ 1$$

よって，(0, 1) と (1, 0)

円①と直線 $3x-y=3$ ……③ の共有点を求めると，

③より　$y=3x-3$

これを①に代入して

$$x^2+(3x-3)^2=1 \qquad (2x-2)(5x-4)=0 \qquad x=\frac{4}{5},\ 1$$

よって，$\left(\frac{4}{5},\ -\frac{3}{5}\right)$ と (0, 1)

となるので，領域Dは図の斜線部分となる。(境界を含む)

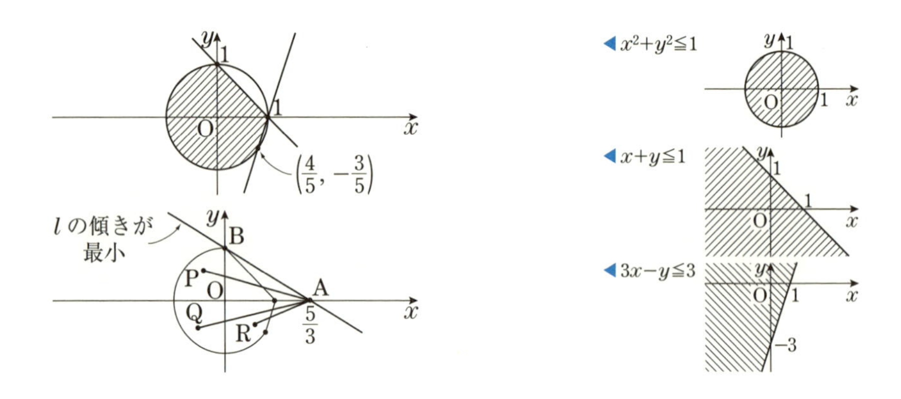

STEP 2 aの最小値を求める

領域内に点P，Q，RなどをとってAP，AQ，ARなどの傾きを調べると，領域内の点B(0, 1)を選んだときにlの傾きは最小となる。　◀ POINT 31 を使う！

傾きaの最小値は　$\dfrac{0-1}{\frac{5}{3}-0}=\dfrac{\boxed{\text{アイ}\ -3}}{\boxed{\text{ウ}\ 5}}$

◀ 直線ABの方程式は $y=-\frac{3}{5}x+1$

実戦問題 第1問

この問題のねらい

・点の座標にパラメータを含む場合の軌跡を求めることができる。

(⇒ POINT 30)

・図形と方程式の知識を活用して長さの最大・最小を判断できる。

解答 ▶ STEP 1 2点を通る直線の方程式を求める

(1) 2点 A$(-1,\ 0)$, B$(2,\ 1)$ を通る直線 l_1 の方程式は

$$y=\frac{1-0}{2-(-1)}(x+1)+0 \quad より \quad y=\frac{1}{3}x+\frac{1}{3} \quad となり$$

$$x-\boxed{^{ア}\ 3}y+\boxed{^{イ}\ 1}=0 \quad \cdots\cdots①$$

STEP 2 円の方程式から中心と半径を求める

$$x^2+y^2+6x-12y+36=0$$

$$x^2+6x+9+y^2-12y+36=9$$

$$(x+3)^2+(y-6)^2=9$$

円 C_1 の中心の座標は $\left(\boxed{^{ウエ}\ -3},\ \boxed{^{オ}\ 6}\right)$, 半径 $\boxed{^{カ}\ 3}$

STEP 3 重心の座標を扱う

(2) 3点 A$(-1,\ 0)$, B$(2,\ 1)$, P$(a,\ b)$ を頂点とする △ABP の重心Gの座標は

$$\left(\frac{(-1)+2+a}{3},\ \frac{0+1+b}{3}\right) より \ G\left(\frac{a+1}{3},\ \frac{b+1}{3}\right)$$

G$(s,\ t)$ と表すとき, $s=\dfrac{a+1}{3}$, $t=\dfrac{b+1}{3}$ であり

$$a=\boxed{^{キ}\ 3}s-\boxed{^{ク}\ 1},\quad b=\boxed{^{ケ}\ 3}t-\boxed{^{コ}\ 1}$$

STEP 4 重心の軌跡を求める

点Pが円 C_1 上を動くとき $(a+3)^2+(b-6)^2=9$ であり

$$(3s-1+3)^2+(3t-1-6)^2=9$$

$$(3s+2)^2+(3t-7)^2=3^2 \quad ◀ 両辺を 3^2 でわる$$

$$\left(s+\frac{2}{3}\right)^2+\left(t-\frac{7}{3}\right)^2=1^2$$

◀ POINT 30 を使う！

点Gの軌跡は円 $\left(x+\dfrac{2}{3}\right)^2+\left(y-\dfrac{7}{3}\right)^2=1$ ◀ s, t を x, y と書き直す

となり，中心の座標は $\left(\dfrac{\boxed{サシ\ -2}}{\boxed{ス\ 3}},\ \dfrac{\boxed{セ\ 7}}{\boxed{ソ\ 3}}\right)$，半径 $\boxed{タ\ 1}$

STEP 5 与えられた直線と垂直な直線の方程式を求める

(3) 直線 l_1 の傾きは $\dfrac{1}{3}$ であり，これと垂直な直線 l_2 の傾きを m とすると，

$\dfrac{1}{3}\cdot m=-1$ より $m=-3$ ◀ POINT 24 を使う！

l_2 は C_2 の中心 $D\left(-\dfrac{2}{3},\ \dfrac{7}{3}\right)$ を通るので，その方程式は

$y=-3\left(x+\dfrac{2}{3}\right)+\dfrac{7}{3}$ より $\boxed{チ\ 9}x+\boxed{ツ\ 3}y-1=0$ ……②

STEP 6 直線 l_2 と線分 AB が交わることを確認する

①，②を連立して解くと $x=0,\ y=\dfrac{1}{3}$ となり，l_1 と l_2 の交点Hの座標は $H\left(0,\ \dfrac{1}{3}\right)$ である。3点A，H，Bの x 座標に注目すると AH：HB=1：2 であり，l_1 と l_2 の交点Hは線分 AB を 1：$\boxed{テ\ 2}$ に内分するので，l_2 は線分 AB と交わっている。

STEP 7 線分 QR の長さの最小値を求める

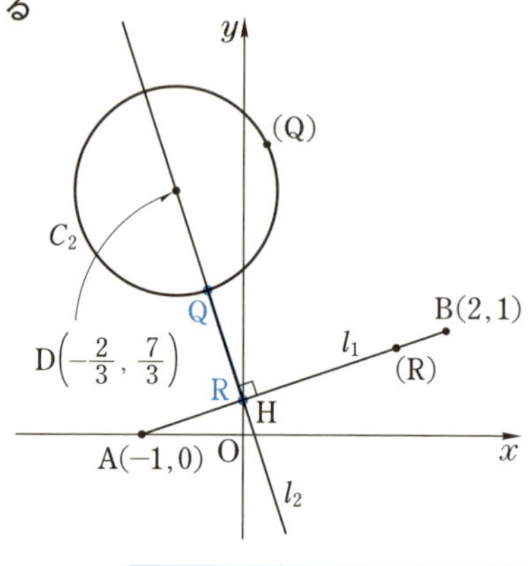

C_2 の中心を点Dとする。

線分 QR の長さが最小となるのは，点Rが点Hの位置にあり，点Qが線分 DR と円 C_2 の交点の位置にあるときである。このとき，QR の長さの最小値は DR−DQ=DH−1 となる。DH は点 $D\left(-\dfrac{2}{3},\ \dfrac{7}{3}\right)$ と ◀ POINT 26 を使う！ 直線 $l_1：x-3y+1=0$ の距離であり

$$DH=\frac{\left|-\frac{2}{3}-3\cdot\frac{7}{3}+1\right|}{\sqrt{1^2+(-3)^2}}=\frac{\left|-\frac{20}{3}\right|}{\sqrt{10}}=\frac{2\sqrt{10}}{3}$$

◀ $H\left(0,\ \dfrac{1}{3}\right)$ より
$DH=\sqrt{\left(-\dfrac{2}{3}-0\right)^2+\left(\dfrac{7}{3}-\dfrac{1}{3}\right)^2}$
$=\dfrac{2\sqrt{10}}{3}$
としてもよい

よって，最小値は $\dfrac{\boxed{ト\ 2}\sqrt{\boxed{ナニ\ 10}}}{\boxed{ヌ\ 3}}-1$

STEP 8　線分 QR の長さの最大値を求める

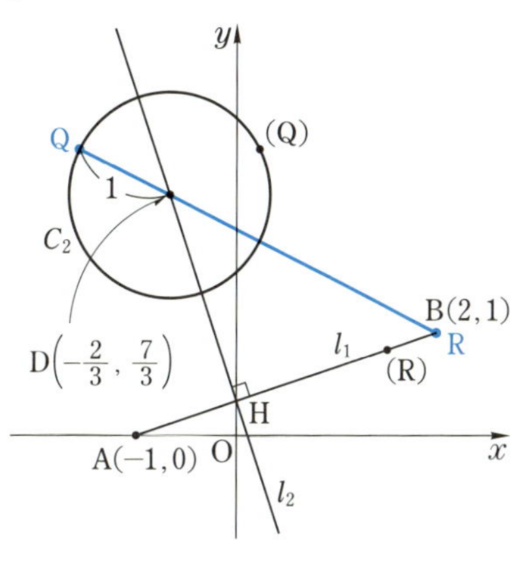

線分 QR の長さが最大となるのは，図のように点Rが点Bの位置（ネ 2 ，ノ 1 ）にあり，点Qが直線 DR と円 C_2 の交点（Bから遠い側）の位置にあるときである。このとき，QR の長さの最大値は

DR＋DQ＝DB＋1 となる。

$$DB=\sqrt{\left(2+\frac{2}{3}\right)^2+\left(1-\frac{7}{3}\right)^2}$$

$$=\sqrt{\frac{80}{9}}=\frac{4\sqrt{5}}{3}$$

よって，最大値は

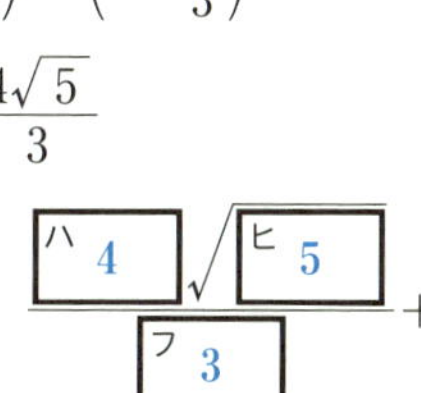

$\dfrac{\boxed{ハ\ 4}\sqrt{\boxed{ヒ\ 5}}}{\boxed{フ\ 3}}+1$

実戦問題　第2問

この問題のねらい

・領域を用いて最大・最小を判断できる。（⇒ POINT 31 ）

・日常的なテーマで図形と方程式の知識を応用できる。

解答 ▶ STEP 1　条件を不等式を用いて表す

(1)　(i)　食品Aを x 袋分，食品Bを y 袋分だけ食べるときの条件は

1袋（100 g）あたりの量

	エネルギー (kcal)	脂質 (g)
食品A	200	4
食品B	300	2

$200x+300y\leqq1500$　……①　（ア ⓪）

$4x+2y\leqq16$　……②　（イ ②）

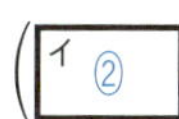

STEP 2　具体的な x，y の値の組について調べる

(ii)　①，②はそれぞれ

$2x+3y\leqq15$　……①′

$2x+y\leqq8$　……②′

と表せるので，これらを用いて条件①，②を満たすかどうかを判断する。

〈⓪について〉

$2\cdot0+3\cdot5=15$，$2\cdot0+5=5$ より，①′ と②′ を満たす。

よって，$(x,\ y)=(0,\ 5)$ は条件①と条件②を満たす。

〈①について〉

$2\cdot5+3\cdot0=10$，$2\cdot5+0=10$ より，①′ のみを満たす。

よって，$(x,\ y)=(5,\ 0)$ は条件①を満たすが条件②は満たさない。

〈②について〉

$2\cdot4+3\cdot1=11$，$2\cdot4+1=9$ より，①′ のみを満たす。

よって，$(x,\ y)=(4,\ 1)$ は条件①を満たすが条件②は満たさない。

〈③について〉

$2\cdot3+3\cdot2=12$，$2\cdot3+2=8$ より，①′，②′ を満たす。

よって，$(x,\ y)=(3,\ 2)$ は条件①と条件②を満たす。

以上により，正しいものは **ウエ ①，③**

STEP 3　不等式の表す領域を利用して最大値を求める

(iii)　$(x,\ y)=(X,\ Y)$ が条件①，②を満たすのは，座標平面上の点 $(X,\ Y)$ が不等式①′，②′ の表す領域に含まれるときである。また，$x\geqq0$，$y\geqq0$ である。ただし，$(x,\ y)=(0,\ 0)$ は含めない。

x，y のとり得る値が実数の場合，点 $(X,\ Y)$ は図の網掛け部分（境界は点 $(0,\ 0)$ 以外の点を含む）の領域を動く。

食べる量の合計は $100x+100y$ (g) であるので，

$$100x+100y=k \quad \cdots\cdots ③$$

とおくとき，この直線が領域と共有点をもつような k の値が実現可能な食べる量の合計となる。

$y=-x+\dfrac{k}{100}$ から，k が最大となるのは，この傾き -1 の直線の y 切片が最大のときとなる。

2つの直線 $2x+3y=15$，$2x+y=8$ の交点の座標は $\left(\dfrac{9}{4},\ \dfrac{7}{2}\right)$

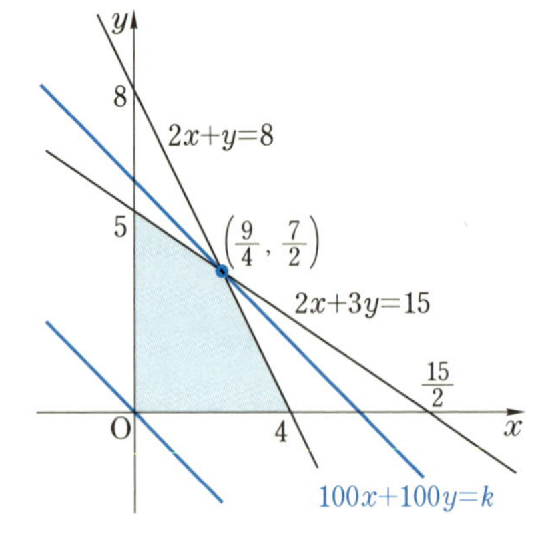

であり，③がこの点を通るとき k は最大となる。

よって，$(x,\ y)=\left(\boxed{\dfrac{^{ク}\ 9}{^{ケ}\ 4}},\ \boxed{\dfrac{^{コ}\ 7}{^{サ}\ 2}}\right)$のとき最大で，最大値は

$$k=100\cdot\frac{9}{4}+100\cdot\frac{7}{2}=\boxed{^{オカキ}\ 575}\ (\mathrm{g})$$

STEP 4 不等式の表す領域内の格子点に注目して最大値を求める

x，y のとり得る値が整数の場合，点$(X,\ Y)$は図の網掛け部分に含まれる格子点（x 座標，y 座標がともに整数の点）から選ばれることになる。

③の k の値が最大となるのは，格子点を直線 $y=-x+5$ 上の点から選ぶとき，すなわち

$$100x+100y=500$$

のときであり，最大値は $\boxed{^{シスセ}\ 500}$ (g) である。このときの$(x,\ y)$の値の組は，

$(0,\ 5)$，$(1,\ 4)$，$(2,\ 3)$，$(3,\ 2)$

の $\boxed{^{ソ}\ 4}$ 通りある。

STEP 5 不等式の表す領域を用いて最小値を求める

(2) 食品Aを x 袋分，食品Bを y 袋分だけ食べるときの条件は

・合計の量について

$100x+100y\geqq 600$ ……④

・エネルギーについて

$200x+300y\leqq 1500$ ……⑤

$x\geqq 0$，$y\geqq 0$ であり，脂質は $4x+2y$ (g) である。

④，⑤はそれぞれ

$x+y\geqq 6$ ……④′

$2x+3y\leqq 15$ ……⑤′

と表せるので，図の網掛け部分の領域と直線 $4x+2y=k$ ……⑥ の共有点に注目すればよい。

食品A，Bが1袋を小分けにして食べられない食品の場合には，
$(x,\ y)=(X,\ Y)$ として選ぶ点 $(X,\ Y)$ は格子点となる。

2つの直線 $x+y=6$，$2x+3y=15$ の交点の座標は $(3,\ 3)$ であり，直線⑥がこの点を通るとき k は最小となる。

よって，$(x,\ y)=(3,\ 3)$ のとき，すなわち，Aを $\boxed{^{タ}\ 3}$ 袋，Bを $\boxed{^{チ}\ 3}$ 袋食べるとき脂質は最小で，最小値は

$$k=4\cdot3+2\cdot3=\boxed{^{ツテ}\ 18}\ (\mathrm{g})$$

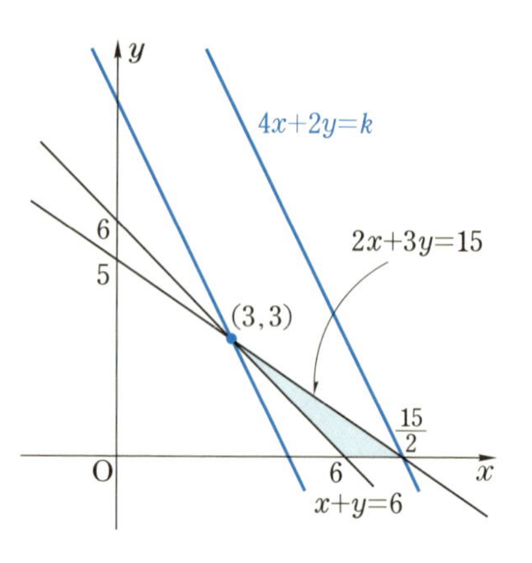

実戦問題 第3問

この問題のねらい

・図形と方程式の知識を日常の事象の問題解決に応用できる。

解答 ▶ STEP 1 折り目の直線の方程式を求める

【I】 (1) (i) 点Pは正方形の内部の点なので，$0<a<1$ かつ $0<b<1$ である。点C$(1,\ 0)$ と点P$(a,\ b)$ を結ぶ線分の中点の座標は $\left(\dfrac{1+a}{2},\ \dfrac{0+b}{2}\right)$ より $\left(\dfrac{a+1}{2},\ \dfrac{b}{2}\right)$ $\left(\boxed{^{ア}\ ②},\ \boxed{^{イ}\ ①}\right)$

また，直線CPの傾きは $\dfrac{b-0}{a-1}=\dfrac{b}{a-1}$ $\left(\boxed{^{ウ}\ ⑥}\right)$

折り目の直線は，直線CPの垂直二等分線であるので，その傾きを m とすると

$$\frac{b}{a-1}\cdot m=-1 \text{ より } m=\frac{1-a}{b}$$

◀ POINT 24 を使う！

折り目の直線の方程式は

$$y=\frac{1-a}{b}\left(x-\frac{a+1}{2}\right)+\frac{b}{2}$$

より

$$y=\frac{1-a}{b}x+\frac{a^2+b^2-1}{2b} \quad \cdots\cdots①$$ （エ ⑤，オ ⑨）

STEP 2 点 Q，R の座標を求める

(ii) 直線①上の点で x 座標が 0，1 の点をそれぞれ求めると

$$\mathrm{Q}\left(0,\ \frac{a^2+b^2-1}{2b}\right)$$ （カ ⑤）

$$\mathrm{R}\left(1,\ \frac{a^2+b^2-2a+1}{2b}\right)$$ （キ ⑧）

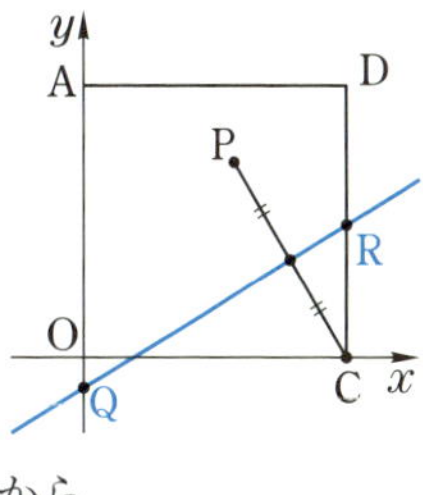

STEP 3 図形 T が三角形になる条件を求める

(2) (i) 図形 T が三角形になるための条件は，

(点Qの y 座標)$\leqq 0$ かつ $0<$(点Rの y 座標)$\leqq 1$ から

$$\frac{a^2+b^2-1}{2b}\leqq \boxed{^{ク}\ 0} \quad \cdots\cdots②$$

かつ

$$\boxed{^{ケ}\ 0}<\frac{a^2+b^2-2a+1}{2b}\leqq \boxed{^{コ}\ 1} \quad \cdots\cdots③$$

STEP 4 不等式の表す領域を求める

(ii) ②について，$b>0$ により　◀ 不等号の向きは変わらない

$a^2+b^2-1\leqq 0$ から

$a^2+b^2\leqq 1$ $\cdots\cdots④$

③の左側の不等式について $0<a^2+b^2-2a+1$ から

$(a-1)^2+b^2>0$

PはCとは異なる点であり，

$(a,\ b)\neq(1,\ 0)$ なので，これは成立する。

③の右側の不等式について

$a^2+b^2-2a+1\leqq 2b$

$(a-1)^2+(b-1)^2\leqq 1$ $\cdots\cdots⑤$

よって，図形 T が三角形となる領域は

④と⑤を満たす

$x^2+y^2\leqq 1$ かつ

$(x-1)^2+(y-1)^2\leqq 1$

で表される領域から2点A，Cを除いたものである。図示すると図の斜線部分（2点A，C以外の境界含む）になる。よって，$\boxed{^{サ}\ ③}$

STEP ❺ 不等式を用いて条件を表現する

【Ⅱ】 (1) 点 $S(a,\ b)$ が正方形の外にあり，直線 BC ($y=0$) より上側で，かつ，直線 CD ($x=1$) より左側にあるとき，「$a<0$ かつ $b>0$」または「$0\leqq a<1$ かつ $b>1$」（ シ ②）

STEP ❻ 図形 T が五角形になる条件を求める

(2) 図形 T が五角形になるための条件は，

$$0<(\text{点Qの}\ y\ \text{座標})<1\ \text{かつ}\ (\text{点Rの}\ y\ \text{座標})>1$$

から

$$0<\frac{a^2+b^2-1}{2b}<1\ \text{かつ}\ \frac{a^2+b^2-2a+1}{2b}>1$$

$b>0$ により，これらを整理すると

$$a^2+b^2>1\quad\text{かつ}\quad a^2+(b-1)^2<2\quad\text{かつ}\quad(a-1)^2+(b-1)^2>1$$

したがって，

$$x^2+y^2>1\quad\text{かつ}\quad x^2+(y-1)^2<2\quad\text{かつ}\quad(x-1)^2+(y-1)^2>1$$

で表される領域となる。（ スセソ ①，③，⑤）

❗ STEP ❻の領域を図示すると右図の斜線部分（境界を含まない）となる。なお，本問題では扱わなかったが，青色で網掛けした部分（境界を含まない）も五角形となる点Sの領域である。実際に折り紙を折って，試してみよう。

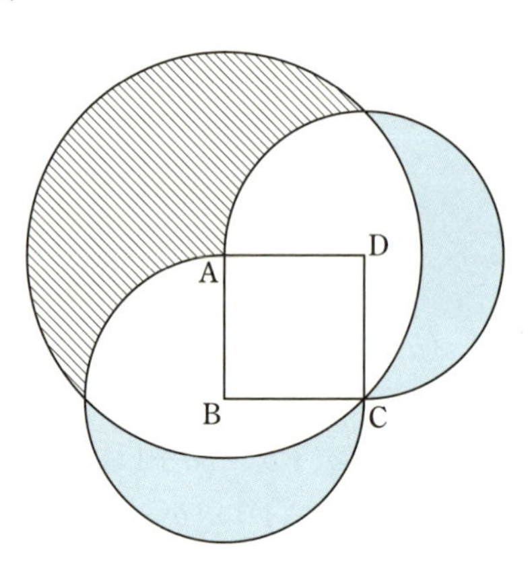

32 2直線のなす角

要点チェック!

座標平面上の直線の傾きについて，次の公式が成り立ちます。

POINT 32

直線 $y=mx$ が x 軸の正の向きとなす角を θ とすると

$$\boldsymbol{m=\tan\theta}$$

直線 $y=mx$ と直線 $y=mx+n$ は平行なので，これらが x 軸となす角は同じです。

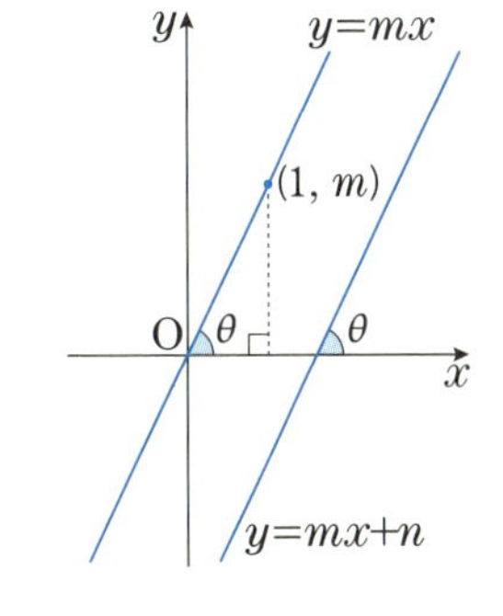

曲線 $y=f(x)$ 上の点 $(a,\ f(a))$ における接線の傾きは $f'(a)$ であり，この接線と x 軸の正の向きのなす角を $\theta\ (0\leqq\theta<\pi)$ とすると

$$\boldsymbol{\tan\theta=f'(a)}$$

となります。

また，32-B では，

加法定理 $\displaystyle \tan(\alpha-\beta)=\frac{\tan\alpha-\tan\beta}{1+\tan\alpha\tan\beta}$

と組み合わせて用いて，２つの接線のなす角を求めましょう。

32-A 解答 ▶ STEP 1 $\tan\theta$ を a を用いて表す

$$f(x)=x^2-x+1=\left(x-\frac{1}{2}\right)^2+\frac{3}{4}$$

より，$y=f(x)$ のグラフは右図のようになる。

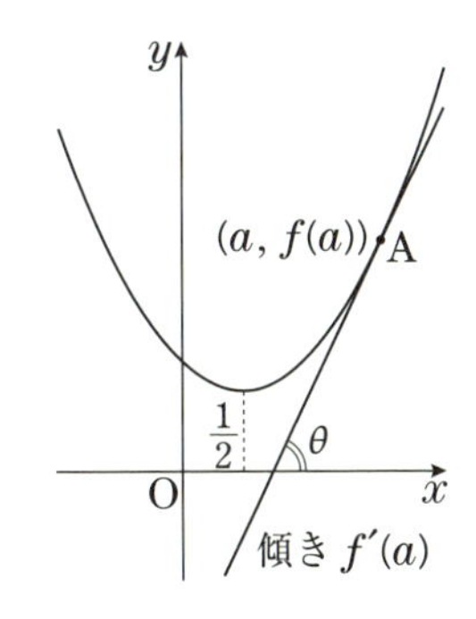

$$f'(x)=2x-1$$

より点Aにおける接線の傾きは

$$f'(a)=2a-1$$

となるので，

$$\tan\theta=\boxed{^{ア}\ 2}\,a-\boxed{^{イ}\ 1}$$

32-B 解答 ▶ STEP 1 **2本の接線の傾きを求める**

$f(x)=x^3-x$ のとき

$f'(x)=3x^2-1$

$f'(0)=-1$ より，曲線 $y=f(x)$ の点 $(0,\ 0)$ における接線 l_1 の傾きは -1

曲線 $y=f(x)$ 上の点 $(0,\ f(0))$ における接線の傾きは $f'(0)$

$g(x)=x^3-3\sqrt{3}x^2+8x$ のとき

$g'(x)=3x^2-6\sqrt{3}x+8$

$g'(0)=8$ より，曲線 $y=g(x)$ の点 $(0,\ 0)$ における接線 l_2 の傾きは 8

STEP 2 **$\tan\theta$ の値を求める**

l_1，l_2 と x 軸の正の向きとのなす角をそれぞれ α，β $(0\leqq\alpha<\pi,\ 0\leqq\beta<\pi)$ とすると

$\tan\alpha=-1$，$\tan\beta=8$

$\tan\alpha=-1$ より $\alpha=\frac{3}{4}\pi$

◀ POINT 32 を使う！

l_1，l_2 のなす角 $\theta\left(0\leqq\theta<\frac{\pi}{2}\right)$ は図より

$\theta=\alpha-\beta$ となるので

$$\tan\theta=\tan(\alpha-\beta)=\frac{\tan\alpha-\tan\beta}{1+\tan\alpha\tan\beta}=\frac{-1-8}{1+(-1)\cdot 8}=\frac{\boxed{ア\ 9}}{\boxed{イ\ 7}}$$

33 極大値・極小値

要点チェック！

3次関数のグラフで**極大**，**極小**となる点における接線は x 軸に平行であり，接線の傾きは0となります。

3次関数 $f(x)=ax^3+bx^2+cx+d$ が $x=p$，$x=q$ で極値をとるとき $f'(p)=0$，$f'(q)=0$ です。

p，q は2次方程式 $f'(x)=0$ の2解であり，

$f'(x)=3ax^2+2bx+c=3a(x-p)(x-q)$

と因数分解されます。

$f(x)$ が極値をもたず，単調増加または単調減少するときは，$f'(x)=0$ は相異なる2つの実数解をもちません。

POINT 33

$f(x)=ax^3+bx^2+cx+d\ (a \neq 0)$ が $x=p$，$x=q$ で極値をとるとき

$$f'(p)=0,\ f'(q)=0$$
$$f'(x)=3a(x-p)(x-q)$$

3次関数 $f(x)$ の極値をとる x の値は，$f'(x)=0$ の実数解となります。

33-A 解答 ▶ STEP 1 極大値・極小値を求める

$f'(x)=3x^2-12x-15$
$=3(x^2-4x-5)$
$=3(x+1)(x-5)$

x	$\cdots$	-1	$\cdots$	5	$\cdots$
$f'(x)$	$+$	0	$-$	0	$+$
$f(x)$	↗	28	↘	-80	↗

$f'(x)=0$ となる x は　$x=-1,\ 5$

$f(x)$ の増減は表のようになり

$x=$ [アイ -1] のとき　極大値 $f(-1)=$ [ウエ 28]

$x=$ [オ 5] のとき　極小値 $f(5)=$ [カキク -80]

をとる。

33-B 解答 ▶ STEP 1 a，b，c の値を求める

$f(x)=2x^3+ax^2+bx+c$ のとき

$f'(x)=6x^2+2ax+b$　……①

$f(x)$ は $x=1$ で極大，$x=2$ で極小となるので

$f'(x)=0$ を満たす x は，$x=1,\ 2$ である。 ◀ $f'(1)=0,\ f'(2)=0$

このとき $f'(x)=$ [ア 6] $(x-1)(x-2)$ と因数分解され ◀ POINT 33 を使う！

$f'(x)=6x^2-18x+12$　……②

①と②の係数を比較すると　$2a=-18$ より $a=$ [イウ -9]，$b=$ [エオ 12]

さらに $f(1)=2+a+b+c=6$ より　$2-9+12+c=6$　ゆえに，$c=$ [カ 1]

STEP 2 $f(x)$ の極小値を求める

$f(x)=2x^3-9x^2+12x+1$ の極小値は

$f(2)=2\cdot 8-9\cdot 4+12\cdot 2+1$

$=$ [キ 5]

x	$\cdots$	1	$\cdots$	2	$\cdots$
$f'(x)$	$+$	0	$-$	0	$+$
$f(x)$	↗	6	↘	5	↗

34 接線の方程式

要点チェック!

曲線 $y=f(x)$ 上の点 $(t,\ f(t))$ における**接線**の傾きは $f'(t)$ であり，接線の方程式は次のようになります。

POINT 34

$y=f(x)$ のグラフ上の点 $(t,\ f(t))$ における接線の方程式は

$$\boldsymbol{y=f'(t)(x-t)+f(t)}$$

点 $(p,\ q)$ を通り，傾き m の直線の方程式は，$y=m(x-p)+q$ となるので，$y=f(x)$ のグラフ上の点 $(t,\ f(t))$ を通り，傾き $f'(t)$ の直線の方程式は $y=f'(t)(x-t)+f(t)$ となり，これは接線の方程式となります。

接線の方程式は，接点の x 座標 t が決まると定まります。

とくに，2 曲線 $y=f(x)$ と $y=g(x)$ が $x=t$ の点で共通の接線をもつとき

$$y=f'(t)(x-t)+f(t)$$
$$y=g'(t)(x-t)+g(t)$$

が同じ直線を表すことから

$$\begin{cases} \boldsymbol{f'(t)=g'(t)} & \textbf{（接線の傾き）} \\ \boldsymbol{f(t)=g(t)} & \textbf{（接点の } \boldsymbol{y} \textbf{ 座標）} \end{cases}$$

となります。

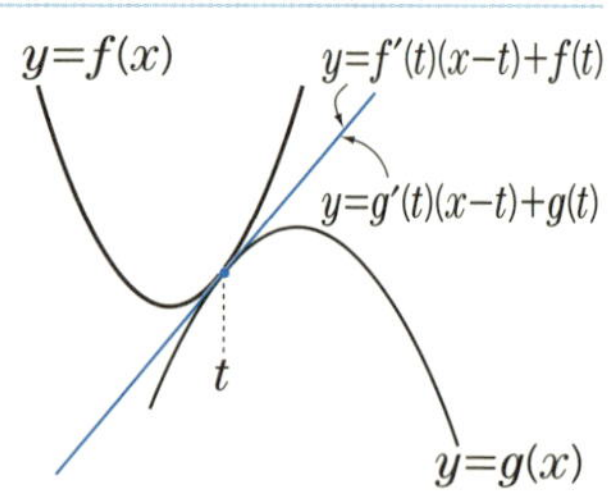

34-A 解答 ▶ STEP 1 関係式をつくる

C_1 と C_2 の接線の傾きが等しいので $f'(\boxed{ア\ 1})=g'(\boxed{イ\ 1})$

また，C_1 と C_2 は点Pを通るので $f(\boxed{ウ\ 1})=g(\boxed{エ\ 1})=\boxed{オ\ 2}$

34-B 解答 ▶ STEP 1 u と v を a を用いて表す

$f(x)=3x^2$，$g(x)=-x^2+ax+b$ とすると

$$f'(x)=6x,\quad g'(x)=-2x+a$$

C_1 と C_2 が点Pで同じ接線をもつとき，

$$y=f'(u)(x-u)+f(u)$$
$$y=g'(u)(x-u)+g(u)$$

◀ POINT 34 を使う！

について

$$\begin{cases} f'(u)=g'(u) & \cdots\cdots ① \\ f(u)=g(u)=v & \cdots\cdots ② \end{cases}$$

接線の傾き

接点の y 座標

①より　$6u=-2u+a,\ u=\dfrac{\boxed{ア\ 1}}{\boxed{イ\ 8}}a$

②より　$3u^2=-u^2+au+b=v$ となり

$$v=3u^2=3\cdot\left(\frac{1}{8}a\right)^2=\frac{\boxed{ウ\ 3}}{\boxed{エオ\ 64}}a^2$$

STEP 2　b を a を用いて表す

$$b=v+u^2-au=\frac{3}{64}a^2+\left(\frac{1}{8}a\right)^2-a\cdot\frac{1}{8}a=-\frac{1}{\boxed{カキ\ 16}}a^{\boxed{ク\ 2}}$$

35　3次方程式の実数解の個数

要点チェック!

方程式 $f(x)=0$ の実数解の個数は，$y=f(x)$ のグラフと x 軸（$y=0$）の共有点の個数に一致します。

同様に x についての方程式 $f(x)=k$ の実数解の個数は，$y=f(x)$ のグラフと直線 $y=k$ の共有点の個数に一致します。3次方程式の実数解の個数を調べたいときに，このことを利用できることがあります。

POINT 35

$p,\ q,\ r,\ k$ を定数とする。

x についての3次方程式 $x^3+px^2+qx+r=k$ の実数解の個数は

曲線 $y=x^3+px^2+qx+r$ と 直線 $y=k$ の共有点の個数

3次方程式の実数解の個数は，3次関数のグラフを利用して調べましょう。

35-A 解答 ▶ STEP 1　実数解の個数を求める

$y=-x^3+3x$ のとき

$$y'=-3x^2+3=-3(x+1)(x-1)$$

$y=-x^3+3x$ のグラフ C は次図のようにな

x	$\cdots$	-1	$\cdots$	1	$\cdots$
y'	$-$	0	$+$	0	$-$
y	↘	-2	↗	2	↘

る。 曲線 C は，2 直線 $y=2$, $y=-2$ に接しており，$-2<k<2$ のとき，直線 $y=k$ と 3 個の共有点をもつ。

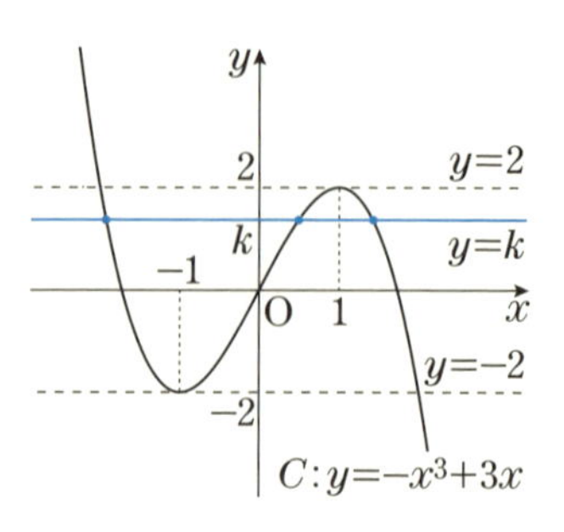

ゆえに，x についての方程式 $-x^3+3x=k$ の実数解の個数は，$-2<k<2$ のとき

[ア 3] 個である。

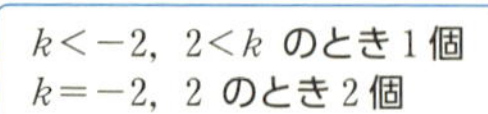

35-B 解答 ▶ STEP 1 接線の方程式を求める

$y=2x^3-3x$ のとき，

$y'=6x^2-3$

点Aにおける接線の方程式は

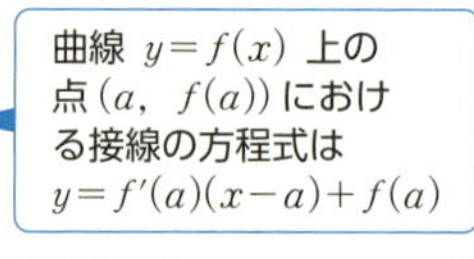

$y=(6a^2-3)(x-a)+2a^3-3a$

$y=\left(\boxed{ア\ 6}\,a^{\boxed{イ\ 2}}-\boxed{ウ\ 3}\right)x-\boxed{エ\ 4}\,a^{\boxed{オ\ 3}}$

◀ POINT 34 を使う！

STEP 2 b を a を用いて表す

接線が点Bを通るとき

$b=(6a^2-3)\cdot1-4a^3$

より

$b=\boxed{カキ\ -4}\,a^{\boxed{ク\ 3}}+\boxed{ケ\ 6}\,a^{\boxed{コ\ 2}}-\boxed{サ\ 3}$ ……①

STEP 3 3 次方程式の実数解が 3 個のときの b の値の範囲を求める

点Bから C へ相異なる 3 本の接線が引けるのは，a についての方程式①が相異なる 3 個の実数解をもつときである。

（①の解 a はBを通る接線の接点の x 座標）

a	…	0	…	1	…
$f'(a)$	−	0	+	0	−
$f(a)$	↘	−3	↗	−1	↘

$f(a)=-4a^3+6a^2-3$ とおくと

（3 本の接線 ⟷ 3 個の接点）

$f'(a)=-12a^2+12a$

$=-12a(a-1)$

$f(a)$ の増減は右上の表となり，

曲線 $y=f(a)$ と直線 $y=b$ の共有点が 3 個となる b の値の範囲を考えて

◀ POINT 35 を使う！

$\boxed{シス\ -3}<b<\boxed{セソ\ -1}$

36 3次関数の最大値・最小値

要点チェック!

3次関数の最大値・最小値を求める問題では，はじめに，**増減表**を作成します。次に，定義域におけるグラフの極大点・極小点と端点に注目します。

POINT 36

3次関数の最大値・最小値は，定義域におけるグラフの極大点・極小点と端点に注目

定義域に注意して最大値，最小値を求めましょう。

36-A 解答 ▶ STEP 1 最大となるときの a の値を求める

$y=(x+a)^2-a^3-3a^2$ より $\mathrm{P}(-a,\ -a^3-3a^2)$

$f(a)=-a^3-3a^2$ とおくと

$$f'(a)=-3a^2-6a$$
$$=-3a(a+2)$$

a	-3	$\cdots$	-2	$\cdots$	0	$\cdots$	(1)
$f'(a)$		$-$	0	$+$	0	$-$	
$f(a)$	0	↘	-4	↗	0	↘	(-4)

$f'(a)=0$ のとき

$a=0,\ -2$

$-3\leqq a<1$ における $f(a)$ の増減は表のようになり，頂点Pの y 座標 $f(a)$ が最大となるのは

$a=$ アイ -3 ， ウ 0

のときである。

36-B 解答 ▶ STEP 1 $f(t)$ を求める

$0<t<\sqrt{15}$ のとき

$$f(t)=\frac{1}{2}\mathrm{PR}\cdot\mathrm{QR}$$

Q，R の y 座標が等しいので辺 QR は x 軸と平行

$$=\frac{1}{2}(15-t^2)\cdot t$$

$$=\frac{1}{2}\left(-t^{\boxed{ア\ 3}}+\boxed{イウ\ 15}\,t\right)$$

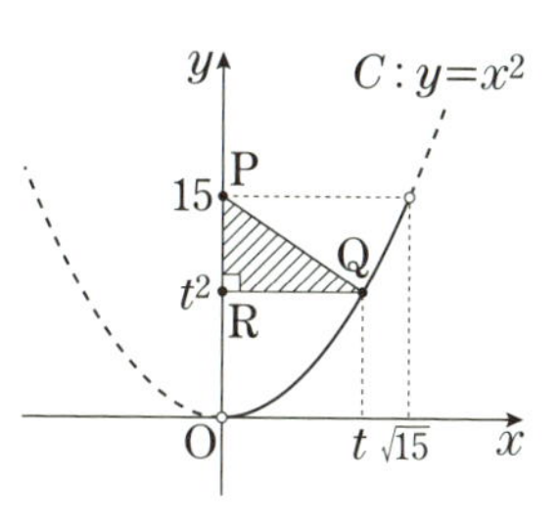

STEP 2 $f(t)$ の最大値を求める

$$f'(t)=\frac{1}{2}(-3t^2+15)=\frac{\boxed{エ\ 3}}{2}\left(-t^{\boxed{オ\ 2}}+\boxed{カ\ 5}\right)$$

$0<t<\sqrt{15}$ のとき，$f'(t)=0$ となる t の値は

$-t^2+5=0$ より $t=\sqrt{5}$

$0<t<\sqrt{15}$ における ◀ POINT 36 を使う！

$f(t)$ の増減は右表となる。

t	(0)	$\cdots$	$\sqrt{5}$	$\cdots$	$(\sqrt{15})$
$f'(t)$		$+$	0	$-$	
$f(t)$	(0)	↗	$5\sqrt{5}$	↘	(0)

面積は $t=\sqrt{\boxed{キ\ 5}}$ のとき最大値

$$f(\sqrt{5})=\boxed{ク\ 5}\sqrt{\boxed{ケ\ 5}}$$

をとる。

37 2曲線間の面積

要点チェック!

2つの曲線ではさまれた部分の面積は次のように表されます。

POINT 37

$a \leqq x \leqq b$ において，$f(x) \geqq g(x)$ のとき，
2つの曲線 $y=f(x)$，$y=g(x)$ と2直線 $x=a$，$x=b$ とで囲まれた図形の面積 S は

$$S=\int_a^b \{f(x)-g(x)\}dx$$

右図のように，$y=$上，$y=$下，$x=$左，$x=$右 を調べて

$S=\int_{左}^{右}(上-下)$ を計算します。

このように，2つの曲線で囲まれた部分の面積は定積分を利用して求めます。

2つの曲線の上下が入れかわる場合などは，面積を求める部分を分割して公式を利用します。

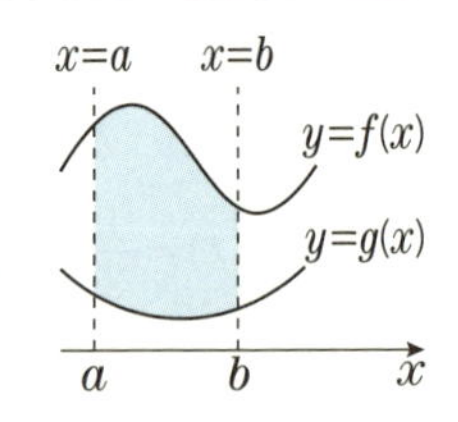

上：$y=f(x)$
下：$y=g(x)$
右：$x=b$
左：$x=a$

37-A 解答 ▶ STEP 1 面積を求める

$$\int_0^1(4x^2-0)dx+\int_1^3\{(x^2-6x+9)-0\}dx$$

$$=\left[\frac{4}{3}x^3\right]_0^1+\left[\frac{1}{3}x^3-3x^2+9x\right]_1^3$$

$$=\frac{4}{3}-0+9-27+27-\left(\frac{1}{3}-3+9\right)$$

$$=\frac{4}{3}+\frac{8}{3}$$

$$=\boxed{ア\ 4}$$

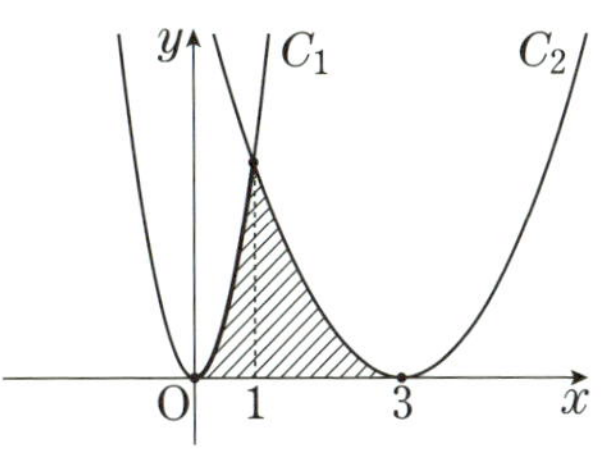

0≦x≦1
上：$y=4x^2$
下：$y=0$（x軸）
右：$x=1$
左：$x=0$

1≦x≦3
上：$y=x^2-6x+9$
下：$y=0$（x軸）
右：$x=3$
左：$x=1$

37-B 解答 ▶ STEP 1 S_1 を求める

Cとlの共有点のx座標は

$x^2=ax$ の解 $x^2-ax=0$, $x(x-a)=0$ より,

$x=0$, a

$0<a<1$ よりCとlで囲まれる図形は，右図の斜線部分となる。

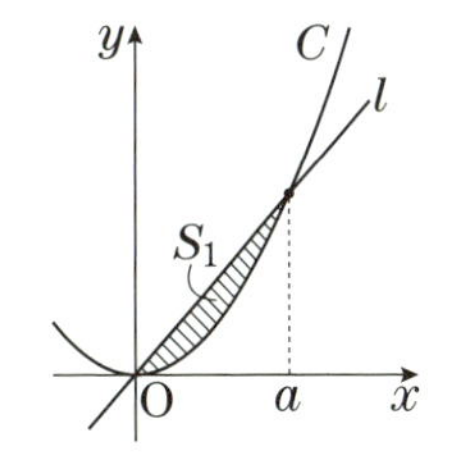

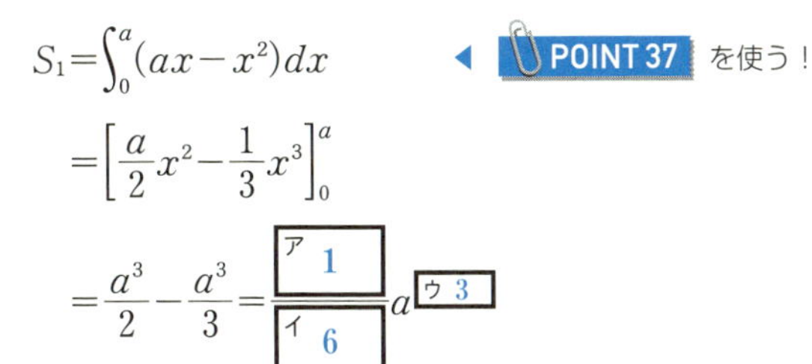

$$S_1=\int_0^a(ax-x^2)dx$$ ◀ POINT 37 を使う！

$$=\left[\frac{a}{2}x^2-\frac{1}{3}x^3\right]_0^a$$

$$=\frac{a^3}{2}-\frac{a^3}{3}=\frac{\boxed{ア\ 1}}{\boxed{イ\ 6}}a^{\boxed{ウ\ 3}}$$

S_1
上：$y=ax$
下：$y=x^2$
右：$x=a$
左：$x=0$

STEP 2 S_1+S_2 を求める

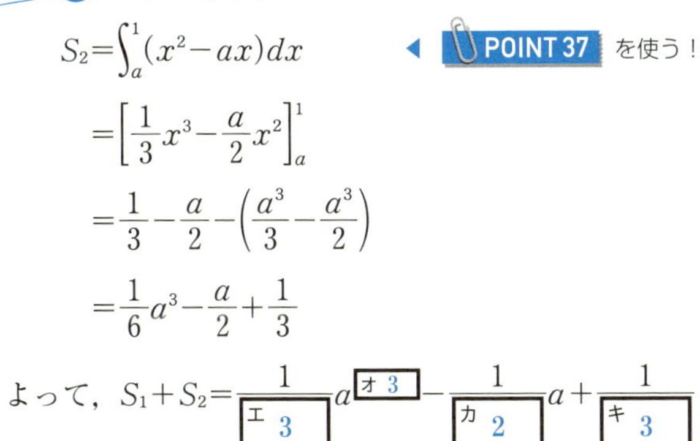

$$S_2=\int_a^1(x^2-ax)dx$$ ◀ POINT 37 を使う！

$$=\left[\frac{1}{3}x^3-\frac{a}{2}x^2\right]_a^1$$

$$=\frac{1}{3}-\frac{a}{2}-\left(\frac{a^3}{3}-\frac{a^3}{2}\right)$$

$$=\frac{1}{6}a^3-\frac{a}{2}+\frac{1}{3}$$

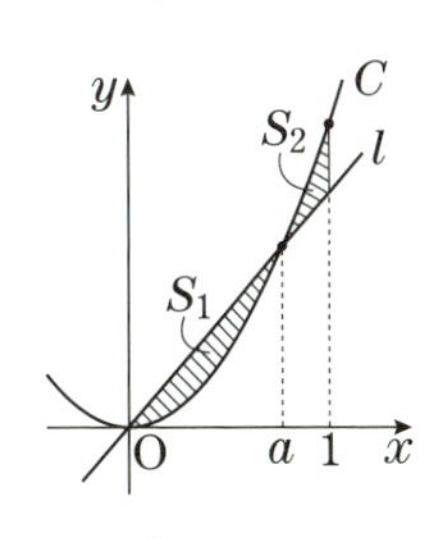

S_2
上：$y=x^2$
下：$y=ax$
右：$x=1$
左：$x=a$

よって，$S_1+S_2=\dfrac{1}{\boxed{エ\ 3}}a^{\boxed{オ\ 3}}-\dfrac{1}{\boxed{カ\ 2}}a+\dfrac{1}{\boxed{キ\ 3}}$

38 $(x-\alpha)^2$ の積分の公式

要点チェック!

$(x-\alpha)^3$ を x で微分すると $\{(x-\alpha)^3\}'=(x^3-3x^2\alpha+3x\alpha^2-\alpha^3)'=3(x-\alpha)^2$ となります。このことから次の公式が成り立ちます。

POINT 38

$$\int(x-\alpha)^2dx=\frac{1}{3}(x-\alpha)^3+C \quad (C\text{は積分定数})$$

38-A のように，放物線 $y=f(x)$ と直線 $y=g(x)$ が接するとき，共有点が1つとなり，2次方程式 $f(x)=g(x)$ は重解をもちます。この重解を α とすると，$f(x)-g(x)=p(x-\alpha)^2$（p：定数）と表すことができます。

放物線と接線ではさまれる部分の面積を求める定積分は

$$\int_a^b\{f(x)-g(x)\}dx \quad \text{または} \quad \int_a^b\{g(x)-f(x)\}dx$$

となるので，上の公式を利用できます。

38-A 解答 ▶ STEP 1 面積を求める

接線 l の方程式は，$y'=2x$ より ◀ POINT 34 を使う！

$$y=2\cdot\frac{\sqrt{3}}{2}\left(x-\frac{\sqrt{3}}{2}\right)+\frac{3}{4} \text{ より } y=\sqrt{3}x-\frac{3}{4}$$

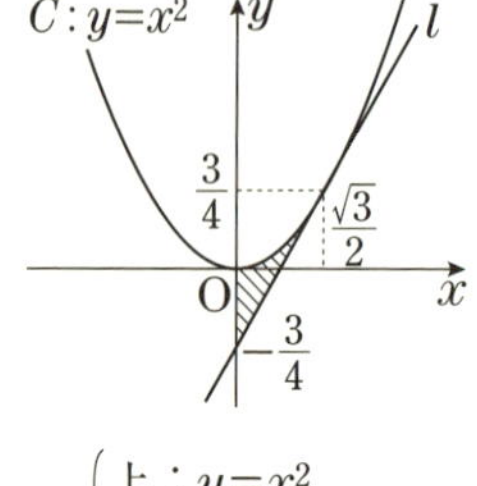

上：$y=x^2$
下：$y=\sqrt{3}x-\frac{3}{4}$
右：$x=\frac{\sqrt{3}}{2}$
左：$x=0$

求める面積は

$$\int_0^{\frac{\sqrt{3}}{2}}\left\{x^2-\left(\sqrt{3}x-\frac{3}{4}\right)\right\}dx$$

$$=\int_0^{\frac{\sqrt{3}}{2}}\left(x-\frac{\sqrt{3}}{2}\right)^2dx=\left[\frac{1}{3}\left(x-\frac{\sqrt{3}}{2}\right)^3\right]_0^{\frac{\sqrt{3}}{2}}$$

$$=0-\frac{1}{3}\cdot\left(-\frac{\sqrt{3}}{2}\right)^3=\frac{\sqrt{\boxed{ア\ 3}}}{\boxed{イ\ 8}}$$

38-B 解答 ▶ STEP 1 点Pの x 座標を求める

C と D の共有点Pの x 座標は，方程式 $-x^2+2x=-10x^2+26x-16$ の実数解で，$9x^2-24x+16=0$ $(3x-4)^2=0$ より $x=\frac{\boxed{ア\ 4}}{\boxed{イ\ 3}}$

STEP 2 面積を求める

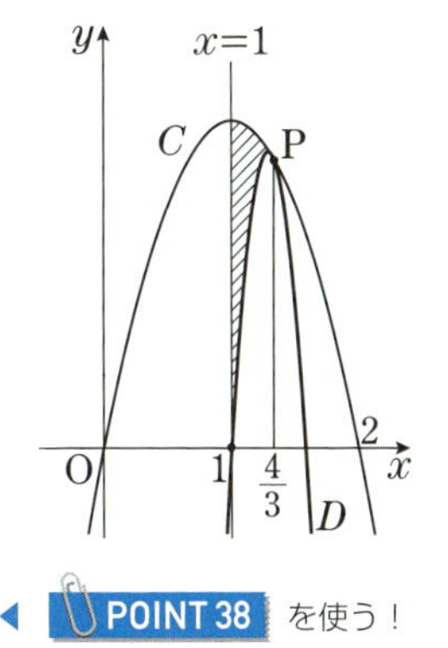

2つの放物線 C, D は点Pで接しており x^2 の係数に注目すると，Dの方がCより鋭い形状の放物線であるから，Cが上側，Dが下側となる。

問題の図形は図の斜線部分であり

$$\int_1^{\frac{4}{3}}\{-x^2+2x-(-10x^2+26x-16)\}dx$$

$$=\int_1^{\frac{4}{3}}(9x^2-24x+16)dx$$

$9x^2-24x+16$
$=(3x-4)^2$
$=9\left(x-\frac{4}{3}\right)^2$

◀ POINT 38 を使う！

$$=9\int_1^{\frac{4}{3}}\left(x-\frac{4}{3}\right)^2dx$$

$$=9\left[\frac{1}{3}\left(x-\frac{4}{3}\right)^3\right]_1^{\frac{4}{3}}$$

$$=0-9\cdot\frac{1}{3}\cdot\left(-\frac{1}{3}\right)^3$$

$$=\frac{\boxed{ウ\ 1}}{\boxed{エ\ 9}}$$

39 絶対値記号を含む定積分

要点チェック！

絶対値記号を含む定積分 $\int_a^b|f(x)|dx$ はこのままでは計算できません。絶対値記号をはずして定積分を計算する必要があります。$y=|f(x)|$ のグラフをかくことで，定積分がどのような図形の面積を表しているかをはじめに考えるとよいでしょう。

POINT 39

$\int_a^b|f(x)|dx$ は $y=|f(x)|$ のグラフと x 軸ではさまれた部分のうち $a \leqq x \leqq b$ の範囲の面積

$y=|f(x)|$ のグラフを利用して，定積分を面積と結びつけて視覚化しましょう。

39-A 解答 ▶ STEP 1 $y=|x^2+x-2|$ のグラフをかく

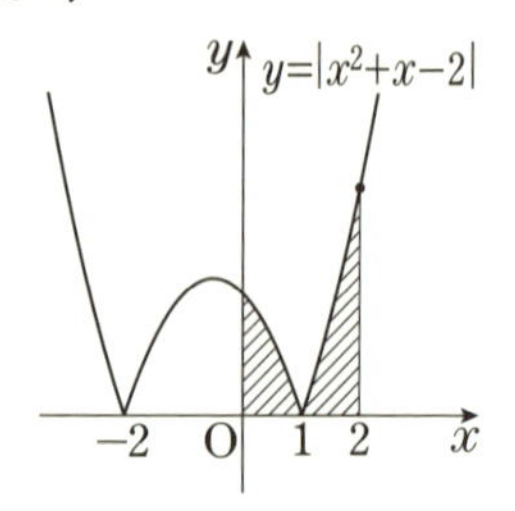

$y=|x^2+x-2|$ のグラフと x 軸ではさまれた部分のうち $0\leqq x\leqq 2$ の範囲の面積を求めればよい。

$x^2+x-2=(x+2)(x-1)$ より

$$|x^2+x-2|=\begin{cases} x^2+x-2 & (x\leqq -2,\ 1\leqq x) \\ -(x^2+x-2) & (-2\leqq x\leqq 1) \end{cases}$$

STEP 2 定積分を計算する

$$I=\int_0^1\{-(x^2+x-2)\}dx+\int_1^2(x^2+x-2)dx$$

◀ $|A|=\begin{cases} A & (A\geqq 0) \\ -A & (A\leqq 0) \end{cases}$

$$=\left[-\frac{x^3}{3}-\frac{x^2}{2}+2x\right]_0^1+\left[\frac{x^3}{3}+\frac{x^2}{2}-2x\right]_1^2$$

$$=\boxed{^{ア}\ 3}$$

39-B 解答 ▶ STEP 1 定積分を面積と結びつける

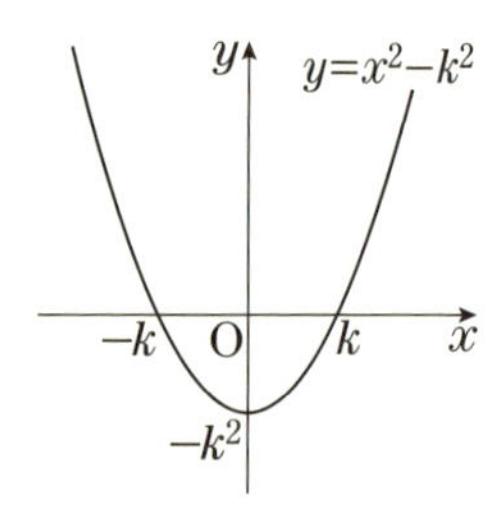

$k>0$ のとき $y=x^2-k^2$ のグラフの概形は右図のようになるので

$$|x^2-k^2|=\begin{cases} x^2-k^2 & (x\leqq -k,\ k\leqq x) \\ -(x^2-k^2) & (-k\leqq x\leqq k) \end{cases}$$

$0\leqq k\leqq 1$ のとき，右下図の斜線部分の面積に注目する。 ◀ POINT 39 を使う！

STEP 2 $f(k)$ を求める

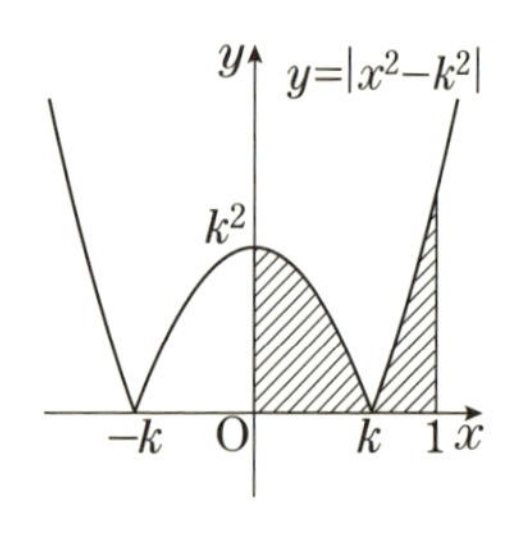

$$f(k)=\int_0^1|x^2-k^2|dx$$

$$=\int_0^k\{-(x^2-k^2)\}dx+\int_k^1(x^2-k^2)dx$$

$$=\left[-\frac{x^3}{3}+k^2x\right]_0^k+\left[\frac{x^3}{3}-k^2x\right]_k^1$$

$$=-\frac{k^3}{3}+k^3-0+\frac{1}{3}-k^2-\left(\frac{k^3}{3}-k^3\right)$$

$$=\frac{\boxed{^{ア}\ 4}}{\boxed{^{イ}\ 3}}k^{\boxed{^{ウ}\ 3}}-k^2+\frac{\boxed{^{エ}\ 1}}{\boxed{^{オ}\ 3}}$$

! $k>1$ のときは $f(k)=\int_0^1\{-(x^2-k^2)\}dx$ となる。

実戦問題 第1問

この問題のねらい

・微分法の知識を利用できる。(⇒ POINT 33, POINT 34, POINT 35)

・曲線で囲まれた図形の面積を計算できる。(⇒ POINT 37)

解答 ▶ STEP 1 接線の方程式を求める

(1) $f(x)=2x^3-2px^2+1$

のとき

$$f'(x)=\boxed{ア\ 6}x^2-\boxed{イ\ 4}px$$

である。

$f(p)=1$, $f'(p)=2p^2$ より，点 $(p,\ 1)$ における接線の方程式は

$y=2p^2(x-p)+1$ ◀ POINT 34 を使う！

$$y=\boxed{ウ\ 2}p^{\boxed{エ\ 2}}x-\boxed{オ\ 2}p^{\boxed{カ\ 3}}+\boxed{キ\ 1}$$

また，$f(0)=1$, $f'(0)=0$ より，点 $(0,\ 1)$ における接線の方程式は

$$y=\boxed{ク\ 1}$$

STEP 2 極値をもつときの p の値の範囲を求める

(2) $f'(x)=2x(3x-2p)$

$f'(x)=0$ となるのは，$x=0$, $\frac{2}{3}p$ のとき

3次関数 $f(x)$ が極値をもつのは，2次方程式 $f'(x)=0$ が相異なる2つの実数解をもつときで ◀ POINT 33 を使う！

$$p\neq\boxed{コ\ 0} \quad のとき \quad \left(\boxed{ケ\ ④}\right)$$

である。

このとき，$f(x)$ は $x=0$, $x=\frac{2}{3}p$ で極値をとる。

$f(x)$ が $x=0$ で極大となるのは，$0<\frac{2}{3}p$ より

$$p>\boxed{シ\ 0} \quad のとき \quad \left(\boxed{サ\ ⓪}\right)$$

であり，$f(x)$ の増減は表のようになる。

x	$\cdots$	0	$\cdots$	$\frac{2}{3}p$	$\cdots$
$f'(x)$	$+$	0	$-$	0	$+$
$f(x)$	↗	極大	↘	極小	↗

STEP 3 グラフが x 軸と2個の共有点をもつときの p の値を求める

(3)　$y=f(x)$ のグラフが x 軸と2個の共有点をもつための条件は，極大値または極小値が0となることである。　◀ POINT 35 を使う！

$f(0)=1\neq 0$ であることから，$x=\dfrac{2}{3}p$ で極小となり，$f\left(\dfrac{2}{3}p\right)=0$ であればよい。よって，(2)より $p>0$ のときで

$$f\left(\frac{2}{3}p\right)=-\frac{8}{27}p^3+1=0 \qquad p^3=\frac{27}{8}=\left(\frac{3}{2}\right)^3$$

ゆえに，$p=\dfrac{\boxed{ス\ 3}}{\boxed{セ\ 2}}$　これは $p>0$ に適する。

このとき，$\dfrac{2}{3}p=\dfrac{2}{3}\cdot\dfrac{3}{2}=1$ であり，

$$f(x)=2x^3-3x^2+1$$
$$=(x-1)(2x^2-x-1)$$
$$=(x-1)^2(2x+1)$$

（x 軸との共有点の x 座標は $f(x)=0$ の実数解）　◀ POINT 6 を使う！

となり

$$\alpha=\frac{\boxed{ソタ\ -1}}{\boxed{チ\ 2}},\quad \beta=\boxed{ツ\ 1}$$

STEP 4 放物線と x 軸で囲まれた図形の面積を求める

曲線 $y=\left(x+\dfrac{1}{2}\right)(x-1)$ と x 軸で囲まれた図形の面積は

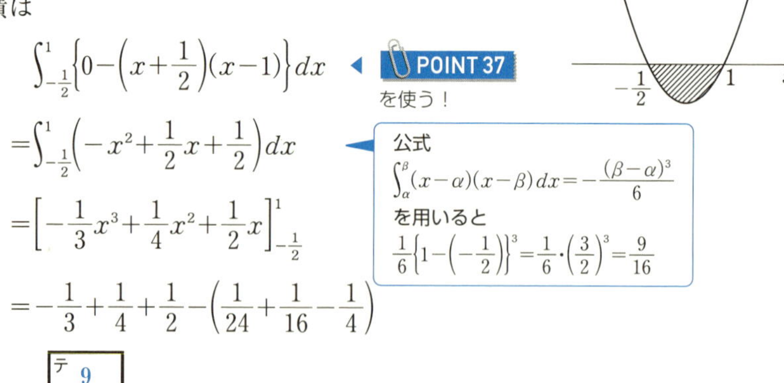

$$\int_{-\frac{1}{2}}^{1}\left\{0-\left(x+\frac{1}{2}\right)(x-1)\right\}dx$$

◀ POINT 37 を使う！

$$=\int_{-\frac{1}{2}}^{1}\left(-x^2+\frac{1}{2}x+\frac{1}{2}\right)dx$$

公式
$\displaystyle\int_\alpha^\beta(x-\alpha)(x-\beta)\,dx=-\frac{(\beta-\alpha)^3}{6}$
を用いると
$\displaystyle\frac{1}{6}\left\{1-\left(-\frac{1}{2}\right)\right\}^3=\frac{1}{6}\cdot\left(\frac{3}{2}\right)^3=\frac{9}{16}$

$$=\left[-\frac{1}{3}x^3+\frac{1}{4}x^2+\frac{1}{2}x\right]_{-\frac{1}{2}}^{1}$$

$$=-\frac{1}{3}+\frac{1}{4}+\frac{1}{2}-\left(\frac{1}{24}+\frac{1}{16}-\frac{1}{4}\right)$$

$$=\frac{\boxed{テ\ 9}}{\boxed{トナ\ 16}}$$

STEP 5　2つの放物線と x 軸で囲まれた図形の面積を求める

2つの放物線 $y=2\left(x+\frac{1}{2}\right)^2$，$y=2(x-1)^2$ の交点の x 座標は

$$2\left(x+\frac{1}{2}\right)^2=2(x-1)^2$$

より　$x=\frac{1}{4}$

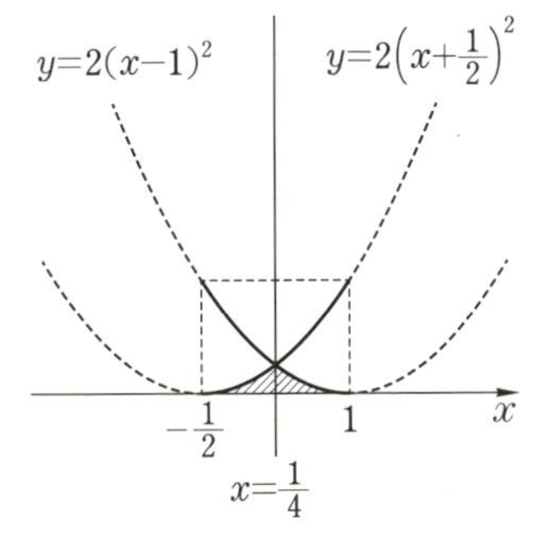

2つの放物線 $y=2\left(x+\frac{1}{2}\right)^2$，$y=2(x-1)^2$ と x 軸で囲まれた図形は直線 $x=\frac{1}{4}$ について対称であるので，求める面積は

$$2\int_{\frac{1}{4}}^{1}2(x-1)^2dx$$

$$=2\left[\frac{2}{3}(x-1)^3\right]_{\frac{1}{4}}^{1}$$

◀ POINT 38 を使う！

$$=\frac{4}{3}\left\{0-\left(-\frac{3}{4}\right)^3\right\}$$

$$=\frac{\boxed{^{ニ}\ 9}}{\boxed{^{ヌネ}\ 16}}$$

実戦問題　第2問

この問題のねらい

・微分法と積分法の知識を総合的に活用できる。

解答 ▶ STEP 1　2次関数の式を求める

2点A，Cは y 軸に関して対称であるから，2次関数 $y=f(x)$ のグラフは点Bを頂点とし，y 軸を軸とする上に凸の放物線である。

よって，$f(x)=kx^2+a^3$ とおくと，点Aを通ることから

$$f(a)=ka^2+a^3=0$$

$$a^2(k+a)=0$$

したがって，$k=-a$ より　　$f(x)=-\boxed{^{ア}\ a}\,x^2+a^{\boxed{^{イ}\ 3}}$

STEP 2 接線の方程式を求める

(1) $f'(x)=-2ax$

点 A$(a,\ 0)$ における接線 l の方程式は

$y=(-2a\cdot a)(x-a)+0$ より ◀ POINT 34 を使う！

$y=-2a^2x+2a^3$

よって，

$g(x)=$ [ウエ -2] $a^{[オ\ 2]}x+$ [カ 2] $a^{[キ\ 3]}$

直線 m は点 C$(-a,\ 0)$ を通り，傾き $-2a^2$ であるから，その方程式は

$y=-2a^2(x+a)+0$ より

$y=-2a^2x-2a^3$

よって，

$h(x)=$ [クケ -2] $a^{[コ\ 2]}x-$ [サ 2] $a^{[シ\ 3]}$

STEP 3 交点の座標を求める

$f(x)=h(x)$ より

$-ax^2+a^3=-2a^2x-2a^3$

$ax^2-2a^2x-3a^3=0$

$a(x-3a)(x+a)=0$

したがって，点Dの

x 座標は $3a$

y 座標は $h(3a)=-2a^2\cdot 3a-2a^3=-8a^3$

よって，交点Dの座標は ([ス 3] a, [セソ -8] $a^{[タ\ 3]}$)

STEP 4 曲線で囲まれた図形の面積を求める

(2) 曲線 P と直線 m および x 軸で囲まれた図形の面積 S_1 は

$$S_1=\int_{-a}^{a}\{-h(x)\}dx+\int_{a}^{3a}\{f(x)-h(x)\}dx$$ ◀ POINT 37 を使う！

$$=\int_{-a}^{a}(2a^2x+2a^3)\,dx+\int_{a}^{3a}(-ax^2+2a^2x+3a^3)\,dx$$

$$=\Big[a^2x^2+2a^3x\Big]_{-a}^{a}+\Big[-\frac{a}{3}x^3+a^2x^2+3a^3x\Big]_{a}^{3a}$$

$$=\frac{28}{3}a^4$$

曲線 P と接線 l および y 軸で囲まれた図形の面積 S_2 は

$$S_2=\int_0^a\{g(x)-f(x)\}dx$$
$$=\int_0^a(ax^2-2a^2x+a^3)dx$$
$$=\left[\frac{a}{3}x^3-a^2x^2+a^3x\right]_0^a=\frac{a^4}{3}$$

よって，$\dfrac{S_1}{S_2}=\dfrac{\frac{28}{3}a^4}{\frac{a^4}{3}}=28$ となり

S_1 は，S_2 の チツ 28 倍。

別解 ▶ $S_1=\dfrac{1}{2}\{3a-(-a)\}\cdot\{-(-8a^3)\}$
$$-\int_a^{3a}\{-f(x)\}dx$$
$$S_2=\int_0^a\{g(x)-f(x)\}dx=\int_0^a a(x-a)^2dx$$
$$=\left[\frac{a}{3}(x-a)^3\right]_0^a=\frac{a^4}{3}$$

として求めてもよい。 ◀ POINT 38 を使う！

STEP 5 関数のグラフの概形を考察する

(3) $\dfrac{d}{dx}\displaystyle\int_a^x f(t)dt=f(x)$ であることから $y=\displaystyle\int_a^x f(t)dt$ のとき，$y'=f(x)$ となる。よって，y の増減について

$x<-a$，$a<x$ のとき

$f(x)<0$ であるから単調に減少

$-a<x<a$ のとき

$f(x)>0$ であるから単調に増加

することがわかる。

x	$\cdots$	$-a$	$\cdots$	a	$\cdots$
$f(x)$	$-$	0	$+$	0	$-$
y	↘		↗		↘

また，$x=a$ のとき $\displaystyle\int_a^a f(t)dt=0$ であることから テ ② である。

別解 ▶ $\displaystyle\int_a^x f(t)dt=\int_a^x(-at^2+a^3)dt=\left[-\frac{a}{3}t^3+a^3t\right]_a^x$
$$=-\frac{a}{3}x^3+a^3x-\frac{2}{3}a^4=-\frac{a}{3}(x-a)^2(x+2a)$$

から判断してもよい。

STEP 6 関数のグラフの概形を考察する

(4) $\dfrac{d}{dx}\displaystyle\int_0^x\{g(t)-f(t)\}dt$

x	$\cdots$	a	$\cdots$
$g(x)-f(x)$	$+$	0	$+$
y	$\nearrow$		$\nearrow$

$=g(x)-f(x)$

$=(-2a^2x+2a^3)-(-ax^2+a^3)$

$=a(x^2-2ax+a^2)$

$=a(x-a)^2$

であり，$a>0$ から $y=\displaystyle\int_0^x\{g(t)-f(t)\}dt$ はすべての区間で単調に増加し，$x=a$ において，グラフの接線の傾きが0になる。

$x=0$ のとき，$y=\displaystyle\int_0^0\{g(t)-f(t)\}dt=0$ であることから ト ③ である。

別解 ▶ $\displaystyle\int_0^x\{g(t)-f(t)\}dt$

$=\displaystyle\int_0^x a(t-a)^2dt=\left[\frac{a}{3}(t-a)^3\right]_0^x$

$=\dfrac{a}{3}(x-a)^3+\dfrac{a^4}{3}$

から判断してもよい。

実戦問題 第3問

この問題のねらい

・微分法と積分法の基礎的な知識を活用できる。

・提示された方策にそって問題を解決することができる。

解答 ▶ STEP 1 q を p を用いて表す

(1) $f(x)=px^3+qx$ のとき

$f'(x)=3px^2+q$

関数 $f(x)$ は $x=1$ で極値をとるので

$f'(1)=$ ア 0 ◀ POINT 33 を使う！

$f'(1)=3p+q=0$ より $q=$ イウ -3 p

STEP 2 接線の方程式を求める

$$f(x)=px^3-3px,\ f'(x)=3px^2-3p$$

であり，点 $(s,\ ps^3-3ps)$ における曲線 C の接線の方程式は

$$y=(3ps^2-3p)(x-s)+ps^3-3ps$$

◀ POINT 34 を使う！

$$y=(3ps^2-3p)x-3ps^3+3ps+ps^3-3ps$$

$$y=(\boxed{^{エ}\ 3}ps^2-\boxed{^{オ}\ 3}p)x-\boxed{^{カ}\ 2}ps^3 \quad \cdots\cdots①$$

STEP 3 接線の傾きの最小値を求める

C の接線の傾きについて，接点の x 座標 s を用いて表すと $3ps^2-3p$ である。これを s の 2 次関数とみると，s^2 の係数が $3p>0$ であるので，C の接線の傾きは $s=\boxed{^{キ}\ 0}$ のとき最小値 $\boxed{^{クケ}\ -3}\,p$ をとる。

STEP 4 C と直線 $y=-x$ の共有点の個数を場合分けして調べる

(2) C は原点Oに関して点対称な図形であり，点Oにおける C の接線の傾きが $-3p$ である。

C と直線 $y=-x$ の共有点は $-3p>-1$，$-3p=-1$，$-3p<-1$ の場合にそれぞれ下の図のようになることから，

$-3p\geqq\boxed{^{コサ}\ -1}$ のとき $\boxed{^{シ}\ 1}$ 個，$-3p<-1$ のとき $\boxed{^{ス}\ 3}$ 個

となる。なお，図において，C の接線で傾きが最小となる接線を m としている。

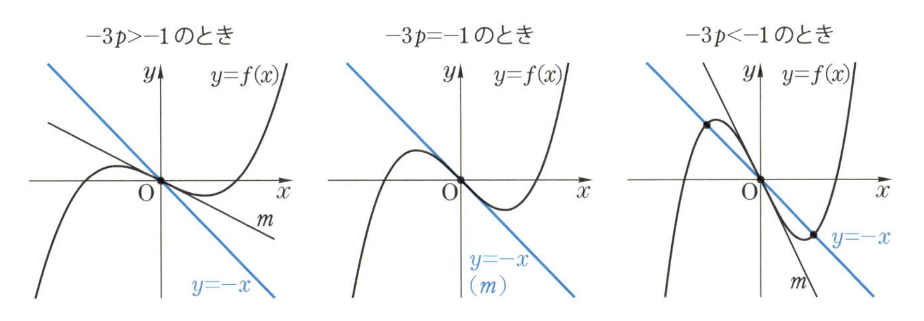

別解▶ 3 次方程式 $px^3-3px=-x\ (p>0)$ の実数解について，次のようになる。$px\left(x^2-\dfrac{3p-1}{p}\right)=0$ より

$\dfrac{3p-1}{p}<0$ のとき，$x^2-\dfrac{3p-1}{p}>0$ から実数解は $x=0$

$\dfrac{3p-1}{p}=0$ のとき，方程式は $px^3=0$ となり，実数解は $x=0$（3 重解）

$\dfrac{3p-1}{p}>0$ のとき，実数解は $x=0,\ \pm\sqrt{\dfrac{3p-1}{p}}$

異なる実数解の個数と，C と直線 $y=-x$ の共有点の個数は一致する。

STEP 5 C と l の共有点の個数を場合分けして調べる

直線 $l：y=-x+r$ は直線 $y=-x$ を y 軸方向に r だけ平行移動した直線であるので，$-3p\geqq-1$ のときは r の値によらず C と l の共有点は 1 個となる。すなわち，C と l の共有点の個数は，$0<p\leqq\dfrac{\boxed{ソ\ 1}}{\boxed{タ\ 3}}$ のとき，r の値によらず $\boxed{セ\ 1}$ 個となる。

一方，$-3p<-1$ すなわち $p>\dfrac{1}{3}$ のときには，図のように C と l の共有点の個数は r の値によって，1 個，2 個および 3 個の場合がある。

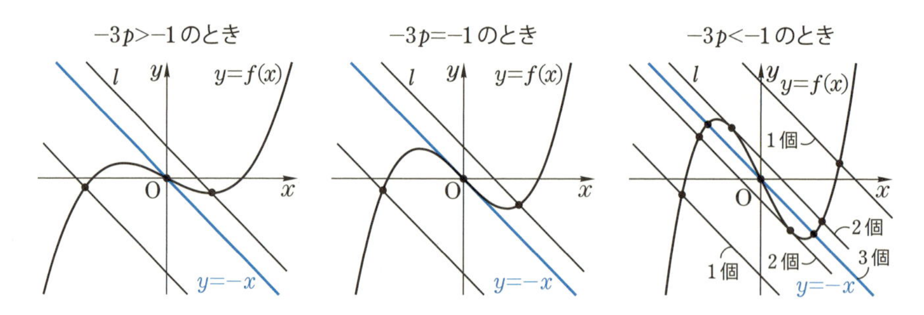

STEP 6 C と l の共有点の個数が 2 個の場合を調べる

(3) $p>\dfrac{1}{3}$ のとき，C と l の共有点の個数が 2 個となるのは，l が C の接線となるときであるので，C 上の点 $(s,\ f(s))$ における接線①が傾き -1 の直線となるときに注目する。

$3ps^2-3p=-1$ となるときの s を求めると，

$s^2=\dfrac{3p-1}{3p}$ より

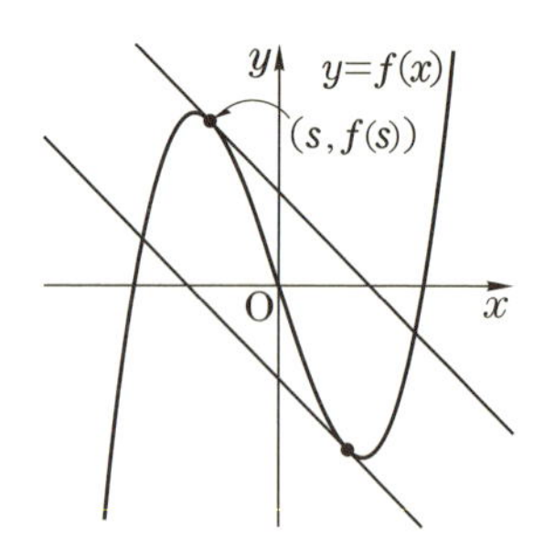

$$s=\pm\sqrt{\frac{\boxed{^{チ}\ 3}\,p-\boxed{^{ツ}\ 1}}{\boxed{^{テ}\ 3}\,p}}\quad\cdots\cdots②$$

l がこれらの 2 個の s に対応した接線のどちらかに一致するとき，C と l の共有点は $\boxed{^{ト}\ 2}$ 個となる。

STEP 7　C と l の共有点の個数が 3 個の場合を調べる

②の s に対して，直線①の y 切片を p を用いて表すと，

$$-2ps^3=-2p\left(\pm\sqrt{\frac{3p-1}{3p}}\right)^3=\mp\frac{6p-2}{3}\sqrt{\frac{3p-1}{3p}}\quad(\text{複号同順})$$

すなわち，$r=\pm\frac{6p-2}{3}\sqrt{\frac{3p-1}{3p}}$ のとき，C と l の共有点は 2 個となる。

よって，C と l の共有点の個数が 3 個となる r の値の範囲は

$$-\frac{6p-2}{3}\sqrt{\frac{3p-1}{3p}}<r<\frac{6p-2}{3}\sqrt{\frac{3p-1}{3p}}$$ となり

$$|r|<\frac{\boxed{^{ナ}\ 6}\,p-\boxed{^{ニ}\ 2}}{\boxed{^{ヌ}\ 3}}\sqrt{\frac{3p-1}{3p}}$$

STEP 8　面積に関する恒等式を扱う

(4)　$u\geqq1$，$t>u$ により，与えられた図形の面積は

$$\int_u^t(x^2-1)\,dx=\left[\frac{1}{3}x^3-x\right]_u^t$$
$$=\frac{1}{3}t^3-t-\frac{1}{3}u^3+u$$

この面積が $f(t)=pt^3-3pt$ とつねに等しいとき，　$pt^3-3pt=\frac{1}{3}t^3-t-\frac{1}{3}u^3+u$

これが t についての恒等式となるので

$p=\frac{1}{3}$ ……③　かつ　$-3p=-1$ ……④　かつ　$0=-\frac{1}{3}u^3+u$ ……⑤

である。

③，④より $p=\dfrac{\boxed{^{ネ}\ 1}}{\boxed{^{ノ}\ 3}}$

⑤より $u(u^2-3)=0$ で $u\geqq1$ から $u=\sqrt{\boxed{^{ハ}\ 3}}$

40 等差数列

要点チェック!

初項に一定の数dを次々と足して得られる数列を**公差dの等差数列**といい，次の公式が成り立ちます。

POINT 40

数列$\{a_n\}$が公差dの等差数列であるとき，一般項は

$$\boldsymbol{a_n=a_1+d(n-1)}$$

初項から第n項までの和S_nは

$$\boldsymbol{S_n=\frac{n(a_1+a_n)}{2}}$$

和S_nの式のa_nを$a_1+d(n-1)$におきかえると $S_n=\dfrac{n\{2a_1+d(n-1)\}}{2}$ となり，初項a_1と公差dがわかれば，a_nとS_nをnの式で表すことができます。

また，等差数列は隣り合う項の差が一定なので，$\boldsymbol{a_{n+1}-a_n=d}$ という式で特徴づけられます。右のような和を考えると一般項の式と結びつきます。

$$\left.\begin{array}{r} a_2-a_1=d \\ a_3-a_2=d \\ a_4-a_3=d \\ \vdots \\ a_{n-1}-a_{n-2}=d \\ +)\quad a_n-a_{n-1}=d \end{array}\right\} n-1\text{ 個の式}$$
$$a_n-a_1=d(n-1)$$

40-A 解答 ▶ STEP 1 一般項 a_n を求める

$$a_n=7+(-4)\cdot(n-1)=\boxed{\text{アイ}\ -4}\,n+\boxed{\text{ウエ}\ 11}$$

$n=1$ を代入すると
$a_1=7$
検算しよう

STEP 2 S_nを求める

$$S_n=\frac{n\{7+(-4n+11)\}}{2}=\boxed{\text{オカ}\ -2}\,n^2+\boxed{\text{キ}\ 9}\,n$$

40-B 解答 ▶ STEP 1 一般項 a_n を求める

$a_{n+1}-a_n=4$ より$\{a_n\}$は公差4の等差数列であるから

隣り合う項の
差が4

$$a_n=-18+4(n-1)=\boxed{\text{ア}\ 4}\,n-\boxed{\text{イウ}\ 22}$$

◀ POINT 40 を使う！

STEP 2 S_nを求める

◀ POINT 40 を使う！

$\{a_n\}$は等差数列なので

$$S_n=\frac{n(a_1+a_n)}{2}=\frac{n\{(-18)+(4n-22)\}}{2}=\boxed{\text{エ}\ 2}\,n^2-\boxed{\text{オカ}\ 20}\,n$$

STEP 3 S_n の最小値を求める

$a_n<0$ となる n の範囲を求めると

$$4n-22<0 \text{ より } n<\frac{11}{2}$$

n は自然数

となるので　$n\leqq 5$

よって，初項から第5項までの和が最小となる。

a_1，a_2，a_3，a_4，a_5 は負
a_6，a_7，… は正

ゆえに，S_n は $n=$ [キ 5] のとき

最小値 $2\cdot 5^2-20\cdot 5=$ [クケコ −50]

をとる。

別解 ▶ $S_n=2(n-5)^2-50$ より，$n=5$ のとき最小値 -50 としてもよい。

41 等比数列

要点チェック!

初項に一定の数 r を次々とかけて得られる数列を**公比 r の等比数列**といい，次の公式が成り立ちます。

POINT 41

数列 $\{a_n\}$ が公比 r $(r\neq 1)$ の等比数列であるとき，一般項は $\boldsymbol{a_n=a_1r^{n-1}}$

初項から第 n 項までの和 S_n は

$$S_n=\frac{a_1(r^n-1)}{r-1}=\frac{a_1(1-r^n)}{1-r} \quad (r\neq 1 \text{ のとき})$$

$$S_n=na_1 \quad (r=1 \text{ のとき})$$

$r>1$ のとき $S_n=\dfrac{a_1(r^n-1)}{r-1}$，$r<1$ のとき $S_n=\dfrac{a_1(1-r^n)}{1-r}$ を用います。

41-A 解答 ▶ STEP 1 第6項を求める

公比は $\dfrac{-6\sqrt{3}}{18}=-\dfrac{\sqrt{3}}{3}$ より，第6項は

$a_2=a_1r$ より $r=\dfrac{a_2}{a_1}$

$$18\cdot\left(-\frac{\sqrt{3}}{3}\right)^{6-1}=18\cdot\left(-\frac{\sqrt{3}}{27}\right)=-\frac{[ア\ 2]\sqrt{[イ\ 3]}}{[ウ\ 3]}$$

$a_6=a_1r^{6-1}$

STEP 2 奇数番目の項の和を求める

18, 6, 2, …の和より，初項 18，公比 $\frac{1}{3}$，項数 8 の等比数列の和であるから

$$\frac{18\left\{1-\left(\frac{1}{3}\right)^8\right\}}{1-\frac{1}{3}}=18\cdot\frac{3}{2}\cdot\frac{3^8-1}{3^8}$$

$$=\frac{3^8-1}{3^5}=\frac{\boxed{\text{エオカキ}\ 6560}}{\boxed{\text{クケコ}\ 243}}$$

41-B 解答 ▶ STEP 1 公比を求める

$a_1+2a_2=0$ のとき $a_2=-\frac{1}{2}a_1$ ◀ $a_2=a_1\times r$ r：公比

よって，公比は $\frac{\boxed{\text{アイ}\ -1}}{\boxed{\text{ウ}\ 2}}$

STEP 2 等比数列 $\left\{\frac{1}{a_n}\right\}$ の和を求める

$a_1=3$ ならば，一般項は $a_n=3\cdot\left(-\frac{1}{2}\right)^{n-1}$ ◀ $a_n=a_1r^{n-1}$ ◀ POINT 41 を使う！

このとき

$$\frac{1}{a_n}=\frac{1}{3}\cdot(-2)^{n-1}$$ ◀ $\frac{1}{a_n}=\frac{1}{3\cdot\left(-\frac{1}{2}\right)^{n-1}}=\frac{1}{3}\cdot\left(\frac{1}{-\frac{1}{2}}\right)^{n-1}=\frac{1}{3}\cdot(-2)^{n-1}$

数列 $\left\{\frac{1}{a_n}\right\}$ は初項 $\frac{1}{3}$，公比 -2 の等比数列なので，初項から第 n 項までの和は

$$\frac{1}{3}\cdot\frac{1-(-2)^n}{1-(-2)}=\frac{1}{9}\{1-(-2)^n\}$$ ◀ POINT 41 を使う！

STEP 3 n を求める

$\frac{1}{a_1}+\frac{1}{a_2}+\cdots+\frac{1}{a_n}=57$ のとき

$$\frac{1}{9}\{1-(-2)^n\}=57$$

$$1-(-2)^n=513$$

$$(-2)^n=-512$$

よって，$n=\boxed{\text{エ}\ 9}$ ◀ $2^8=256$，$2^9=512$ のように計算して n を見つける

42 いろいろな数列の和

要点チェック!

数列の和は，$\sum$記号で表された式の形に応じた公式により求められます。等差数列，等比数列以外のときは，次の順序で考えます。

POINT 42

$\sum$記号で表された式について，

(i) k^2，k，1を含むときは

$\displaystyle\sum_{k=1}^{n} k^2=\frac{n(n+1)(2n+1)}{6}$，$\displaystyle\sum_{k=1}^{n} k=\frac{n(n+1)}{2}$，$\displaystyle\sum_{k=1}^{n} 1=n$　などを用いる

(ii) 分数式，$\sqrt{\ }$ を含むときは，部分分数分解などにより

$\displaystyle\sum_{k=1}^{n}\{f(k+1)-f(k)\}=f(n+1)-f(1)$　などの変形を用いる

(iii) (i)，(ii)以外では，問題文の誘導にしたがう

(ii)は，右のように第k項を「差」の形に変形してかき並べて和を求める方法です。

$$\begin{array}{rl} & f(2)-f(1)\\ & f(3)-f(2)\\ & f(4)-f(3)\\ & \vdots\\ +) & f(n+1)-f(n)\\ \hline & f(n+1)-f(1)\end{array}$$

42-A 解答 ▶ STEP 1 第k項が分数式のときの和を求める

$$\frac{1}{k(k+2)}=\frac{1}{\boxed{ア\ 2}}\left(\frac{1}{k}-\frac{1}{k+2}\right)$$ ◀ 部分分数分解

$\dfrac{1}{1\cdot3}=\dfrac{1}{2}\left(\dfrac{1}{1}-\dfrac{1}{3}\right)$，$\dfrac{1}{2\cdot4}=\dfrac{1}{2}\left(\dfrac{1}{2}-\dfrac{1}{4}\right)$，…となるので

$$\sum_{k=1}^{8}\frac{1}{k(k+2)}=\sum_{k=1}^{8}\frac{1}{2}\left(\frac{1}{k}-\frac{1}{k+2}\right)$$

$$=\frac{1}{2}\left\{\left(\frac{1}{1}-\frac{1}{3}\right)+\left(\frac{1}{2}-\frac{1}{4}\right)+\left(\frac{1}{3}-\frac{1}{5}\right)+\cdots+\left(\frac{1}{7}-\frac{1}{9}\right)+\left(\frac{1}{8}-\frac{1}{10}\right)\right\}$$

$$=\frac{1}{2}\left(\frac{1}{1}+\frac{1}{2}-\frac{1}{9}-\frac{1}{10}\right)=\frac{\boxed{イウ\ 29}}{\boxed{エオ\ 45}}$$

$$\begin{array}{rl} & \frac{1}{2}\left(\frac{1}{1}-\frac{1}{3}\right)\\ & \frac{1}{2}\left(\frac{1}{2}-\frac{1}{4}\right)\\ & \frac{1}{2}\left(\frac{1}{3}-\frac{1}{5}\right)\\ & \vdots\\ & \frac{1}{2}\left(\frac{1}{7}-\frac{1}{9}\right)\\ +) & \frac{1}{2}\left(\frac{1}{8}-\frac{1}{10}\right)\\ \hline & \frac{1}{2}\left(\frac{1}{1}+\frac{1}{2}-\frac{1}{9}-\frac{1}{10}\right)\end{array}$$

42-B 解答 ▶ STEP 1 第k項が $a_k a_{k+1}$ のときの和を求める

$$a_1a_2+a_2a_3+\cdots+a_na_{n+1}=\sum_{k=1}^{n}a_ka_{k+1}$$

$$=\sum_{k=1}^{n}(4k+1)\{4(k+1)+1\}=\sum_{k=1}^{n}(16k^2+24k+5)$$

$$=16\sum_{k=1}^{n}k^2+24\sum_{k=1}^{n}k+5\sum_{k=1}^{n}1$$

◀ POINT 42 を使う！

$$=16\cdot\frac{n(n+1)(2n+1)}{6}+24\cdot\frac{n(n+1)}{2}+5n$$

$$=\frac{n(\boxed{\text{アイ } 16}\,n^2+\boxed{\text{ウエ } 60}\,n+\boxed{\text{オカ } 59})}{\boxed{\text{キ } 3}}$$

STEP 2 第k項が $\dfrac{1}{a_ka_{k+1}}$ のときの和を求める

$$\frac{1}{a_1a_2}+\frac{1}{a_2a_3}+\cdots+\frac{1}{a_na_{n+1}}=\sum_{k=1}^{n}\frac{1}{a_ka_{k+1}}$$

$$=\sum_{k=1}^{n}\frac{1}{(4k+1)(4k+5)}=\sum_{k=1}^{n}\frac{1}{4}\left(\frac{1}{4k+1}-\frac{1}{4k+5}\right)$$

◀ POINT 42 を使う！

$$=\frac{1}{4}\left\{\left(\frac{1}{5}-\frac{1}{9}\right)+\left(\frac{1}{9}-\frac{1}{13}\right)+\left(\frac{1}{13}-\frac{1}{17}\right)+\cdots+\left(\frac{1}{4n+1}-\frac{1}{4n+5}\right)\right\}$$

$$=\frac{1}{4}\left(\frac{1}{5}-\frac{1}{4n+5}\right)=\frac{n}{\boxed{\text{ク } 5}(\boxed{\text{ケ } 4}\,n+\boxed{\text{コ } 5})}$$

$$\frac{1}{(4k+1)(4k+5)}=\frac{1}{4}\left(\frac{1}{4k+1}-\frac{1}{4k+5}\right)$$

43 階差数列

要点チェック！

数列 $\{a_n\}$ の隣り合う 2 項の差 $a_{n+1}-a_n=b_n$ $(n=1,\ 2,\ 3,\ \cdots)$ を項とする数列 $\{b_n\}$ を，数列 $\{a_n\}$ の**階差数列**といいます。

$\{a_n\}$ の階差数列 $\{b_n\}$ がわかるとき，$\{a_n\}$ の一般項は次のように求めることができます。

POINT 43

$a_{n+1}-a_n=b_n$ とすると，$n\geqq2$ のとき　　$a_n=a_1+\displaystyle\sum_{k=1}^{n-1}b_k$

この公式は，右のように式をかき並べて辺々を加えて途中の項を消していくことで導くことができます。

$$\begin{aligned} a_2-a_1&=b_1\\ a_3-a_2&=b_2\\ a_4-a_3&=b_3\\ &\vdots\\ +)\ a_n-a_{n-1}&=b_{n-1}\\ \hline a_n-a_1&=\sum_{k=1}^{n-1}b_k \end{aligned}$$

また，$\sum_{k=1}^{n-1}b_k$ を計算するときは，和の公式

$$\sum_{k=1}^{n}1=n,\quad \sum_{k=1}^{n}k=\frac{n(n+1)}{2},\quad \sum_{k=1}^{n}k^2=\frac{1}{6}n(n+1)(2n+1)$$

などの「n」を「$n-1$」とおきかえて利用することに注意しましょう。

43-A 解答 ▶ STEP 1 一般項 a_n を求める

$n \geqq 2$ のとき

$$\begin{aligned} a_2-a_1&=4\cdot1\\ a_3-a_2&=4\cdot2\\ a_4-a_3&=4\cdot3\\ &\vdots\\ +)\ a_n-a_{n-1}&=4(n-1)\\ \hline a_n-a_1&=\sum_{k=1}^{n-1}4k \end{aligned}$$

$$a_n=a_1+\sum_{k=1}^{n-1}4k=a_1+4\sum_{k=1}^{n-1}k$$
$$=1+4\cdot\frac{(n-1)\cdot n}{2}$$
$$=2n^2-2n+1$$

これは $a_1=1$ を含むので，すべての自然数 n に対して

◀ $n=1$ のときも成り立つかどうかを確認する

$a_n=$ ア 2 n^2- イ 2 $n+$ ウ 1

43-B 解答 ▶ STEP 1 一般項 a_n を求める

$a_{n+1}-a_n=2n+1$ より数列 $\{a_n\}$ の階差数列を $\{b_n\}$ とすると $b_n=2n+1$ である。

$n \geqq 2$ のとき

◀ POINT 43 を使う！

$$a_n=a_1+\sum_{k=1}^{n-1}(2k+1)=3+2\sum_{k=1}^{n-1}k+\sum_{k=1}^{n-1}1$$

◀ 階差数列のときは，$n-1$ 個の項の和を求める

$$=3+2\cdot\frac{(n-1)\cdot n}{2}+(n-1)=n^2+2$$

これは $a_1=3$ も含むので，すべての自然数 n に対して

◀ $a_1=1^2+2=3$ となることを確認

$a_n=n^{\text{ア } 2}+$ イ 2

STEP 2 S_n を求める

$$S_n=\sum_{k=1}^{n}a_k=\sum_{k=1}^{n}(k^2+2)=\sum_{k=1}^{n}k^2+2\sum_{k=1}^{n}1$$

◀ n 個の項の和を求めるので公式通り

$$=\frac{1}{6}n(n+1)(2n+1)+2n$$

◀ POINT 42 を使う！

$=\dfrac{1}{\text{ウ } 6}n($ エ 2 n^2+ オ 3 $n+$ カキ 13 $)$

44 数列の和と一般項

要点チェック！

数列の和 S_n が先に与えられているときは，$a_n=S_n-S_{n-1}$ の関係を利用することで一般項 a_n を求めることができます。ただし，この式は右のような２つの式の差に注目しているため $n\geqq 2$ という制限があります。

$n\geqq 2$ のとき

$$\begin{array}{rl} & S_n=a_1+a_2+\cdots+a_{n-1}+a_n \\ -) & S_{n-1}=a_1+a_2+\cdots+a_{n-1} \\ \hline & S_n-S_{n-1}=a_n \end{array}$$

また，初項 a_1 は $a_1=S_1$ として別に求めます。$n\geqq 2$ で求めた $\{a_n\}$ の一般項の式に a_1 が含まれない場合もあることに注意しましょう。

POINT 44

数列 $\{a_n\}$ の初項から第 n 項までの和を S_n とすると

$\boldsymbol{a_1=S_1}$,　　$n\geqq 2$ のとき　　$\boldsymbol{a_n=S_n-S_{n-1}}$

S_n が与えられたときの a_n の求め方はこの公式のみです。

44-A 解答 ▶ STEP 1 a_1 を求める

$a_1=S_1=1^2+1+1=$ ア 3

STEP 2 a_n $(n\geqq 2)$ を求める

$n\geqq 2$ のとき

$a_n=S_n-S_{n-1}=n^2+n+1-\{(n-1)^2+(n-1)+1\}$

$=$ イ 2 n　◀ $a_1=3$ は $a_n=2n$ に含まれていないことに注意

44-B 解答 ▶ STEP 1 a_1，a_2 を求める

$a_1=S_1=-1^2+24\cdot 1=$ アイ 23　◀ POINT 44 を使う！

$a_1+a_2=S_2$ より　◀ $a_2=S_2-S_1$ としてもよい

$23+a_2=-2^2+24\cdot 2$　　$a_2=44-23=$ ウエ 21

STEP 2 a_n を求める

$n\geqq 2$ のとき　◀ POINT 44 を使う！

$a_n=S_n-S_{n-1}=-n^2+24n-\{-(n-1)^2+24(n-1)\}=-2n+25$

これは，$a_1=23$ を含む。　◀ $-2\cdot 1+25=23$ より $a_1=23$ と一致している

STEP 3 $a_n<0$ となる n の範囲を求める

$-2n+25<0$ のとき，$n>12.5$

よって，$a_n<0$ となる自然数 n の値の範囲は，$n \geqq$ [オカ 13]

45 群数列

要点チェック!

数列をある規則にしたがって区画 (群) に分け，注目する数がどの群に含まれるかなどを求める問題を**群数列**の問題といいます。

第 n 群に含まれる項が，「区切る前の数列」の何項目かを求めたいときは，第 1 群から第 $n-1$ 群までに含まれる項数を和の計算によって求め，さらに第 n 群の何番目かを考えていきます。

第 1 群　第 2 群　　　　　第 $n-1$ 群　　第 n 群

… | … | … | … 最後の項 | 最初の項 … |

△個　△個　　　　△個

「第 $n-1$ 群までの項数」番目　　「第 $n-1$ 群までの項数+1」番目

POINT 45

群数列の第 n 群の最初の項は，区切る前の数列の「第 $n-1$ 群までの項数+1」番目

第 n 群の最初の項が，区切る前の数列において何項目になっているかに注目しましょう。

45-A 解答 ▶ STEP 1 はじめて 21 が現れるのは第何項であるかを求める

第 1 群 第 2 群 第 3 群 第 4 群

1 |2, 2|3, 3, 3|4, 4, 4, 4|5, …

のように 1 個，2 個，3 個，…と群に分けると，21 は第 21 群に含まれる。

第 1 群から第 20 群までに含まれる項数は

$$1+2+3+\cdots+20=\frac{(1+20)\cdot 20}{2}=210$$

◀ 第 210 項は第 20 群の最後

となるので，もとの数列の第 210 項は 20，第 211 項は 21 である。

よって，はじめて 21 が現れるのは第 [アイウ 211] 項である。

45-B 解答 STEP 1 $\dfrac{37}{50}$ が第何項であるかを求める

分母が等しい数を群として，次のように区切る。

$$\overset{\text{第1群}}{\frac{1}{2}}\ \Big|\ \overset{\text{第2群}}{\frac{1}{3},\ \frac{2}{3}}\ \Big|\ \overset{\text{第3群}}{\frac{1}{4},\ \frac{2}{4},\ \frac{3}{4}}\ \Big|\ \frac{1}{5},\ \cdots$$

第 n 群の分母は $n+1$ であり，第 n 群は $\dfrac{1}{n+1}$, $\dfrac{2}{n+1}$, …, $\dfrac{n}{n+1}$ の n 個の項からなる。$\dfrac{37}{50}$ は第 49 群の 37 番目の項である。

第 1 群から第 48 群までに含まれる項数は ◀ POINT 45 を使う！

$$1+2+3+\cdots+48=\frac{(1+48)\cdot 48}{2}=1176$$

であるので，$\dfrac{37}{50}$ は $1176+37=1213$ より第 アイウエ **1213** 項である。

STEP 2 第 1000 項を求める

第 1000 項が第 n 群に含まれるとすると

$$1+2+3+\cdots+(n-1)<1000\leqq 1+2+3+\cdots+n$$

より $\dfrac{(n-1)n}{2}<1000\leqq\dfrac{n(n+1)}{2}$ ◀ 第 $(n-1)$ 群までの項数 $<1000\leqq$ 第 n 群までの項数

$$(n-1)n<2000\leqq n(n+1)\quad\cdots\cdots①$$ ◀ ①を満たす n は，1 つだけ存在する

ここで $44\cdot 45=1980$, $45\cdot 46=2070$ より，①を満たす n の値は

$n=45$ ◀ $44\cdot 45<2000<45\cdot 46$ より $n=45$

$1000-\dfrac{44\cdot 45}{2}=10$ より第 1000 項は $\dfrac{\text{オカ}\ \mathbf{10}}{\text{キク}\ \mathbf{46}}$ ◀ 第 45 群の 10 番目

46 漸化式

要点チェック！

数列 $\{a_n\}$ が，6, 22, 102, 502, 2502, … で与えられているとき，各項から一律に 2 を引いた数列は，4, 20, 100, 500, 2500, … となります。この数列は初項 4，公比 5 の等比数列で，その一般項は $4\cdot 5^{n-1}$ です。このことから，数列 $\{a_n\}$ の一般項は $a_n=4\cdot 5^{n-1}+2$ とわかります。このように，与えられた数列の各項に同一の操作をして一般項を求める方法があります。

数列において，前の項から次の項を決める関係式を**漸化式**といいます。漸化式 $a_{n+1}=pa_n+q$ $(p\neq 1)$ では，各項から α を引いた数列 $\{a_n-\alpha\}$ を考え，$a_{n+1}-\alpha=p(a_n-\alpha)$ から，$\{a_n-\alpha\}$ が等比数列となるような α を見つけます。

POINT 46

$a_{n+1}=pa_n+q$ $(p\neq 1)$ は $\boldsymbol{a_{n+1}-\alpha=p(a_n-\alpha)}$ と変形すると，

$a_n-\alpha=(a_1-\alpha)\cdot p^{n-1}$

$a_{n+1}=pa_n+q$ $(p\neq 1)$ と $a_{n+1}-\alpha=p(a_n-\alpha)$ が一致するような α を見つけましょう。

46-A 解答 ▸ STEP 1 漸化式を変形する

$a_{n+1}=5a_n-8$ を $a_{n+1}-\alpha=5(a_n-\alpha)$ ◀ $a_{n+1}-\alpha=5(a_n-\alpha)$ とおく

と変形するには $a_{n+1}=5a_n-4\alpha$ より

$-4\alpha=-8$ $\alpha=2$ ◀ 与えられている漸化式と定数部分を比較

とすればよい。よって，$a_{n+1}-2=5(a_n-2)$

STEP 2 一般項 a_n を求める

数列 $\{a_n-2\}$ は公比 5 の等比数列で $a_n-2=(a_1-2)\cdot 5^{n-1}$ ◀ $b_{n+1}=5b_n$ のとき $b_n=b_1\cdot 5^{n-1}$

$a_n-2=(6-2)\cdot 5^{n-1}$ $a_n=$ ア 4 $\cdot$ イ 5 $^{n-1}+$ ウ 2

46-B 解答 ▸ STEP 1 一般項 a_n を求める ◀ POINT 46 を使う！

$a_{n+1}=3a_n+60$ ……① を $a_{n+1}-\alpha=3(a_n-\alpha)$ と変形する。

$a_{n+1}=3a_n-2\alpha$ より $-2\alpha=60$ $\alpha=-30$

①は $a_{n+1}+30=3(a_n+30)$ となり ◀ $b_{n+1}=3b_n$ のとき $b_n=b_1\cdot 3^{n-1}$

数列 $\{a_n+30\}$ は公比 3 の等比数列で $a_n+30=(a_1+30)\cdot 3^{n-1}$

$a_n=(-27+30)\cdot 3^{n-1}-30=3\cdot 3^{n-1}-30=$ ア 3 $^n-$ イウ 30

STEP 2 S_n を求める

$S_n=\sum_{k=1}^{n}(3^k-30)$ ◀ $\sum_{k=1}^{n}3^k$ は $\sum_{k=1}^{n}3\cdot 3^{k-1}$ より，初項 3，公比 3 の等比数列の和

$=\sum_{k=1}^{n}3\cdot 3^{k-1}-30\sum_{k=1}^{n}1=\dfrac{3(3^n-1)}{3-1}-30\cdot n$ ◀ POINT 41 を使う！

$=\dfrac{\text{エ } 3}{\text{オ } 2}($ カ 3 $^n-$ キ 1 $)-30n$ ◀ $n=1$ を代入して $S_1=a_1=-27$ となることを確認しよう

第6章 数列

47 数学的帰納法

要点チェック!

自然数を含む等式や不等式が，すべての自然数について成り立つことを証明する方法として**数学的帰納法**があります。

POINT 47

自然数nを含む命題(*)があるとき，「すべての自然数nについて(*)が成り立つ」ことを証明するには，次の(i)，(ii)を示せばよい。

(i) $n=1$ のとき(*)が成り立つ

(ii) $n=k$ のとき(*)が成り立つと仮定すると，$n=k+1$ のときも(*)が成り立つ

47-A 解答 ▶ STEP 1 $n=k+1$ のときの(*)の左辺，右辺を求める

$n=k+1$ のとき，(*)の左辺は

$$(k-1)\cdot 2^k+1+(k+1)\cdot 2^k=2k\cdot 2^k+1=k\cdot 2^{k+\boxed{ア\ 1}}+\boxed{イ\ 1}$$

$n=k+1$ のとき，(*)の右辺は

$$\left\{\left(k+\boxed{ウ\ 1}\right)-1\right\}\cdot 2^{k+\boxed{エ\ 1}}+1=k\cdot 2^{k+1}+1$$

47-B 解答 ▶ STEP 1 $n=1$ のとき，②が成り立つことを示す

(i) $n=1$ のとき，②の右辺は $5^{\boxed{ア\ 0}}=\boxed{イ\ 1}$ である ◀ POINT 47 を使う！

から，②は成り立つ。

STEP 2 $n=k$ のとき②が成り立つと仮定して，$n=k+1$ のときも成り立つことを示す

(ii) $a_k=5^{-\frac{(k-1)(k-2)}{2}}$ が成り立つと仮定すると ◀ POINT 47 を使う！

$$a_{k+1}=5^{1-k}a_k=5^{1-k}\cdot 5^{-\frac{(k-1)(k-2)}{2}}=5^{1-k-\frac{(k-1)(k-2)}{2}}$$

$$=5^{-\frac{k^2-k}{2}}=5^{-\frac{k\left(k-\boxed{ウ\ 1}\right)}{2}}$$

$$=5^{-\frac{\left\{\left(k+\boxed{エ\ 1}\right)-1\right\}\left\{\left(k+\boxed{オ\ 1}\right)-2\right\}}{2}}$$

よって，$n=k+\boxed{カ\ 1}$ のときも②が成り立つ。

(i)，(ii)から，すべての自然数nについて②が成り立つ。

実戦問題 第1問

この問題のねらい

・いろいろな数列の和を求めることができる。(⇒ POINT 41, POINT 42)
・階差数列や漸化式に関する計算ができる。(⇒ POINT 43, POINT 46)

解答 ▶ STEP 1 一般項 a_n を求める

(1) $a_{n+1}-d=3(a_n-d)$

より，$a_{n+1}=3a_n-2d$ が $a_{n+1}=3a_n-c$ と一致するとき

$-2d=-c$ より $d=\dfrac{c}{\boxed{ア\ 2}}$ ◀ POINT 46 を使う！

$a_{n+1}-\dfrac{c}{2}=3\left(a_n-\dfrac{c}{2}\right)$ となり，数列 $\left\{a_n-\dfrac{c}{2}\right\}$ は公比 3 の等比数列で

$a_n-\dfrac{c}{2}=\left(a_1-\dfrac{c}{2}\right)\cdot 3^{n-1}$

よって，$a_n=\left(\boxed{イ\ 3}-\dfrac{c}{2}\right)\cdot\boxed{ウ\ 3}^{n-1}+\dfrac{c}{2}$

STEP 2 数列の和を求める

$\displaystyle\sum_{k=1}^{8}a_k=\sum_{k=1}^{8}\left\{\left(3-\frac{c}{2}\right)\cdot 3^{k-1}+\frac{c}{2}\right\}$ ◀ 「等比数列」の部分と「定数」の部分に分ける

$=\left(3-\dfrac{c}{2}\right)\cdot\dfrac{3^8-1}{3-1}+\dfrac{c}{2}\cdot 8$ ◀ POINT 41 を使う！

$=\boxed{エオカキ\ 9840}-\boxed{クケコサ\ 1636}c$

STEP 3 階差数列を用いて一般項を求める

(2) $b_{n+1}-b_n=2n+3$ ◀ POINT 43 を使う！

$n\geqq 2$ のとき

$b_n=b_1+\displaystyle\sum_{k=1}^{n-1}(2k+3)$ ◀ $\displaystyle\sum_{k=1}^{n}k=\frac{n(n+1)}{2}$

$=3+2\cdot\dfrac{n(n-1)}{2}+3(n-1)$

$=n^2+2n$

これは $b_1=3$ を含む。

よって，$p=\boxed{シ\ 2}$，$q=\boxed{ス\ 0}$

第6章 数列

STEP 4 数列の和を求める

$$\sum_{k=1}^{n} b_k=\sum_{k=1}^{n}(k^2+2k)$$

◀ POINT 42 を使う！

$$=\frac{n(n+1)(2n+1)}{6}+2\cdot\frac{n(n+1)}{2}$$

$$=\frac{1}{6}n(n+1)\{(2n+1)+6\}$$

$$=\frac{n\left(n+\boxed{^{セ}\ 1}\right)\left(\boxed{^{ソ}\ 2}n+\boxed{^{タ}\ 7}\right)}{\boxed{^{チ}\ 6}}$$

STEP 5 第 k 項が分数式のときの和を求める

$$\frac{1}{b_n}=\frac{1}{n(n+2)}=\frac{1}{2}\left(\frac{1}{n}-\frac{1}{n+2}\right)$$

より

$$\frac{1}{b_1}=\frac{1}{2}\left(\frac{1}{1}-\frac{1}{3}\right),\ \frac{1}{b_2}=\frac{1}{2}\left(\frac{1}{\boxed{^{ツ}\ 2}}-\frac{1}{4}\right),\ \cdots,\ \frac{1}{b_9}=\frac{1}{2}\left(\frac{1}{\boxed{^{テ}\ 9}}-\frac{1}{11}\right)$$

となるので

$$\sum_{k=1}^{9}\frac{1}{b_k}$$

◀ POINT 42 を使う！

$$=\frac{1}{2}\left\{\left(\frac{1}{1}-\frac{1}{3}\right)+\left(\frac{1}{2}-\frac{1}{4}\right)+\left(\frac{1}{3}-\frac{1}{5}\right)+\cdots+\left(\frac{1}{8}-\frac{1}{10}\right)+\left(\frac{1}{9}-\frac{1}{11}\right)\right\}$$

$$=\frac{1}{2}\left(\frac{1}{1}+\frac{1}{2}-\frac{1}{10}-\frac{1}{11}\right)=\frac{\boxed{^{トナ}\ 36}}{55}$$

実戦問題 第2問

この問題のねらい

・いろいろな数列の和を求めることができる。

(⇒ POINT 41, POINT 43)

・提示された方策に沿って問題を解決することができる。

解答 ▶ STEP 1 一般項が（等差数列）×（等比数列）の数列の和を求める

(1) 等比数列の和の求め方と同様に，求める和を S_n とし，その両辺に公比 2 をかけて辺々を引いて求める。

$$S_n=1\cdot2^0+2\cdot2^1+3\cdot2^2+\cdots+n\cdot2^{n-1} \quad \cdots\cdots③$$
$$2S_n=\qquad 1\cdot2^1+2\cdot2^2+\cdots+(n-1)\cdot2^{n-1}+n\cdot2^n \quad \cdots\cdots④$$

③−④ より

$$-S_n=1\cdot2^0+1\cdot2^1+1\cdot2^2+\cdots+1\cdot2^{n-1}-n\cdot2^n$$
$$=\frac{2^n-1}{2-1}-n\cdot2^n$$
$$=2^n-1-n\cdot2^n$$

◀ POINT 41 を使う！

よって，$S_n=\left(n-\boxed{^{ア}\ 1}\right)\cdot\boxed{^{イ}\ 2}^n+\boxed{^{ウ}\ 1}$

STEP 2 数列 $\{T_n\}$ の和を利用して S_n を求める

(2) $T_n=\sum_{k=1}^{n}2^{k-1}$ のとき，$\sum_{k=1}^{n}T_k$ を求めるのに，右図のように，2^{k-1} が $n-(k-1)$ 個あるときの和とみると

$T_1=2^0$
$T_2=2^0+2^1$
$T_3=2^0+2^1+2^2$
$T_n=2^0+2^1+2^2+\cdots+2^{n-1}$

$$\sum_{k=1}^{n}T_k=\sum_{k=1}^{n}(n+1-k)\cdot2^{k-1} \quad \left(\boxed{^{エ}\ ③}\right)$$
$$=(n+1)\sum_{k=1}^{n}2^{k-1}-\sum_{k=1}^{n}k\cdot2^{k-1}$$

よって，$n\geqq2$ のとき

$$S_n=\sum_{k=1}^{n}k\cdot2^{k-1}=(n+1)\sum_{k=1}^{n}2^{k-1}-\sum_{k=1}^{n}T_k$$
$$=(n+1)T_n-\sum_{k=1}^{n}T_k=nT_n+T_n-\sum_{k=1}^{n}T_k$$
$$=nT_n-\sum_{k=1}^{n-1}T_k \quad \left(\boxed{^{オ}\ ①}\right)$$
$$=n\cdot\frac{2^n-1}{2-1}-\sum_{k=1}^{n-1}\frac{2^k-1}{2-1}$$
$$=n(2^n-1)-\sum_{k=1}^{n-1}(2^k-1) \quad \left(\boxed{^{カ}\ ②}\right)$$
$$=n(2^n-1)-\sum_{k=1}^{n-1}2\cdot2^{k-1}+\sum_{k=1}^{n-1}1$$
$$=n(2^n-1)-2(2^{n-1}-1)+n-1=(n-1)\cdot2^n+1$$

これは $S_1=1$ も含むので，すべての自然数 n に対して

$$S_n=(n-1)\cdot2^n+1$$

第6章 数列

STEP 3 階差数列の関係式を利用して S_n を求める

$$b_n=a_{n+1}-a_n=(n+1)\cdot 2^n-n\cdot 2^{n-1}$$
$$=(2n+2)\cdot 2^{n-1}-n\cdot 2^{n-1}$$
$$=(n+2)\cdot 2^{n-1}\quad \left(\boxed{キ\ ④},\ \boxed{ク\ ①}\right)$$

◀ POINT 43 を使う！

また，$a_{n+1}=a_1+\sum_{k=1}^{n}b_k$ より $\left(\boxed{ケ\ ②}\right)$

$$(n+1)\cdot 2^n=1+\sum_{k=1}^{n}(k+2)\cdot 2^{k-1}=1+\sum_{k=1}^{n}k\cdot 2^{k-1}+\sum_{k=1}^{n}2^k$$

よって，

$$S_n=\sum_{k=1}^{n}k\cdot 2^{k-1}=(n+1)\cdot 2^n-1-2(2^n-1)=(n-1)\cdot 2^n+1$$

STEP 4 前問までを振り返ることで発展的に考える

(3) 数列 $\{c_n\}$ の一般項が $c_n=n^2\cdot 2^{n-1}$ のとき，その階差数列を $\{d_n\}$ とすると，

$$d_n=c_{n+1}-c_n=(n+1)^2\cdot 2^n-n^2\cdot 2^{n-1}=(n^2+4n+2)\cdot 2^{n-1}$$

また，$c_{n+1}=c_1+\sum_{k=1}^{n}d_k$ より

$$(n+1)^2\cdot 2^n=1+\sum_{k=1}^{n}(k^2+4k+2)\cdot 2^{k-1}$$
$$=1+\sum_{k=1}^{n}k^2\cdot 2^{k-1}+4\sum_{k=1}^{n}k\cdot 2^{k-1}+\sum_{k=1}^{n}2\cdot 2^{k-1}$$

よって，

$$\sum_{k=1}^{n}k^2\cdot 2^{k-1}=(n+1)^2\cdot 2^n-1-4\{(n-1)\cdot 2^n+1\}-2(2^n-1)$$
$$=\{(n+1)^2-4(n-1)-2\}\cdot 2^n-1-4+2$$
$$=\left(n^2-\boxed{コ\ 2}n+\boxed{サ\ 3}\right)\cdot 2^n-\boxed{シ\ 3}$$

実戦問題 第3問

この問題のねらい

・日常生活における事象を数列の知識を活用して考察できる。
・数学的に処理して得られた結果を元の事象に戻して意味づけることができる。

解答 ▶ STEP 1 問題文から必要な情報を読み取る

(1) a_1 は P と一致すると考えてよいので $a_1=$ ア 5

薬Dでは $T=12$ であり，12 時間経過ごとに血中濃度は $\frac{1}{2}$ 倍になる。n 回目の服用直後の血中濃度が a_n のとき，この服用後 12 時間経過後の血中濃度は $\frac{1}{2}a_n$ であり，この時点で 1 錠服用すると，血中濃度は $\frac{1}{2}a_n+P$ となる。

よって，$a_{n+1}=\frac{\text{イ } 1}{\text{ウ } 2}a_n+$ エ 5 $(n=1,\ 2,\ 3,\ \cdots)$

STEP 2 漸化式を変形して一般項を求める（考え方 1）

$a_{n+1}-d=\frac{1}{2}(a_n-d)$ より $a_{n+1}=\frac{1}{2}a_n+\frac{1}{2}d$

これが $a_{n+1}=\frac{1}{2}a_n+5$ と一致するとき ◀ POINT 46 を使う！

$\frac{1}{2}d=5$ より $d=10$

よって，数列 $\{a_n-d\}$ が等比数列になるときの定数 d は $d=$ オカ 10 であり，この等比数列の公比は $\frac{\text{キ } 1}{\text{ク } 2}$

$a_{n+1}-10=\frac{1}{2}(a_n-10)$ から $a_n-10=(a_1-10)\cdot\left(\frac{1}{2}\right)^{n-1}$ であるので

$a_n=(5-10)\cdot\left(\frac{1}{2}\right)^{n-1}+10$

$=$ サシ 10 $-$ ス 5 $\left(\frac{\text{セ } 1}{\text{ソ } 2}\right)^{n-1}$ $(n=1,\ 2,\ 3,\ \cdots)$

STEP 3 階差数列を利用して一般項を求める（考え方 2）

$a_{n+1}=\frac{1}{2}a_n+5$ $(n=1,\ 2,\ 3,\ \cdots)$ が成り立つとき

$$a_{n+2}-a_{n+1}=\frac{1}{2}a_{n+1}+5-\left(\frac{1}{2}a_n+5\right)$$

$$=\frac{1}{2}(a_{n+1}-a_n)$$

数列 $\{a_{n+1}-a_n\}$ は，公比 $\dfrac{\boxed{\text{ケ}\ 1}}{\boxed{\text{コ}\ 2}}$ の等比数列になる。

$a_2=\dfrac{1}{2}a_1+5=\dfrac{1}{2}\cdot5+5=\dfrac{15}{2}$ であり，$a_2-a_1=\dfrac{15}{2}-5=\dfrac{5}{2}$ から

$$a_{n+1}-a_n=\frac{5}{2}\left(\frac{1}{2}\right)^{n-1}\quad(n=1,\ 2,\ 3,\ \cdots)$$

$n\geqq2$ のとき，　◀ POINT 43 を使う！

$$a_n=a_1+\sum_{k=1}^{n-1}\frac{5}{2}\left(\frac{1}{2}\right)^{k-1}=5+\frac{5}{2}\cdot\frac{1-\left(\frac{1}{2}\right)^{n-1}}{1-\frac{1}{2}}=10-5\cdot\left(\frac{1}{2}\right)^{n-1}$$

これは，$a_1=5$ を含む。

よって，$a_n=\boxed{\text{サシ}\ 10}-\boxed{\text{ス}\ 5}\left(\dfrac{\boxed{\text{セ}\ 1}}{\boxed{\text{ソ}\ 2}}\right)^{n-1}\quad(n=1,\ 2,\ 3,\ \cdots)$

STEP 4 血中濃度について考察する

(2) $a_n=10-5\left(\dfrac{1}{2}\right)^{n-1}\quad(n=1,\ 2,\ 3,\ \cdots)$

について，$0<5\left(\dfrac{1}{2}\right)^{n-1}\leqq5$ であるので，n 回目の服用直後の血中濃度 a_n は

$5\leqq a_n<10$　……①

また，n 回目の服用直前の血中濃度 (a_n-P) について

$a_n-5=5-5\left(\dfrac{1}{2}\right)^{n-1}$　……②

〈選択肢⓪について〉

①より，5 回目の服用直後に血中濃度が L を超えることはないので誤り。

〈選択肢①について〉

①より，服用し続けても（n が大きな値となっても）血中濃度が L を超えることはないので誤り。

〈選択肢②について〉

①より n によらず $a_n<10$ であるので正しい。

〈選択肢③について〉

2 回目の服用直前の血中濃度は②より

$a_2-5=5-5\left(\dfrac{1}{2}\right)^1=\dfrac{5}{2}$ となり　$a_2-5>M$

また，$n \geqq 3$ のときは

$$a_n-5=5-5\left(\frac{1}{2}\right)^{n-1} \geqq 5-5\left(\frac{1}{2}\right)^2=\frac{15}{4}>M \quad \text{から} \quad a_n-5>M$$

となるので，2 回目の服用以降は，血中濃度が M を下回ることはない。

よって，正しい。

〈選択肢④，⑤について〉

選択肢③についての考察から誤り。

以上により，正しいものは タチ ②，③

STEP 5 薬の服用間隔が 2 倍のときの血中濃度を求める

(3) 薬Dでは $T=12$ であり，12 時間経過ごとに血中濃度は $\frac{1}{2}$ 倍になるため，24 時間経過後には血中濃度は $\left(\frac{1}{2}\right)^{\frac{24}{12}}=\frac{1}{4}$ (倍)となる。n 回目の服用直後の血中濃度を b_n とするとき，この服用後 24 時間経過後の血中濃度は $\frac{1}{4}b_n$ であり，この時点で 1 錠服用すると，血中濃度は $\frac{1}{4}b_n+P$ となる。

よって，$b_1=5$，$b_{n+1}=\frac{1}{4}b_n+5 \quad (n=1,\ 2,\ 3,\ \cdots)$

【考え方 1】によると

$$b_{n+1}-\frac{20}{3}=\frac{1}{4}\left(b_n-\frac{20}{3}\right) \quad \text{から} \quad b_n-\frac{20}{3}=\left(b_1-\frac{20}{3}\right)\cdot\left(\frac{1}{4}\right)^{n-1}$$

であるので

$$b_n=\left(5-\frac{20}{3}\right)\cdot\left(\frac{1}{4}\right)^{n-1}+\frac{20}{3}=\frac{20}{3}-\frac{5}{3}\left(\frac{1}{4}\right)^{n-1} \quad (n=1,\ 2,\ 3,\ \cdots)$$

STEP 6 薬の服用間隔と血中濃度の関係を調べる

$$b_{n+1}-P=\frac{20}{3}-\frac{5}{3}\left(\frac{1}{4}\right)^n-5=\frac{5}{3}\left\{1-\left(\frac{1}{4}\right)^n\right\}$$

$$a_{2n+1}-P=10-5\left(\frac{1}{2}\right)^{2n}-5=5\left\{1-\left(\frac{1}{4}\right)^n\right\}$$

よって，
$$\frac{b_{n+1}-P}{a_{2n+1}-P}=\frac{\frac{5}{3}\left\{1-\left(\frac{1}{4}\right)^n\right\}}{5\left\{1-\left(\frac{1}{4}\right)^n\right\}}=\frac{\boxed{ツ\ 1}}{\boxed{テ\ 3}}$$

第6章 数列

48 内分点

要点チェック!

線分 AB を $m:n$ に内分する点Pのベクトルは次のように表します。

POINT 48

線分 AB を $m:n$ に内分する点をPとすると

$$\overrightarrow{\mathrm{OP}}=\frac{n\overrightarrow{\mathrm{OA}}+m\overrightarrow{\mathrm{OB}}}{m+n}$$

この公式は空間ベクトルでも用いることができますが，右図のような必要な部分のみを取り出して利用することに慣れておくとよいでしょう。

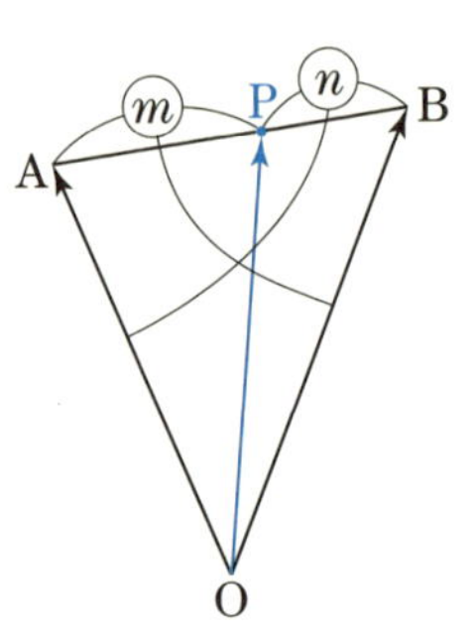

内分する比が不明の場合には，$m=a$，$n=1-a$ $(m+n=1)$ とおくと

$$\overrightarrow{\mathrm{OP}}=(1-a)\overrightarrow{\mathrm{OA}}+a\overrightarrow{\mathrm{OB}}$$

のように，式が簡単になるので，このおき方がよく用いられます。

48-A 解答 ▶ STEP 1 $\overrightarrow{\mathrm{OP}}$ を $\overrightarrow{\mathrm{OA}}$ と $\overrightarrow{\mathrm{OB}}$ を用いて表す

$$\overrightarrow{\mathrm{OP}}=\frac{(1-t)\overrightarrow{\mathrm{OM}}+t\overrightarrow{\mathrm{ON}}}{t+(1-t)}$$

(分母)=1

$$=(1-t)\overrightarrow{\mathrm{OM}}+t\overrightarrow{\mathrm{ON}}$$

$$=(1-t)\cdot\frac{1}{2}\overrightarrow{\mathrm{OA}}+t\cdot\frac{2}{3}\overrightarrow{\mathrm{OB}}$$

$$=\frac{\boxed{^{ア}\ 1}-t}{\boxed{^{イ}\ 2}}\overrightarrow{\mathrm{OA}}+\frac{2t}{\boxed{^{ウ}\ 3}}\overrightarrow{\mathrm{OB}}$$

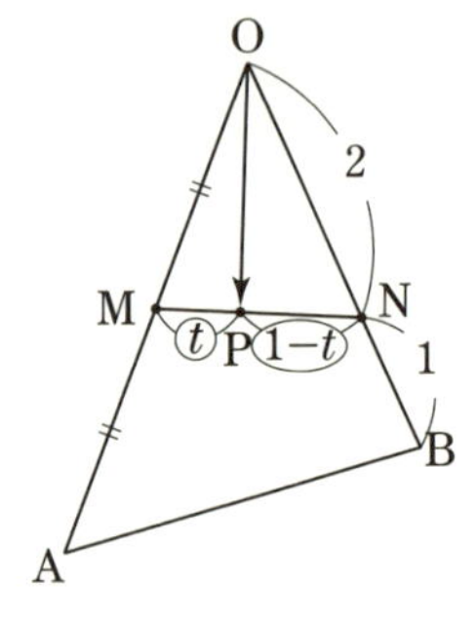

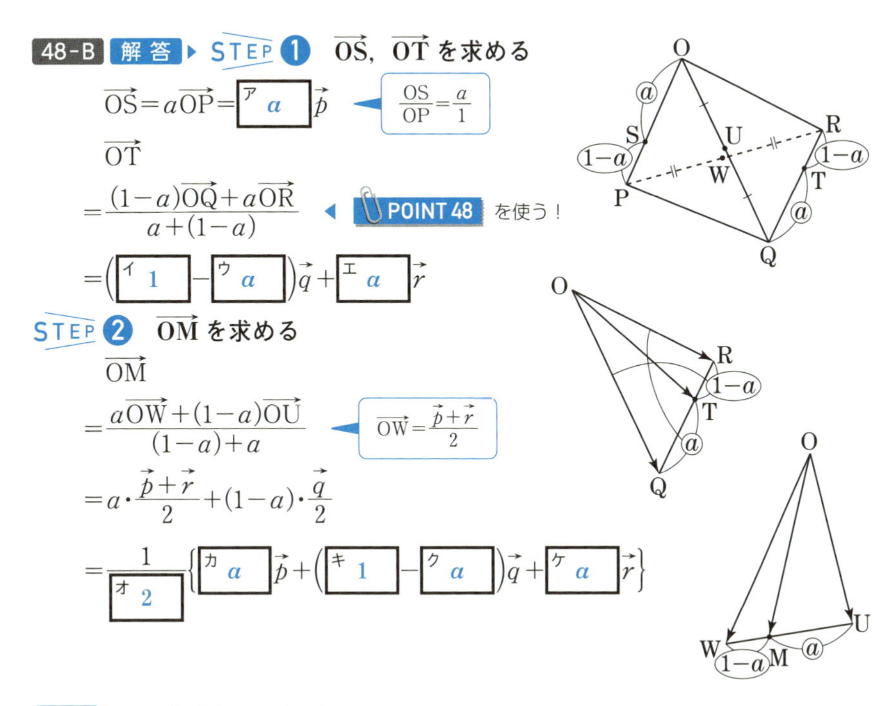

48-B 解答 ▶ STEP 1 $\overrightarrow{OS}$, $\overrightarrow{OT}$ を求める

$\overrightarrow{OS}=a\overrightarrow{OP}=$ ア a $\vec{p}$ ◀ $\dfrac{OS}{OP}=\dfrac{a}{1}$

$\overrightarrow{OT}$

$=\dfrac{(1-a)\overrightarrow{OQ}+a\overrightarrow{OR}}{a+(1-a)}$ ◀ POINT 48 を使う！

$=($ イ 1 $-$ ウ a $)\vec{q}+$ エ a $\vec{r}$

STEP 2 $\overrightarrow{OM}$ を求める

$\overrightarrow{OM}$

$=\dfrac{a\overrightarrow{OW}+(1-a)\overrightarrow{OU}}{(1-a)+a}$ ◀ $\overrightarrow{OW}=\dfrac{\vec{p}+\vec{r}}{2}$

$=a\cdot\dfrac{\vec{p}+\vec{r}}{2}+(1-a)\cdot\dfrac{\vec{q}}{2}$

$=\dfrac{1}{\text{オ } 2}\left\{\text{カ } a\ \vec{p}+(\text{キ } 1-\text{ク } a)\vec{q}+\text{ケ } a\ \vec{r}\right\}$

49 2直線の交点

要点チェック！

平面上のベクトル $\vec{a}$, $\vec{b}$ が $\vec{a}\neq\vec{0}$, $\vec{b}\neq\vec{0}$, $\vec{a}\not\parallel\vec{b}$ を満たすとき，同一平面上のベクトル $\vec{p}$ は $\vec{p}=x\vec{a}+y\vec{b}$ とただ1通りに表されます。

POINT 49

$\overrightarrow{OP}=x\vec{a}+y\vec{b}$, $\overrightarrow{OP}=x'\vec{a}+y'\vec{b}$ $(\vec{a}\neq\vec{0},\ \vec{b}\neq\vec{0},\ \vec{a}\not\parallel\vec{b})$ のとき

$$x=x',\ y=y'$$

2直線の交点に関するベクトルの問題では，交点に関するベクトルを2通りで表すことを考えてみましょう。内分する比が不明の場合はその比を $t:(1-t)$ などとおき，同一のベクトルを2通りで表すことで，t の値などを求めることができます。

49-A 解答 ▶ STEP 1 $\overrightarrow{OQ}$ を2通りで表す

AQ : QB $=t:(1-t)$ とすると

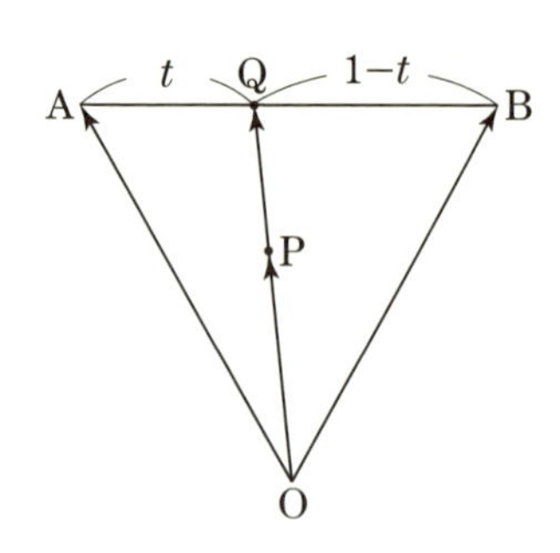

$$\overrightarrow{OQ}=\frac{(1-t)\overrightarrow{OA}+t\overrightarrow{OB}}{t+(1-t)}$$

$$=(1-t)\overrightarrow{OA}+t\overrightarrow{OB} \quad \cdots\cdots①$$

また，O，P，Q は同一直線上にあり

$\overrightarrow{OQ}=k\overrightarrow{OP}$ (k：実数) と表せるので

$$\overrightarrow{OQ}=\frac{k}{2}\overrightarrow{OA}+\frac{k}{6}\overrightarrow{OB} \quad \cdots\cdots②$$

STEP 2 $\overrightarrow{OQ}$ を求める

$\overrightarrow{OA} \not\parallel \overrightarrow{OB}$ なので，①，②より $1-t=\frac{k}{2}$ かつ $t=\frac{k}{6}$　$t=\frac{1}{4}$，$k=\frac{3}{2}$

よって，$\overrightarrow{OQ}=\frac{\boxed{ア\ 3}}{\boxed{イ\ 4}}\overrightarrow{OA}+\frac{\boxed{ウ\ 1}}{\boxed{エ\ 4}}\overrightarrow{OB}$，$\overrightarrow{OQ}=\frac{\boxed{オ\ 3}}{\boxed{カ\ 2}}\overrightarrow{OP}$

49-B 解答 ▶ STEP 1 $\overrightarrow{OE}$ を2通りで表す

AE：ED$=s$：$(1-s)$ とおくと

$$\overrightarrow{OE}=\frac{(1-s)\overrightarrow{OA}+s\overrightarrow{OD}}{s+(1-s)}$$ ◀ POINT 48 を使う！

$$=(1-s)\vec{a}+s\cdot\frac{2}{5}\vec{b} \quad \cdots\cdots①$$

CE：EB$=(1-t)$：t とおくと

$$\overrightarrow{OE}=t\overrightarrow{OC}+(1-t)\overrightarrow{OB}$$

$$=t\cdot\frac{1}{2}\vec{a}+(1-t)\vec{b} \quad \cdots\cdots②$$

STEP 2 $\overrightarrow{OE}$ を求める ◀ POINT 49 を使う！

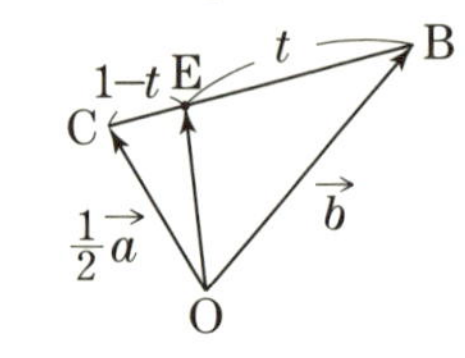

①，②で $\vec{a} \not\parallel \vec{b}$ より $\begin{cases} 1-s=\frac{1}{2}t & \cdots\cdots③ \\ \frac{2}{5}s=1-t & \cdots\cdots④ \end{cases}$

③，④より $s=\frac{5}{8}$，$t=\frac{3}{4}$

よって，①，②より $\overrightarrow{OE}=\frac{\boxed{ア\ 3}}{\boxed{イ\ 8}}\vec{a}+\frac{\boxed{ウ\ 1}}{\boxed{エ\ 4}}\vec{b}$

! $s=\frac{5}{8}$ より AE：ED$=\frac{5}{8}$：$\frac{3}{8}=5$：3，$t=\frac{3}{4}$ より CE：EB$=\frac{1}{4}$：$\frac{3}{4}=1$：3 とわかる。

50 ベクトルの始点をそろえる

要点チェック!

$\overrightarrow{*P}+\overrightarrow{PQ}=\overrightarrow{*Q}$ より $\overrightarrow{PQ}=\overrightarrow{*Q}-\overrightarrow{*P}$ となります。この式は＊がどの点でも成立しますが，問題において中心的役割をはたしている点を選ぶことができます。例えば，$\overrightarrow{EF}=\overrightarrow{OF}-\overrightarrow{OE}$ と変形することで $\overrightarrow{OE}$，$\overrightarrow{OF}$ を用いて $\overrightarrow{EF}$ を求めることができます。

また，$\overrightarrow{AP}=3\overrightarrow{PB}$ のように未知の点Pが含まれる式では

$\overrightarrow{OP}-\overrightarrow{OA}=3(\overrightarrow{OB}-\overrightarrow{OP})$ より $\overrightarrow{OP}=\dfrac{\overrightarrow{OA}+3\overrightarrow{OB}}{4}$ のように変形できます。

$$\overrightarrow{\mathbf{PQ}}=\overrightarrow{*\mathbf{Q}}-\overrightarrow{*\mathbf{P}}$$ （＊はどの点でもよい）

ベクトルの始点を統一したり，未知の点を含むベクトルの式を整理したりするときに利用しましょう。

50-A 解答 ▶ STEP 1 $\overrightarrow{\mathbf{PQ}}$ を求める

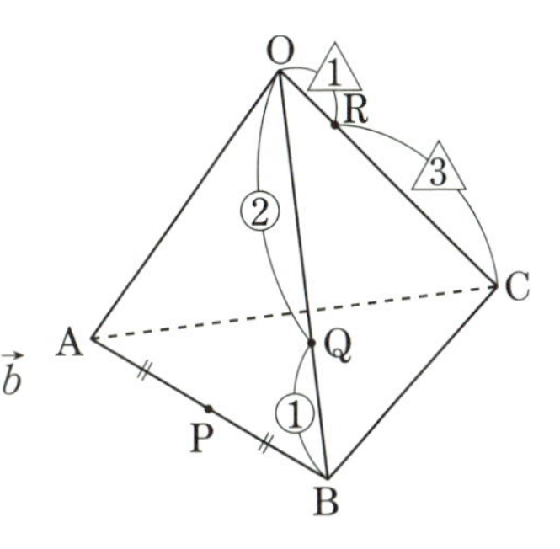

$\overrightarrow{OP}=\dfrac{\overrightarrow{OA}+\overrightarrow{OB}}{2}=\dfrac{\vec{a}+\vec{b}}{2}$

$\overrightarrow{PQ}=\overrightarrow{OQ}-\overrightarrow{OP}$ ◀ 始点をOとする

$=\dfrac{2}{3}\vec{b}-\dfrac{\vec{a}+\vec{b}}{2}=-\dfrac{\boxed{ア\ 1}}{\boxed{イ\ 2}}\vec{a}+\dfrac{\boxed{ウ\ 1}}{\boxed{エ\ 6}}\vec{b}$

STEP 2 $\overrightarrow{\mathbf{PR}}$ を求める

$\overrightarrow{PR}=\overrightarrow{OR}-\overrightarrow{OP}=\dfrac{1}{4}\vec{c}-\dfrac{\vec{a}+\vec{b}}{2}=-\dfrac{\boxed{オ\ 1}}{\boxed{カ\ 2}}\vec{a}-\dfrac{\boxed{キ\ 1}}{\boxed{ク\ 2}}\vec{b}+\dfrac{\boxed{ケ\ 1}}{\boxed{コ\ 4}}\vec{c}$

50-B 解答 ▶ STEP 1 $\overrightarrow{\mathbf{AP}}$ を $\overrightarrow{\mathbf{AB}}$ と $\overrightarrow{\mathbf{AC}}$ を用いて表す

$3\overrightarrow{PA}+5\overrightarrow{PB}+7\overrightarrow{PC}=k\overrightarrow{BC}$ をAを始点とするベクトルを用いて表すと

$3(-\overrightarrow{AP})+5(\overrightarrow{AB}-\overrightarrow{AP})+7(\overrightarrow{AC}-\overrightarrow{AP})=k(\overrightarrow{AC}-\overrightarrow{AB})$ ◀ POINT 50 を使う！

$(5+k)\overrightarrow{AB}+(7-k)\overrightarrow{AC}-15\overrightarrow{AP}=\vec{0}$

$\overrightarrow{AP}=\dfrac{5+k}{15}\overrightarrow{AB}+\dfrac{7-k}{15}\overrightarrow{AC}$ ◀ Pを1か所にまとめることができた

STEP 2 点Pが辺AB上にあるときのkの値を求める

点Pが辺AB上にあるとき，実数sを用いて $\overrightarrow{AP}=s\overrightarrow{AB}$ と表せるので，

◀ POINT 54 を使う！

$\dfrac{7-k}{15}=0$ よって，$k=$ ア 7 （$\overrightarrow{AC}$の係数）$=0$

このとき $\overrightarrow{AP}=\dfrac{5+7}{15}\overrightarrow{AB}$ より $\overrightarrow{AP}=\dfrac{\text{イ }4}{\text{ウ }5}\overrightarrow{AB}$

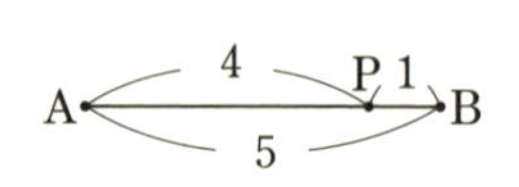

点Pは辺ABを エ 4 ：1に内分している。

STEP 3 点Pが辺AC上にあるときのkの値を求める

点Pが辺AC上にあるとき $\overrightarrow{AP}=t\overrightarrow{AC}$ （t：実数）と表せるので，

$\dfrac{5+k}{15}=0$ よって，$k=$ オカ -5 　$\overrightarrow{AP}=\dfrac{4}{5}\overrightarrow{AC}$ より点Pは辺ACを4：1に内分

51 内 積

要点チェック！

2つのベクトル$\vec{a}$，$\vec{b}$に対して，内積$\vec{a}\cdot\vec{b}$を次のように計算します。

POINT 51

$\vec{a}$と$\vec{b}$のなす角をθとする。

・平面ベクトル：$\vec{a}=(a_1,\ a_2)$，$\vec{b}=(b_1,\ b_2)$ のとき

$|\vec{a}|=\sqrt{a_1{}^2+a_2{}^2}$，$|\vec{b}|=\sqrt{b_1{}^2+b_2{}^2}$ であり

$$\begin{cases}\vec{a}\cdot\vec{b}=|\vec{a}||\vec{b}|\cos\theta\\ \vec{a}\cdot\vec{b}=a_1b_1+a_2b_2\end{cases}$$

・空間ベクトル：$\vec{a}=(a_1,\ a_2,\ a_3)$，$\vec{b}=(b_1,\ b_2,\ b_3)$ のとき

$|\vec{a}|=\sqrt{a_1{}^2+a_2{}^2+a_3{}^2}$，$|\vec{b}|=\sqrt{b_1{}^2+b_2{}^2+b_3{}^2}$ であり

$$\begin{cases}\vec{a}\cdot\vec{b}=|\vec{a}||\vec{b}|\cos\theta\\ \vec{a}\cdot\vec{b}=a_1b_1+a_2b_2+a_3b_3\end{cases}$$

$\vec{a}$，$\vec{b}$が成分表示で与えられたとき，$\vec{a}\cdot\vec{b}$を2通りで表すことで，$\cos\theta$の値を求めることができます。

また，51-B のように，空間の3点 A，B，C が与えられたとき，$\overrightarrow{AB}$ と $\overrightarrow{AC}$ を成分を用いて表すことができれば，cos∠CAB の値を求めることができます。この場合，$\overrightarrow{AB}\cdot\overrightarrow{AC}=|\overrightarrow{AB}||\overrightarrow{AC}|\cos\angle CAB$ のような問題文の内容を表すベクトルの式をつくることで全体を把握し，その後，成分を用いて計算を行います。

51-A 解答 ▶ STEP 1 θ を求める

$$|\vec{a}|=\sqrt{4^2+2^2+4^2}=\sqrt{36}=6,\ |\vec{b}|=\sqrt{4^2+(-1)^2+1^2}=\sqrt{18}=3\sqrt{2}$$

$$\vec{a}\cdot\vec{b}=4\cdot4+2\cdot(-1)+4\cdot1=18$$

であり $\vec{a}\cdot\vec{b}=|\vec{a}||\vec{b}|\cos\theta$ より

$$18=6\cdot3\sqrt{2}\cdot\cos\theta$$

$\cos\theta=\dfrac{1}{\sqrt{2}}$ となり $\theta=\dfrac{\pi}{\boxed{ア\ 4}}$ ◀ $0\leqq\theta\leqq\pi$

51-B 解答 ▶ STEP 1 $|\overrightarrow{AB}|$，$|\overrightarrow{AC}|$，$\overrightarrow{AB}\cdot\overrightarrow{AC}$ を求める

(1) $\overrightarrow{AB}=\overrightarrow{OB}-\overrightarrow{OA}=(2,\ -3,\ 1)-(3,\ 1,\ 0)=(-1,\ -4,\ 1)$ より

$$|\overrightarrow{AB}|=\sqrt{(-1)^2+(-4)^2+1^2}=\sqrt{18}=\boxed{ア\ 3}\sqrt{\boxed{イ\ 2}}$$

$\overrightarrow{AC}=\overrightarrow{OC}-\overrightarrow{OA}=(3,\ 2,\ -1)-(3,\ 1,\ 0)=(0,\ 1,\ -1)$ より

$$|\overrightarrow{AC}|=\sqrt{0^2+1^2+(-1)^2}=\sqrt{\boxed{ウ\ 2}}$$

$$\overrightarrow{AB}\cdot\overrightarrow{AC}=(-1)\cdot0+(-4)\cdot1+1\cdot(-1)=\boxed{エオ\ -5}$$

◀ POINT 51 を使う！

STEP 2 cos∠CAB を求める

(2) $\overrightarrow{AB}\cdot\overrightarrow{AC}=|\overrightarrow{AB}||\overrightarrow{AC}|\cos\angle CAB$ より

◀ POINT 51 を使う！

$$\cos\angle CAB=\frac{\overrightarrow{AB}\cdot\overrightarrow{AC}}{|\overrightarrow{AB}||\overrightarrow{AC}|}=\frac{-5}{3\sqrt{2}\cdot\sqrt{2}}=\frac{\boxed{カキ\ -5}}{\boxed{ク\ 6}}$$

STEP 3 △ABC の面積を求める

$\sin\angle CAB=\sqrt{1-\left(-\dfrac{5}{6}\right)^2}=\dfrac{\sqrt{11}}{6}$ より ◀ $\sin^2\angle CAB+\cos^2\angle CAB=1$

$\triangle ABC=\dfrac{1}{2}|\overrightarrow{AB}||\overrightarrow{AC}|\sin\angle CAB$ ◀ $S=\dfrac{1}{2}bc\sin A$

$$=\frac{1}{2}\cdot3\sqrt{2}\cdot\sqrt{2}\cdot\frac{\sqrt{11}}{6}=\frac{\sqrt{\boxed{ケコ\ 11}}}{\boxed{サ\ 2}}$$

52 ベクトルの大きさ

要点チェック!

平面ベクトルでは，$\vec{a}$ と $\vec{b}$ のように与えられた2つのベクトルを用いて，他のベクトルを $p\vec{a}+q\vec{b}$ の形で表すことが原則となります。

この2つのベクトルの大きさ $|\vec{a}|$, $|\vec{b}|$ と内積 $\vec{a}\cdot\vec{b}$ の値がわかると，次の公式から $p\vec{a}+q\vec{b}$ の大きさ $|p\vec{a}+q\vec{b}|$ を求めることができます。

POINT 52

$$|p\vec{a}+q\vec{b}|^2=p^2|\vec{a}|^2+2pq\vec{a}\cdot\vec{b}+q^2|\vec{b}|^2$$

$|p\vec{a}+q\vec{b}|$ を求めるときは，2乗してこの公式を利用しましょう。

ベクトルの大きさを求める問題では，どの2つのベクトルを用いて考えるのかを明確にすれば，図をかかなくてもこの公式で解決できます。

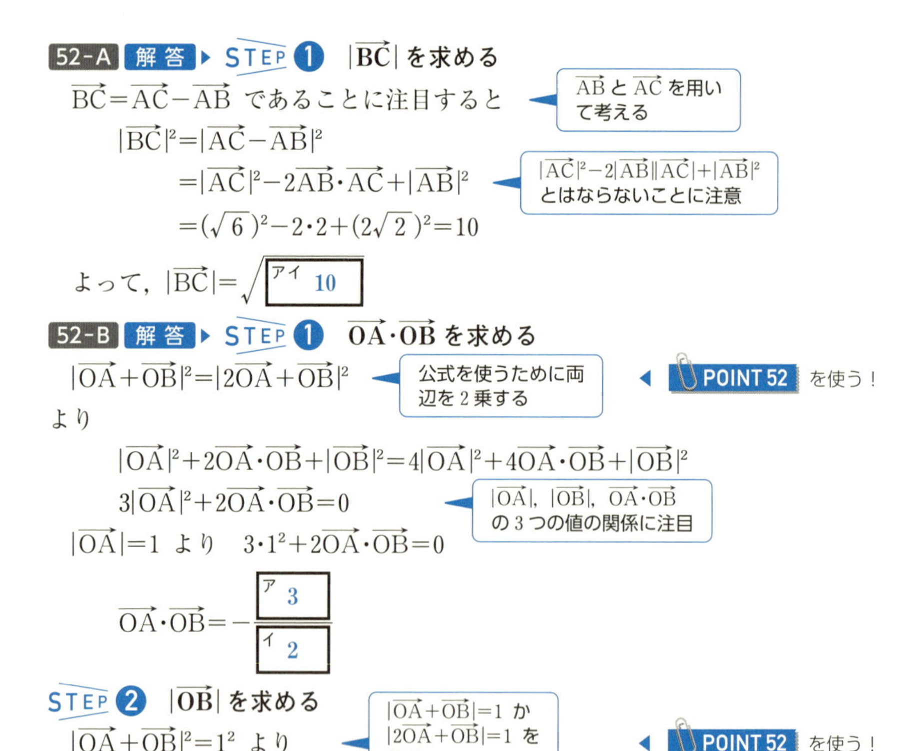

52-A 解答 ▶ STEP 1 $|\overrightarrow{BC}|$ を求める

$\overrightarrow{BC}=\overrightarrow{AC}-\overrightarrow{AB}$ であることに注目すると

（$\overrightarrow{AB}$ と $\overrightarrow{AC}$ を用いて考える）

$|\overrightarrow{BC}|^2=|\overrightarrow{AC}-\overrightarrow{AB}|^2$

$=|\overrightarrow{AC}|^2-2\overrightarrow{AB}\cdot\overrightarrow{AC}+|\overrightarrow{AB}|^2$

（$|\overrightarrow{AC}|^2-2|\overrightarrow{AB}||\overrightarrow{AC}|+|\overrightarrow{AB}|^2$ とはならないことに注意）

$=(\sqrt{6})^2-2\cdot2+(2\sqrt{2})^2=10$

よって，$|\overrightarrow{BC}|=\sqrt{\boxed{10}}$ （アイ）

52-B 解答 ▶ STEP 1 $\overrightarrow{OA}\cdot\overrightarrow{OB}$ を求める

$|\overrightarrow{OA}+\overrightarrow{OB}|^2=|2\overrightarrow{OA}+\overrightarrow{OB}|^2$

（公式を使うために両辺を2乗する）

◀ POINT 52 を使う！

より

$|\overrightarrow{OA}|^2+2\overrightarrow{OA}\cdot\overrightarrow{OB}+|\overrightarrow{OB}|^2=4|\overrightarrow{OA}|^2+4\overrightarrow{OA}\cdot\overrightarrow{OB}+|\overrightarrow{OB}|^2$

$3|\overrightarrow{OA}|^2+2\overrightarrow{OA}\cdot\overrightarrow{OB}=0$

（$|\overrightarrow{OA}|$, $|\overrightarrow{OB}|$, $\overrightarrow{OA}\cdot\overrightarrow{OB}$ の3つの値の関係に注目）

$|\overrightarrow{OA}|=1$ より　$3\cdot1^2+2\overrightarrow{OA}\cdot\overrightarrow{OB}=0$

$\overrightarrow{OA}\cdot\overrightarrow{OB}=-\dfrac{\boxed{3}}{\boxed{2}}$ （ア，イ）

STEP 2 $|\overrightarrow{OB}|$ を求める

$|\overrightarrow{OA}+\overrightarrow{OB}|^2=1^2$ より

（$|\overrightarrow{OA}+\overrightarrow{OB}|=1$ か $|2\overrightarrow{OA}+\overrightarrow{OB}|=1$ を使う）

◀ POINT 52 を使う！

$$|\overrightarrow{OA}|^2+2\overrightarrow{OA}\cdot\overrightarrow{OB}+|\overrightarrow{OB}|^2=1$$

$$1^2+2\cdot\left(-\frac{3}{2}\right)+|\overrightarrow{OB}|^2=1 \qquad |\overrightarrow{OB}|^2=3 \quad \text{よって，} |\overrightarrow{OB}|=\sqrt{\boxed{^{ウ}\ 3}}$$

STEP 3 $|\overrightarrow{AB}|$ を求める

◀ POINT 52 を使う！

$\overrightarrow{OA}$ と $\overrightarrow{OB}$ を用いて $\overrightarrow{AB}$ を表す

$$|\overrightarrow{AB}|^2=|\overrightarrow{OB}-\overrightarrow{OA}|^2=|\overrightarrow{OB}|^2-2\overrightarrow{OA}\cdot\overrightarrow{OB}+|\overrightarrow{OA}|^2$$

$$=(\sqrt{3})^2-2\cdot\left(-\frac{3}{2}\right)+1^2=7$$

よって，$|\overrightarrow{AB}|=\sqrt{\boxed{^{エ}\ 7}}$

53 垂直なベクトル

要点チェック！

直線 AB 上に点Hがあるとします。

$\overrightarrow{OH}$ と $\overrightarrow{AB}$ のなす角を θ とすると

$$\overrightarrow{OH}\cdot\overrightarrow{AB}=|\overrightarrow{OH}||\overrightarrow{AB}|\cos\theta$$

ですが，とくに $\overrightarrow{OH}\perp\overrightarrow{AB}$ $(\theta=90°)$ のとき $\cos\theta=0$ より

$$\overrightarrow{OH}\cdot\overrightarrow{AB}=0$$

となります。

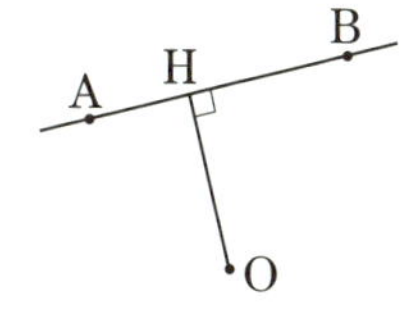

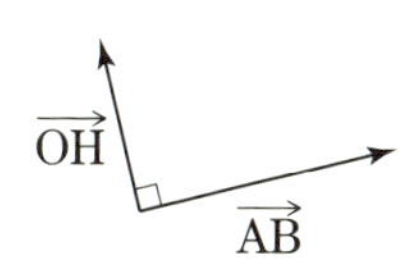

POINT 53

$\overrightarrow{OH}$ と $\overrightarrow{AB}$ が垂直のとき　$\boldsymbol{\overrightarrow{OH}\cdot\overrightarrow{AB}=0}$

$\overrightarrow{OH}\cdot\overrightarrow{AB}=0$ の実際の計算は $|\vec{a}|$, $|\vec{b}|$, $\vec{a}\cdot\vec{b}$ などの値を用いるか，ベクトルの成分を用いましょう。

53-A 解答 ▶ STEP 1 $|\overrightarrow{OA}|$, $|\overrightarrow{OB}|$, $\overrightarrow{OA}\cdot\overrightarrow{OB}$ を求める

$$|\overrightarrow{OA}|=3,\ |\overrightarrow{OB}|=2,\ \overrightarrow{OA}\cdot\overrightarrow{OB}=|\overrightarrow{OA}||\overrightarrow{OB}|\cos60°=3\cdot2\cdot\frac{1}{2}=3$$

STEP 2 $\overrightarrow{OC}$ を求める

点Cは辺 AB 上の点であるから，実数 t を用いて

$$\overrightarrow{OC}=(1-t)\overrightarrow{OA}+t\overrightarrow{OB}$$

とおける。

$\overrightarrow{AB}\perp\overrightarrow{OC}$ のとき $\overrightarrow{AB}\cdot\overrightarrow{OC}=0$ より

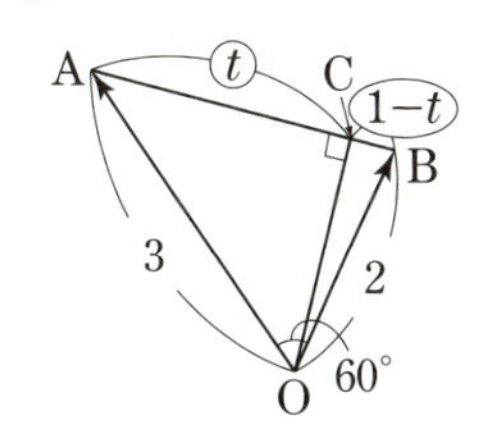

$$(\overrightarrow{OB}-\overrightarrow{OA})\cdot\{(1-t)\overrightarrow{OA}+t\overrightarrow{OB}\}=0$$

$$-(1-t)|\overrightarrow{OA}|^2+(1-2t)\overrightarrow{OA}\cdot\overrightarrow{OB}+t|\overrightarrow{OB}|^2=0$$

$$-(1-t)\cdot 3^2+(1-2t)\cdot 3+t\cdot 2^2=0$$

$7t-6=0$ より $t=\dfrac{6}{7}$　　よって，$\overrightarrow{OC}=\dfrac{\boxed{ア\ 1}}{\boxed{イ\ 7}}\overrightarrow{OA}+\dfrac{\boxed{ウ\ 6}}{\boxed{エ\ 7}}\overrightarrow{OB}$

53-B 解答 ▶ STEP 1 **$\overrightarrow{DE}$ を求める**

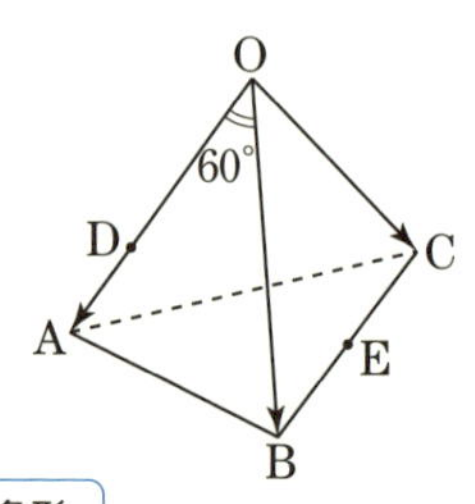

(1)　$\overrightarrow{DE}=\overrightarrow{OE}-\overrightarrow{OD}=\dfrac{\vec{b}+\vec{c}}{2}-\dfrac{2}{3}\vec{a}$

$$=\frac{\boxed{アイ\ -2}}{\boxed{ウ\ 3}}\vec{a}+\frac{\boxed{エ\ 1}}{\boxed{オ\ 2}}\vec{b}+\frac{\boxed{カ\ 1}}{\boxed{キ\ 2}}\vec{c}$$

STEP 2 **$\vec{a}\cdot\vec{b}$ を求める**

$|\vec{a}|=|\vec{b}|=|\vec{c}|=1$ であり，　◀ 正四面体の 4 つの面は正三角形

$$\vec{a}\cdot\vec{b}=\vec{b}\cdot\vec{c}=\vec{c}\cdot\vec{a}=1\cdot1\cdot\cos 60^\circ=1\cdot1\cdot\frac{1}{2}=\frac{\boxed{ク\ 1}}{\boxed{ケ\ 2}}$$

STEP 3 **DF：FE を求める**

(2)　DF：FE$=t:(1-t)$ とおくと

$$\overrightarrow{OF}=(1-t)\overrightarrow{OD}+t\overrightarrow{OE}=\frac{2}{3}(1-t)\vec{a}+\frac{t(\vec{b}+\vec{c})}{2}$$

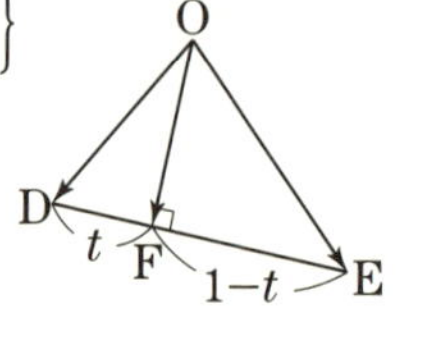

$$\overrightarrow{OF}\cdot\overrightarrow{DE}=\left\{\frac{2(1-t)}{3}\vec{a}+\frac{t}{2}\vec{b}+\frac{t}{2}\vec{c}\right\}\cdot\left\{-\frac{2}{3}\vec{a}+\frac{1}{2}\vec{b}+\frac{1}{2}\vec{c}\right\}$$

$$=-\frac{4(1-t)}{9}|\vec{a}|^2+\frac{t}{4}|\vec{b}|^2+\frac{t}{4}|\vec{c}|^2$$

$$+\frac{1-2t}{3}\vec{a}\cdot\vec{b}+\frac{t}{2}\vec{b}\cdot\vec{c}+\frac{1-2t}{3}\vec{c}\cdot\vec{a}$$

$$=-\frac{4(1-t)}{9}\cdot1^2+\frac{t}{4}\cdot1^2+\frac{t}{4}\cdot1^2+\frac{1-2t}{3}\cdot\frac{1}{2}+\frac{t}{2}\cdot\frac{1}{2}+\frac{1-2t}{3}\cdot\frac{1}{2}$$

$$=\frac{19}{36}t-\frac{1}{9}$$

$\overrightarrow{OF}\perp\overrightarrow{DE}$ のとき $\overrightarrow{OF}\cdot\overrightarrow{DE}=0$ より $\dfrac{19}{36}t-\dfrac{1}{9}=0$　◀ POINT 53 を使う！

$t=\dfrac{4}{19}$ より DF：FE$=\dfrac{4}{19}:\dfrac{15}{19}=\boxed{コ\ 4}:\boxed{サシ\ 15}$

54 空間内の直線上の点の座標

要点チェック!

直線 AB 上の点Pを $\overrightarrow{AP}=t\overrightarrow{AB}$ と表すことで，点Pを実数 t と対応させて考えることができます。点Pの座標を求めることは，t の値を求めることといいかえることができます。

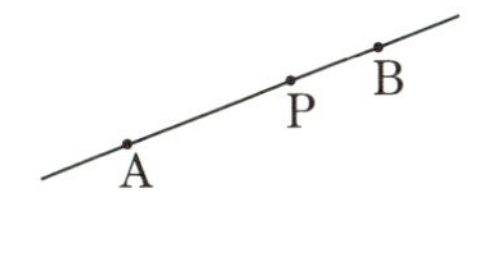

$\overrightarrow{AP}=t\overrightarrow{AB}$

POINT 54

直線 AB 上に点Pがあるとき　$\overrightarrow{\mathbf{AP}}=\boldsymbol{t}\overrightarrow{\mathbf{AB}}$（$t$：実数）

また，$\overrightarrow{OP}=\overrightarrow{OA}+\overrightarrow{AP}$ より $\overrightarrow{\mathbf{OP}}=\overrightarrow{\mathbf{OA}}+\boldsymbol{t}\overrightarrow{\mathbf{AB}}$ として用いることもできます。空間内の直線 AB 上の点Pの座標は $\overrightarrow{OP}=\overrightarrow{OA}+t\overrightarrow{AB}$ とおき，t の値を求めることで得られます。

54-A 解答 ▶ STEP 1　$\overrightarrow{\mathbf{OP}}$ を t を用いて表す

$\overrightarrow{AP}=t\overrightarrow{AB}$ となる実数 t $(0\leqq t\leqq 1)$ がある。

$$\overrightarrow{AB}=\overrightarrow{OB}-\overrightarrow{OA}=(0,\ 2,\ 0)-(1,\ 0,\ 0)=(-1,\ 2,\ 0)$$

であり

$$\overrightarrow{OP}=\overrightarrow{OA}+\overrightarrow{AP}=\overrightarrow{OA}+t\overrightarrow{AB}=(1,\ 0,\ 0)+t(-1,\ 2,\ 0)=(1-t,\ 2t,\ 0)$$

STEP 2　**点Pの座標を求める**

$\overrightarrow{AB}\perp\overrightarrow{OP}$ のとき $\overrightarrow{AB}\cdot\overrightarrow{OP}=0$ より　$(-1)\cdot(1-t)+2\cdot 2t+0\cdot 0=0$

$t=\dfrac{1}{5}$ となり $\overrightarrow{OP}=\left(\dfrac{4}{5},\ \dfrac{2}{5},\ 0\right)$

したがって，$P\left(\dfrac{\boxed{ア\ 4}}{\boxed{イ\ 5}},\ \dfrac{\boxed{ウ\ 2}}{\boxed{エ\ 5}},\ \boxed{オ\ 0}\right)$

54-B 解答 ▶ STEP 1　$b,\ s,\ t$ を求める

$$\overrightarrow{OH}=\overrightarrow{OB}+\overrightarrow{BH}=\overrightarrow{OB}+s\overrightarrow{BC}$$

$$=(0,\ 1,\ 1)+s(1,\ -1,\ 0)=(s,\ 1-s,\ 1)\quad\cdots\cdots①$$

$$\overrightarrow{OH}=t\overrightarrow{OG}=\left(\frac{3-2b}{4}t,\ \frac{1-2b}{4}t,\ \frac{1}{4}t\right)\quad\cdots\cdots②$$

◀ POINT 54 を使う！

$\overrightarrow{OH}$ を2通りで表している

①，②の成分は，それぞれ等しいので

$$s=\frac{3-2b}{4}t \quad \cdots\cdots③ \quad 1-s=\frac{1-2b}{4}t \quad \cdots\cdots④ \quad 1=\frac{1}{4}t \quad \cdots\cdots⑤$$

⑤より $t=$ [オ 4] となり，③は $s=3-2b$，④は $1-s=1-2b$

これらを連立して解くと，$b=\frac{[ア\ 3]}{[イ\ 4]}$，$s=\frac{[ウ\ 3]}{[エ\ 2]}$

STEP 2 点Hの座標を求める

①へ $s=\frac{3}{2}$ を代入して $\overrightarrow{OH}=\left(\frac{3}{2},\ -\frac{1}{2},\ 1\right)$

よって，$H\left(\frac{[カ\ 3]}{[キ\ 2]},\ \frac{[クケ\ -1]}{2},\ [コ\ 1]\right)$

55 空間内の平面上の点の座標

要点チェック！

空間内の平面を扱うときは，どの2つのベクトルを含む平面かを考えます。3点A，B，Cを含む平面では，$\overrightarrow{AB}$ と $\overrightarrow{AC}$ を含む平面とみると，平面上の点Pを

$$\overrightarrow{OP}=\overrightarrow{OA}+s\overrightarrow{AB}+t\overrightarrow{AC}$$

と表せます。

$\overrightarrow{OH}$ が平面ABCと垂直のときは $\overrightarrow{OH}\perp\overrightarrow{AB}$，$\overrightarrow{OH}\perp\overrightarrow{AC}$ と考えます（右図の電柱の影と電柱の関係をイメージするとよい）。

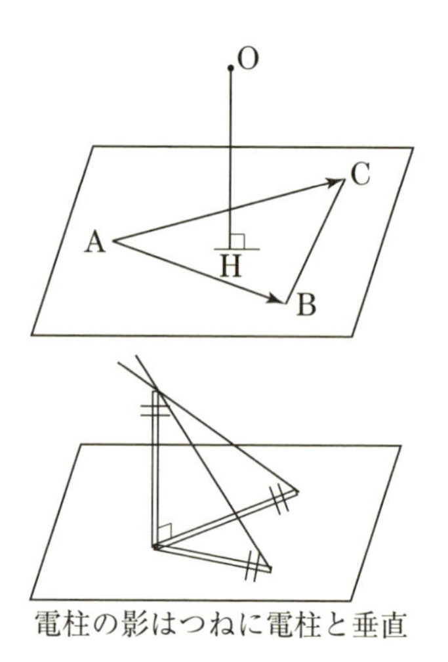

電柱の影はつねに電柱と垂直

POINT 55

点Pが3点A，B，Cを含む平面上にあるとき

$$\overrightarrow{AP}=s\overrightarrow{AB}+t\overrightarrow{AC} \quad (s,\ t\text{は実数})$$

3点A，B，Cを含む平面上の点を求めるときは，上の公式を利用して，s，t に関する連立方程式をつくりましょう。

55-A 解答 ▶ STEP 1 $\overrightarrow{AD}$ を s, t を用いて表す

4点A, B, C, Dが同一平面上にあるとき $\overrightarrow{AD}=s\overrightarrow{AB}+t\overrightarrow{AC}$ となる実数 s, t が存在する。

$$(a-6,\ a-1,\ a-2)$$
$$=s(-2,\ 1,\ 1)+t(-1,\ 1,\ 0)$$
$$=(-2s-t,\ s+t,\ s)$$

$\overrightarrow{AB}=\overrightarrow{OB}-\overrightarrow{OA}=(0,\ 1,\ 1)-(2,\ 0,\ 0)$
$=(-2,\ 1,\ 1)$
$\overrightarrow{AC}=\overrightarrow{OC}-\overrightarrow{OA}=(-1,\ 1,\ 0)$
$\overrightarrow{AD}=\overrightarrow{OD}-\overrightarrow{OA}=(a-6,\ a-1,\ a-2)$

STEP 2 a を求める

$$\begin{cases} a-6=-2s-t & \cdots\cdots① \quad (x\text{成分}) \\ a-1=s+t & \cdots\cdots② \quad (y\text{成分}) \\ a-2=s & \cdots\cdots③ \quad (z\text{成分}) \end{cases}$$

①+②+③から s, t を消去すると

$3a-9=0$ より　$a=$ [ア 3]

$s=1$, $t=1$

55-B 解答 ▶ STEP 1 $\overrightarrow{OH}$ を s, t を用いて表す

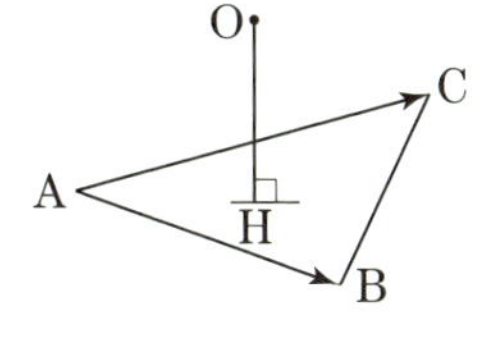

点Hは3点A, B, Cを含む平面上の点であるから，s, t を実数として

$\overrightarrow{AH}=s\overrightarrow{AB}+t\overrightarrow{AC}$ と表せる。◀ POINT 55 を使う！

ここで，$\overrightarrow{AB}=(-3,\ 2,\ 0)$, $\overrightarrow{AC}=(-3,\ 0,\ 1)$ であるから

$$\overrightarrow{OH}=\overrightarrow{OA}+\overrightarrow{AH}$$
$$=(3,\ 0,\ 0)+s(-3,\ 2,\ 0)+t(-3,\ 0,\ 1)$$
$$=(3-3s-3t,\ 2s,\ t)$$

STEP 2 点Hの座標を求める

$\overrightarrow{OH}\perp$(平面ABC) のとき，$\overrightarrow{OH}\perp\overrightarrow{AB}$, $\overrightarrow{OH}\perp\overrightarrow{AC}$ なので，

$\overrightarrow{OH}\cdot\overrightarrow{AB}=0$ より　$(3-3s-3t)\cdot(-3)+2s\cdot 2+t\cdot 0=0$

$$13s+9t-9=0 \quad \cdots\cdots①$$

$\overrightarrow{OH}\cdot\overrightarrow{AC}=0$ より　$(3-3s-3t)\cdot(-3)+2s\cdot 0+t\cdot 1=0$

$$9s+10t-9=0 \quad \cdots\cdots②$$

①，②より $s=\dfrac{9}{49}$, $t=\dfrac{36}{49}$ となり，Hの座標は

$\left(3-3\cdot\dfrac{9}{49}-3\cdot\dfrac{36}{49},\ 2\cdot\dfrac{9}{49},\ \dfrac{36}{49}\right)$ より $\left(\dfrac{[アイ\ 12]}{[ウエ\ 49]},\ \dfrac{[オカ\ 18]}{[キク\ 49]},\ \dfrac{[ケコ\ 36]}{[サシ\ 49]}\right)$

第7章 ベクトル

実戦問題 第1問

この問題のねらい

・ベクトルの性質を活用して図形を扱うことができる。
(⇒ POINT 48, POINT 49, POINT 50)

・内積の計算を活用できる。(⇒ POINT 51, POINT 53)

解答 ▶ STEP 1 内分点の公式を利用する

(1) 点Pは辺ABを1：3に内分するので

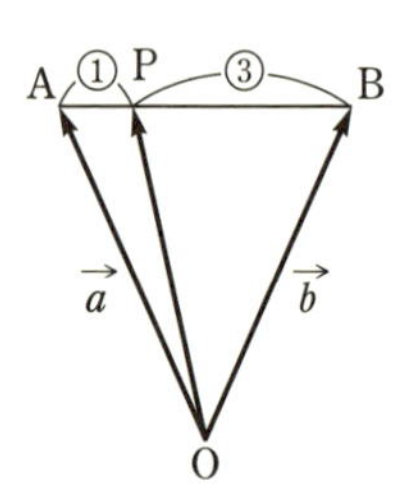

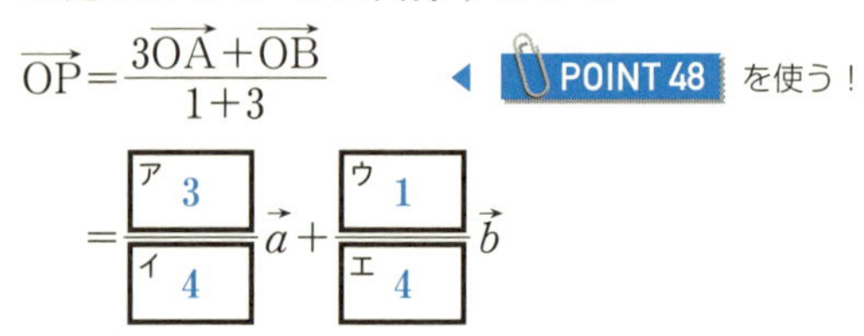

$$\overrightarrow{\mathrm{OP}}=\frac{3\overrightarrow{\mathrm{OA}}+\overrightarrow{\mathrm{OB}}}{1+3}$$

◀ POINT 48 を使う！

$$=\frac{\boxed{ア\ 3}}{\boxed{イ\ 4}}\vec{a}+\frac{\boxed{ウ\ 1}}{\boxed{エ\ 4}}\vec{b}$$

STEP 2 $\overrightarrow{\mathrm{OR}}$を2通りで表す

$$\overrightarrow{\mathrm{OR}}=k\overrightarrow{\mathrm{OP}}$$

◀ POINT 54 を使う！

$$=\frac{3}{4}k\vec{a}+\frac{1}{4}k\vec{b} \quad \cdots\cdots ①$$

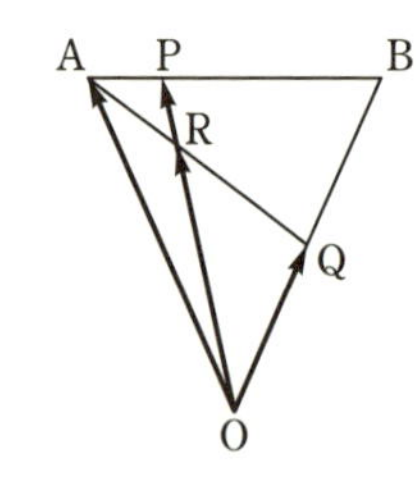

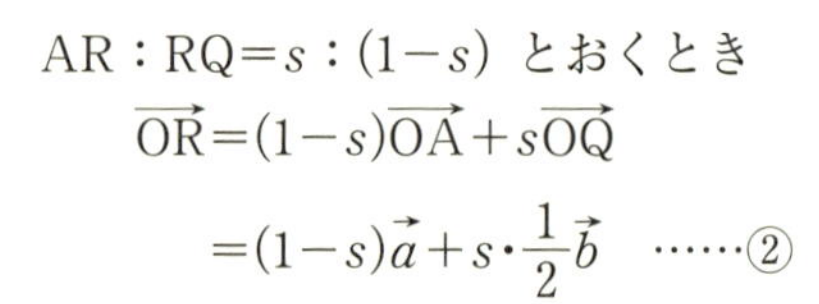

AR：RQ$=s:(1-s)$ とおくとき

$$\overrightarrow{\mathrm{OR}}=(1-s)\overrightarrow{\mathrm{OA}}+s\overrightarrow{\mathrm{OQ}}$$

$$=(1-s)\vec{a}+s\cdot\frac{1}{2}\vec{b} \quad \cdots\cdots ②$$

①，②で $\vec{a}\neq\vec{0}$，$\vec{b}\neq\vec{0}$，$\vec{a}\not\parallel\vec{b}$ より

◀ POINT 49 を使う！

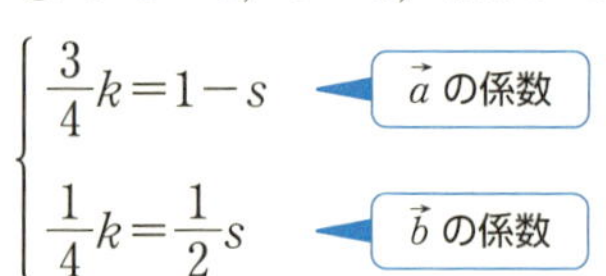

$$\begin{cases}\dfrac{3}{4}k=1-s \\ \dfrac{1}{4}k=\dfrac{1}{2}s\end{cases}$$

であり，これらを連立して解くと

$$k=\frac{\boxed{オ\ 4}}{\boxed{カ\ 5}},\quad s=\frac{\boxed{キ\ 2}}{\boxed{ク\ 5}}$$

①，②より

$$\overrightarrow{\mathrm{OR}}=\frac{\boxed{ケ\ 3}}{\boxed{コ\ 5}}\vec{a}+\frac{\boxed{サ\ 1}}{\boxed{シ\ 5}}\vec{b}$$

STEP 3 $\overrightarrow{BR}$, $\overrightarrow{BS}$ を求める

(2) $\overrightarrow{BR}=\overrightarrow{OR}-\overrightarrow{OB}$

$=\dfrac{3}{5}\vec{a}+\dfrac{1}{5}\vec{b}-\vec{b}$

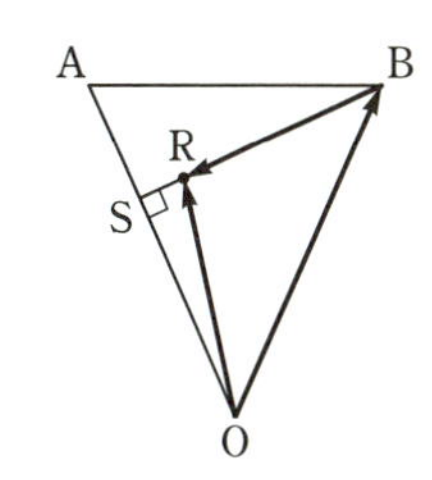

$=\dfrac{\boxed{ス\ 3}}{\boxed{セ\ 5}}\vec{a}-\dfrac{\boxed{ソ\ 4}}{\boxed{タ\ 5}}\vec{b}$

$\overrightarrow{BS}=m\overrightarrow{BR}$ とすると

$\overrightarrow{OS}=\overrightarrow{OB}+\overrightarrow{BS}$

$=\vec{b}+m\left(\dfrac{3}{5}\vec{a}-\dfrac{4}{5}\vec{b}\right)$

$=\dfrac{3}{5}m\vec{a}+\left(1-\dfrac{4}{5}m\right)\vec{b}$

点Sは辺OA上にあるので

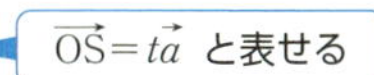

$1-\dfrac{4}{5}m=0$

となり，$m=\dfrac{\boxed{チ\ 5}}{\boxed{ツ\ 4}}$

よって，$\overrightarrow{BS}=\dfrac{5}{4}\left(\dfrac{3}{5}\vec{a}-\dfrac{4}{5}\vec{b}\right)=\dfrac{3}{4}\vec{a}-\vec{b}$

STEP 4 $\vec{a}\cdot\vec{b}$ を求める

$|\vec{a}|=1,\ |\vec{b}|=1$

である。

$\overrightarrow{BS}\perp\overrightarrow{OA}$ であるから，$\overrightarrow{BS}\cdot\overrightarrow{OA}=0$

POINT 53 を使う！

$\left(\dfrac{3}{4}\vec{a}-\vec{b}\right)\cdot\vec{a}=0$

$\dfrac{3}{4}|\vec{a}|^2-\vec{a}\cdot\vec{b}=0$

$\dfrac{3}{4}\cdot1^2-\vec{a}\cdot\vec{b}=0$

より

$\vec{a}\cdot\vec{b}=\dfrac{\boxed{テ\ 3}}{\boxed{ト\ 4}}$

STEP 5 △OAB の面積を求める

∠AOB$=\theta$ とすると

$$\vec{a}\cdot\vec{b}=|\vec{a}||\vec{b}|\cos\theta$$

◀ POINT 51 を使う！

より

$$\frac{3}{4}=1\cdot1\cdot\cos\theta \qquad \cos\theta=\frac{3}{4}$$

$\sin\theta>0$ より，

$$\sin\theta=\sqrt{1-\left(\frac{3}{4}\right)^2}=\frac{\sqrt{7}}{4}$$

$$\triangle\mathrm{OAB}=\frac{1}{2}|\vec{a}||\vec{b}|\sin\theta$$

$$=\frac{1}{2}\cdot1\cdot1\cdot\frac{\sqrt{7}}{4}$$

$$=\frac{\sqrt{\boxed{ナ\ 7}}}{\boxed{ニ\ 8}}$$

$\overrightarrow{\mathrm{OA}}=\vec{a}$，$\overrightarrow{\mathrm{OB}}=\vec{b}$ とすると
$\triangle\mathrm{OAB}=\frac{1}{2}\sqrt{|\vec{a}|^2|\vec{b}|^2-(\vec{a}\cdot\vec{b})^2}$
となることを用いてもよい

実戦問題 第2問

この問題のねらい

・ベクトルの知識を総合的に応用して立体の問題を扱うことができる。

解答 ▶ STEP 1 内分点の公式を利用する

(1) (i) 点 M，N は，それぞれ線分 AB，CD の中点であるので

$$\overrightarrow{\mathrm{OM}}=\frac{\overrightarrow{\mathrm{OA}}+\overrightarrow{\mathrm{OB}}}{2}=\frac{\boxed{ア\ 1}}{\boxed{イ\ 2}}(\vec{a}+\vec{b})$$

$$\overrightarrow{\mathrm{ON}}=\frac{\overrightarrow{\mathrm{OC}}+\overrightarrow{\mathrm{OD}}}{2}=\frac{1}{2}(\vec{c}+\vec{d})$$

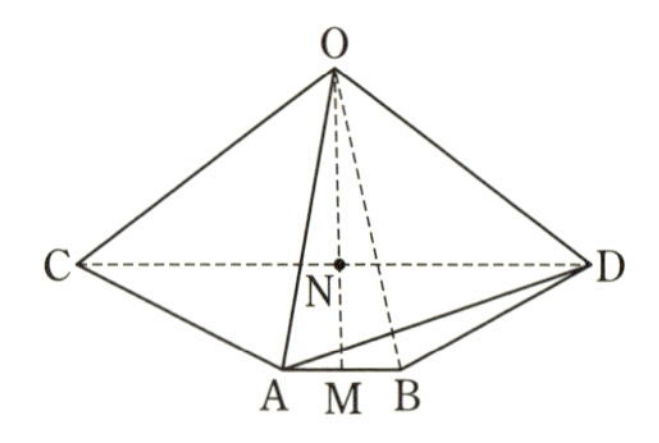

STEP 2 内積の公式を利用する

△OAB は，1 辺の長さが 1 の正三角形であるので

$$\vec{a}\cdot\vec{b}=|\vec{a}||\vec{b}|\cos60^\circ=1\cdot1\cdot\frac{1}{2}=\frac{1}{2}$$

6 つの面が，1 辺の長さが 1 の正三角形であるので

$$\vec{a}\cdot\vec{b}=\vec{a}\cdot\vec{c}=\vec{a}\cdot\vec{d}=\vec{b}\cdot\vec{c}=\vec{b}\cdot\vec{d}=\frac{\boxed{\text{ウ}\ 1}}{\boxed{\text{エ}\ 2}}$$

STEP 3　$\overrightarrow{\mathrm{ON}}$ を 2 通りで表して内積を計算する

(ii)　$\overrightarrow{\mathrm{ON}}=\frac{1}{2}(\vec{c}+\vec{d})$ から

$$\overrightarrow{\mathrm{CN}}=\overrightarrow{\mathrm{ON}}-\overrightarrow{\mathrm{OC}}=\frac{1}{2}(\vec{c}+\vec{d})-\vec{c}=\frac{1}{2}(\vec{d}-\vec{c})$$

$$\begin{aligned}\overrightarrow{\mathrm{OA}}\cdot\overrightarrow{\mathrm{CN}}&=\vec{a}\cdot\left\{\frac{1}{2}(\vec{d}-\vec{c})\right\}\\&=\frac{1}{2}\vec{a}\cdot\vec{d}-\frac{1}{2}\vec{a}\cdot\vec{c}\\&=\frac{1}{2}\cdot\frac{1}{2}-\frac{1}{2}\cdot\frac{1}{2}=0\end{aligned}$$ ……①

また，$\overrightarrow{\mathrm{ON}}=k\overrightarrow{\mathrm{OM}}=\frac{k}{2}(\vec{a}+\vec{b})$ から

$$\overrightarrow{\mathrm{CN}}=\overrightarrow{\mathrm{ON}}-\overrightarrow{\mathrm{OC}}=\frac{k}{2}(\vec{a}+\vec{b})-\vec{c}$$

$$\begin{aligned}\overrightarrow{\mathrm{OA}}\cdot\overrightarrow{\mathrm{CN}}&=\vec{a}\cdot\left\{\frac{k}{2}(\vec{a}+\vec{b})-\vec{c}\right\}\\&=\frac{k}{2}|\vec{a}|^2+\frac{k}{2}\vec{a}\cdot\vec{b}-\vec{a}\cdot\vec{c}\\&=\frac{k}{2}\cdot1^2+\frac{k}{2}\cdot\frac{1}{2}-\frac{1}{2}\\&=\frac{3k}{4}-\frac{1}{2}\end{aligned}$$ ……②

①，②より　$\frac{3k}{4}-\frac{1}{2}=0$　　$k=\frac{\boxed{\text{オ}\ 2}}{\boxed{\text{カ}\ 3}}$

STEP 4　方針 1 に基づいて $\cos\theta$ の値を求める

(iii)　(ii)の結果より

$\overrightarrow{\mathrm{ON}}=\frac{2}{3}\overrightarrow{\mathrm{OM}}=\frac{1}{3}(\vec{a}+\vec{b})$ であり，$\frac{1}{2}(\vec{c}+\vec{d})=\frac{1}{3}(\vec{a}+\vec{b})$ から

$$\vec{d}=\frac{\boxed{\text{キ}\ 2}}{\boxed{\text{ク}\ 3}}\vec{a}+\frac{\boxed{\text{ケ}\ 2}}{\boxed{\text{コ}\ 3}}\vec{b}-\vec{c}$$

(iv)
$$\vec{c}\cdot\vec{d}=\vec{c}\cdot\left(\frac{2}{3}\vec{a}+\frac{2}{3}\vec{b}-\vec{c}\right)$$
$$=\frac{2}{3}\vec{a}\cdot\vec{c}+\frac{2}{3}\vec{b}\cdot\vec{c}-|\vec{c}|^2$$
$$=\frac{2}{3}\cdot\frac{1}{2}+\frac{2}{3}\cdot\frac{1}{2}-1^2=-\frac{1}{3}$$

また,
$$\vec{c}\cdot\vec{d}=|\vec{c}||\vec{d}|\cos\theta=1\cdot1\cdot\cos\theta=\cos\theta$$

よって, $\cos\theta=\dfrac{\boxed{^{スセ}\ -1}}{\boxed{^{ソ}\ 3}}$

STEP 5 方針 2 に基づいて $\cos\theta$ の値を求める

(iii) 3 点 O, N, M は同一直線上にあり, $\overrightarrow{OM}$ と $\overrightarrow{ON}$ のなす角は 0° であるので
$$\overrightarrow{OM}\cdot\overrightarrow{ON}=|\overrightarrow{OM}||\overrightarrow{ON}|\cos0^\circ=|\overrightarrow{OM}||\overrightarrow{ON}|\cdot1=|\overrightarrow{OM}||\overrightarrow{ON}|$$
が成り立つ。
$$|\overrightarrow{ON}|^2=\left|\frac{1}{2}(\vec{c}+\vec{d})\right|^2$$
$$=\frac{1}{4}(|\vec{c}|^2+2\vec{c}\cdot\vec{d}+|\vec{d}|^2)$$
$$=\frac{1}{4}(1^2+2\cdot1\cdot1\cdot\cos\theta+1^2)$$
$$=\frac{\boxed{^{サ}\ 1}}{\boxed{^{シ}\ 2}}+\frac{1}{2}\cos\theta$$

(iv)
$$|\overrightarrow{OM}|^2=\left|\frac{1}{2}(\vec{a}+\vec{b})\right|^2$$
$$=\frac{1}{4}(|\vec{a}|^2+2\vec{a}\cdot\vec{b}+|\vec{b}|^2)$$
$$=\frac{1}{4}\left(1^2+2\cdot\frac{1}{2}+1^2\right)=\frac{3}{4}$$
$$\overrightarrow{OM}\cdot\overrightarrow{ON}=\left\{\frac{1}{2}(\vec{a}+\vec{b})\right\}\cdot\left\{\frac{1}{2}(\vec{c}+\vec{d})\right\}$$
$$=\frac{1}{4}(\vec{a}\cdot\vec{c}+\vec{a}\cdot\vec{d}+\vec{b}\cdot\vec{c}+\vec{b}\cdot\vec{d})$$
$$=\frac{1}{4}\left(\frac{1}{2}+\frac{1}{2}+\frac{1}{2}+\frac{1}{2}\right)=\frac{1}{2}$$

$\overrightarrow{OM}\cdot\overrightarrow{ON}=|\overrightarrow{OM}||\overrightarrow{ON}|$ より

$$(\overrightarrow{OM}\cdot\overrightarrow{ON})^2=|\overrightarrow{OM}|^2|\overrightarrow{ON}|^2$$

$$\left(\frac{1}{2}\right)^2=\frac{3}{4}\cdot\left(\frac{1}{2}+\frac{1}{2}\cos\theta\right)$$

$$\frac{1}{4}=\frac{3}{8}+\frac{3}{8}\cos\theta$$

よって，$\cos\theta=\dfrac{\boxed{^{スセ}\ -1}}{\boxed{^{ソ}\ 3}}$

STEP 6 方針 2 を参考にして問題を解決する

(2) (i) $\overrightarrow{OA}=\vec{a}$，$\overrightarrow{OB}=\vec{b}$，$\overrightarrow{OC}=\vec{c}$，$\overrightarrow{OD}=\vec{d}$ とすると

$$|\vec{a}|=|\vec{b}|=|\vec{c}|=|\vec{d}|=1$$

$$\vec{a}\cdot\vec{c}=\vec{a}\cdot\vec{d}=\vec{b}\cdot\vec{c}=\vec{b}\cdot\vec{d}=\frac{1}{2}$$

$$\vec{a}\cdot\vec{b}=\cos\alpha,\quad \vec{c}\cdot\vec{d}=\cos\beta$$

線分 AB，CD の中点をそれぞれ P，Q とすると

$$\overrightarrow{OP}=\frac{1}{2}(\vec{a}+\vec{b})$$

$$\overrightarrow{OQ}=\frac{1}{2}(\vec{c}+\vec{d})$$

3 点 O，Q，P は同一直線上にあり，$\overrightarrow{OP}$ と $\overrightarrow{OQ}$ のなす角は 0° であるので

$$\overrightarrow{OP}\cdot\overrightarrow{OQ}=|\overrightarrow{OP}||\overrightarrow{OQ}|\cos 0^\circ=|\overrightarrow{OP}||\overrightarrow{OQ}|\cdot 1=|\overrightarrow{OP}||\overrightarrow{OQ}|$$

が成り立つ。

(1)の(iii)，(iv)と同様に考えると

$$|\overrightarrow{OP}|^2=\left|\frac{1}{2}(\vec{a}+\vec{b})\right|^2$$

$$=\frac{1}{2}(1+\cos\alpha)$$

$$|\overrightarrow{OQ}|^2=\left|\frac{1}{2}(\vec{c}+\vec{d})\right|^2$$

$$=\frac{1}{2}(1+\cos\beta)$$

$$\overrightarrow{OP}\cdot\overrightarrow{OQ}=\left\{\frac{1}{2}(\vec{a}+\vec{b})\right\}\cdot\left\{\frac{1}{2}(\vec{c}+\vec{d})\right\}=\frac{1}{2}$$

$\overrightarrow{OP}\cdot\overrightarrow{OQ}=|\overrightarrow{OP}||\overrightarrow{OQ}|$ より

$$(\overrightarrow{OP}\cdot\overrightarrow{OQ})^2=|\overrightarrow{OP}|^2|\overrightarrow{OQ}|^2$$

$$\left(\frac{1}{2}\right)^2=\frac{1}{2}(1+\cos\alpha)\cdot\frac{1}{2}(1+\cos\beta)$$

$$(1+\cos\alpha)(1+\cos\beta)=1$$ （タ ①）

STEP 7 空間内の点の位置を判別する

(ii) $\alpha=\beta$ のとき，

$$(1+\cos\alpha)^2=1$$

$$\cos^2\alpha+2\cos\alpha+1=1$$

$$\cos\alpha(\cos\alpha+2)=0$$

$0^\circ<\alpha<180^\circ$ より $-1<\cos\alpha<1$ であり

$\cos\alpha=0$ から $\alpha=$ チツ 90 °

また，$\alpha=\beta$ のとき，$|\overrightarrow{OP}|=|\overrightarrow{OQ}|$ であり，$\overrightarrow{OP}=\overrightarrow{OQ}$ となり，点Pと点Qが一致する。直線 AB と直線 CD が交わることから，4つの頂点 A，B，C，D は同一平面上にある。

よって，点Dは平面 ABC 上にある。（テ ①）

別解▶ $\alpha=\beta$ のとき，$\overrightarrow{OP}=\overrightarrow{OQ}$

$\frac{1}{2}(\vec{a}+\vec{b})=\frac{1}{2}(\vec{c}+\vec{d})$ より $\vec{a}-\vec{c}=\vec{d}-\vec{b}$

$\overrightarrow{CA}=\overrightarrow{BD}$ から A，B，C，D は，同一平面上で平行四辺形の頂点になっている。

実戦問題　第3問

この問題のねらい

・空間図形の性質をベクトルを利用して調べることができる。

(⇒ POINT 52, POINT 53)

解答 ▶ STEP 1　内積の式で表された図形を扱う

(1)　$\vec{a}\cdot\vec{b}=\vec{b}\cdot\vec{c}$　より　$\vec{b}\cdot(\vec{a}-\vec{c})=0$　◀ POINT 53 を使う！

$\overrightarrow{OB}\cdot\overrightarrow{CA}=0$　　よって，OB⊥CA　（ア ⑤）

逆に OB⊥CA のとき　$\overrightarrow{OB}\cdot\overrightarrow{CA}=0$　$\vec{b}\cdot(\vec{a}-\vec{c})=0$

よって，$\vec{a}\cdot\vec{b}=\vec{b}\cdot\vec{c}$

STEP 2　空間内の線分の長さを扱う

(2)　(i)　$|\overrightarrow{DM}|^2=|\overrightarrow{OM}-\overrightarrow{OD}|^2=\left|\dfrac{\vec{b}+\vec{c}}{2}-\dfrac{\vec{a}}{2}\right|^2$　◀ POINT 52 を使う！

$=\dfrac{1}{4}|\vec{b}+\vec{c}-\vec{a}|^2=\dfrac{1}{4}(\vec{b}\cdot\vec{b}+\vec{c}\cdot\vec{c}+\vec{a}\cdot\vec{a}+2\vec{b}\cdot\vec{c}-2\vec{c}\cdot\vec{a}-2\vec{a}\cdot\vec{b})$

$=\dfrac{\boxed{イ\ 1}}{\boxed{ウ\ 4}}|\vec{a}|^2+\dfrac{\boxed{エ\ 1}}{\boxed{オ\ 4}}|\vec{b}|^2+\dfrac{\boxed{カ\ 1}}{\boxed{キ\ 4}}|\vec{c}|^2$

$-\dfrac{\boxed{ク\ 1}}{\boxed{ケ\ 2}}\vec{a}\cdot\vec{b}+\dfrac{\boxed{コ\ 1}}{\boxed{サ\ 2}}\vec{b}\cdot\vec{c}-\dfrac{\boxed{シ\ 1}}{\boxed{ス\ 2}}\vec{c}\cdot\vec{a}$

同様に

$|\overrightarrow{EN}|^2=\left|\dfrac{\vec{a}+\vec{c}}{2}-\dfrac{\vec{b}}{2}\right|^2$

$=\dfrac{1}{4}|\vec{a}|^2+\dfrac{1}{4}|\vec{b}|^2+\dfrac{1}{4}|\vec{c}|^2-\dfrac{1}{2}\vec{a}\cdot\vec{b}-\dfrac{1}{2}\vec{b}\cdot\vec{c}+\dfrac{1}{2}\vec{c}\cdot\vec{a}$

$|\overrightarrow{FL}|^2=\left|\dfrac{\vec{a}+\vec{b}}{2}-\dfrac{\vec{c}}{2}\right|^2$

$=\dfrac{1}{4}|\vec{a}|^2+\dfrac{1}{4}|\vec{b}|^2+\dfrac{1}{4}|\vec{c}|^2+\dfrac{1}{2}\vec{a}\cdot\vec{b}-\dfrac{1}{2}\vec{b}\cdot\vec{c}-\dfrac{1}{2}\vec{c}\cdot\vec{a}$

$\vec{a}\cdot\vec{b}=\vec{b}\cdot\vec{c}=\vec{c}\cdot\vec{a}$　より　$|\overrightarrow{DM}|^2=|\overrightarrow{EN}|^2=|\overrightarrow{FL}|^2$

よって，DM＝EN＝FL　（セ ②）

STEP ③ 四面体の辺の長さを扱う

(ii) $|\overrightarrow{OA}|^2+|\overrightarrow{BC}|^2=|\vec{a}|^2+|\vec{c}-\vec{b}|^2=|\vec{a}|^2+|\vec{b}|^2+|\vec{c}|^2-2\vec{b}\cdot\vec{c}$

$|\overrightarrow{OB}|^2+|\overrightarrow{CA}|^2=|\vec{b}|^2+|\vec{a}-\vec{c}|^2=|\vec{a}|^2+|\vec{b}|^2+|\vec{c}|^2-2\vec{c}\cdot\vec{a}$

$|\overrightarrow{OC}|^2+|\overrightarrow{AB}|^2=|\vec{c}|^2+|\vec{b}-\vec{a}|^2=|\vec{a}|^2+|\vec{b}|^2+|\vec{c}|^2-2\vec{a}\cdot\vec{b}$

$\vec{a}\cdot\vec{b}=\vec{b}\cdot\vec{c}=\vec{c}\cdot\vec{a}$ より

$$|\overrightarrow{OA}|^2+|\overrightarrow{BC}|^2=|\overrightarrow{OB}|^2+|\overrightarrow{CA}|^2=|\overrightarrow{OC}|^2+|\overrightarrow{AB}|^2$$

よって，［ソ ③］が正しい。

! 〈選択肢④について〉

$|\overrightarrow{OA}|^2+|\overrightarrow{OB}|^2=|\vec{a}|^2+|\vec{b}|^2$

$|\overrightarrow{CA}|^2+|\overrightarrow{BC}|^2=|\vec{a}|^2+|\vec{b}|^2+2|\vec{c}|^2-2\vec{b}\cdot\vec{c}-2\vec{c}\cdot\vec{a}$

〈選択肢⑤について〉

$|\overrightarrow{OA}|^2+|\overrightarrow{CA}|^2=2|\vec{a}|^2+|\vec{c}|^2-2\vec{c}\cdot\vec{a}$

$|\overrightarrow{OB}|^2+|\overrightarrow{BC}|^2=2|\vec{b}|^2+|\vec{c}|^2-2\vec{b}\cdot\vec{c}$

となり，$\vec{a}\cdot\vec{b}=\vec{b}\cdot\vec{c}=\vec{c}\cdot\vec{a}$ が成り立つだけでは，正しいとは判断できない。

STEP ④ 平面と直線が垂直のときを扱う

(iii) 頂点Oから平面 ABC に下ろした垂線と平面 ABC との交点をHとするとき，$\overrightarrow{AB}\cdot\overrightarrow{OH}=0$，$\overrightarrow{CA}\cdot\overrightarrow{OH}=0$ である。

また，(1)の結果などから，$\vec{a}\cdot\vec{b}=\vec{b}\cdot\vec{c}=\vec{c}\cdot\vec{a}$ のとき

$\vec{b}\cdot(\vec{a}-\vec{c})=0$，$\vec{c}\cdot(\vec{b}-\vec{a})=0$，$\vec{a}\cdot(\vec{c}-\vec{b})=0$

となり，$\overrightarrow{OB}\cdot\overrightarrow{CA}=\overrightarrow{OC}\cdot\overrightarrow{AB}=\overrightarrow{OA}\cdot\overrightarrow{BC}=0$ である。

これらを用いると

$\overrightarrow{AB}\cdot\overrightarrow{CH}=\overrightarrow{AB}\cdot(\overrightarrow{OH}-\overrightarrow{OC})=\overrightarrow{AB}\cdot\overrightarrow{OH}-\overrightarrow{AB}\cdot\overrightarrow{OC}=0$

同様に $\overrightarrow{BC}\cdot\overrightarrow{AH}=0$，$\overrightarrow{CA}\cdot\overrightarrow{BH}=0$ となり，

$AB\perp CH$，$BC\perp AH$，$CA\perp BH$ ◀ 点Hは △ABC の垂心

よって，［タ ①］が正しい。

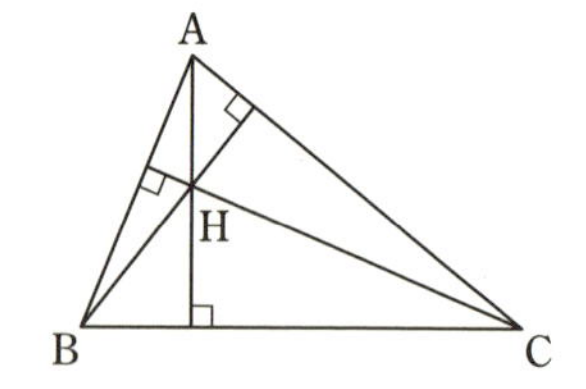

! 選択肢⓪，③，④は △ABC の外心，②は内心の説明である。

STEP ⑤ 四面体について考察する

(3) (i) 点Gは △ABC の重心より

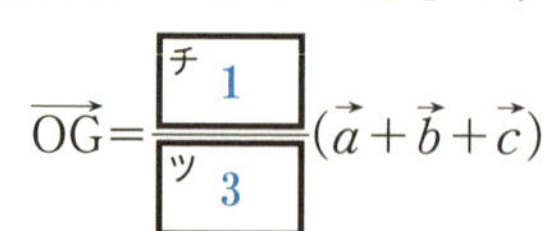

$$\overrightarrow{OG}=\frac{\boxed{チ\ 1}}{\boxed{ツ\ 3}}(\vec{a}+\vec{b}+\vec{c})$$

$\overrightarrow{OP}=k\overrightarrow{OG}=\frac{k}{3}(\vec{a}+\vec{b}+\vec{c})$

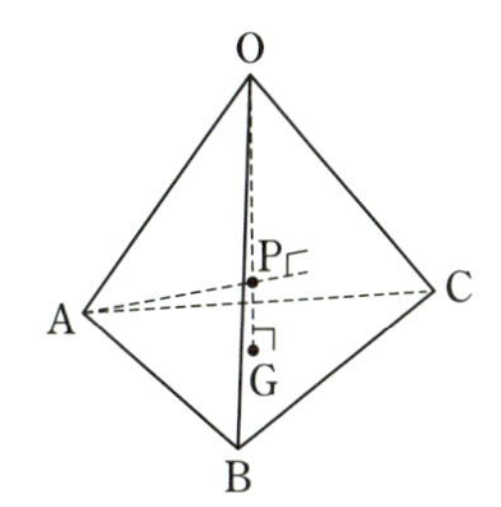

AP⊥(平面 OBC) より，$\overrightarrow{AP}\cdot\overrightarrow{OB}=0$ である。

$(\overrightarrow{OP}-\overrightarrow{OA})\cdot\vec{b}=0$ から

$$\left\{\frac{k}{3}(\vec{a}+\vec{b}+\vec{c})-\vec{a}\right\}\cdot\vec{b}=0$$

$$\frac{k}{3}(\vec{a}\cdot\vec{b}+|\vec{b}|^2+\vec{b}\cdot\vec{c})-\vec{a}\cdot\vec{b}=0$$

$$\frac{k}{3}(t+|\vec{b}|^2+t)-t=0$$

これより，$|\vec{b}|^2=\left(\frac{\boxed{テ\ 3}}{k}-\boxed{ト\ 2}\right)t$

同様に $\overrightarrow{AP}\cdot\overrightarrow{OC}=0$ から

$$\frac{k}{3}(\vec{c}\cdot\vec{a}+\vec{b}\cdot\vec{c}+|\vec{c}|^2)-\vec{c}\cdot\vec{a}=0$$

$$\frac{k}{3}(t+t+|\vec{c}|^2)-t=0$$

これより，$|\vec{c}|^2=\left(\frac{3}{k}-2\right)t$

よって，$|\vec{b}|=|\vec{c}|$ であったことがわかる。

STEP 6 四面体について考察する

(ii) 点Bから平面 OAC に垂線を下ろした場合も同様に考えると $|\vec{a}|=|\vec{c}|$ となり，

$$|\vec{a}|=|\vec{b}|=|\vec{c}| \quad \text{すなわち} \quad OA=OB=OC$$

となる。また，

$$|\overrightarrow{AB}|^2=|\vec{b}-\vec{a}|^2=|\vec{b}|^2-2\vec{a}\cdot\vec{b}+|\vec{a}|^2$$

$$|\overrightarrow{BC}|^2=|\vec{c}-\vec{b}|^2=|\vec{c}|^2-2\vec{b}\cdot\vec{c}+|\vec{b}|^2$$

$$|\overrightarrow{CA}|^2=|\vec{a}-\vec{c}|^2=|\vec{a}|^2-2\vec{c}\cdot\vec{a}+|\vec{c}|^2$$

であり，$|\vec{a}|=|\vec{b}|=|\vec{c}|$，$\vec{a}\cdot\vec{b}=\vec{b}\cdot\vec{c}=\vec{c}\cdot\vec{a}$ から

$$|\overrightarrow{AB}|=|\overrightarrow{BC}|=|\overrightarrow{CA}| \quad \text{すなわち} \quad AB=BC=CA$$

よって，$\boxed{ナ\ ⓪}$ が正しい。

56 確率変数と確率分布

要点チェック!

試行の結果によって値が定まる変数を**確率変数**といいます。

確率変数 (X) のとる値 $(x_1,\ x_2,\ \cdots,\ x_n)$ にその値をとる確率 (P) $(p_1,\ p_2,\ \cdots,\ p_n)$ を対応させたものを，この確率変数の**確率分布**といい，X が，とびとびの値（離散的な値）をとるとき，確率分布は下のような表を用いて表されます。

X	x_1	x_2	$\cdots$	x_n	計
P	p_1	p_2	$\cdots$	p_n	1

この分布について，次のように $E(X)$ と $V(X)$ を計算します。

X の平均（期待値）：$\boldsymbol{E(X)=x_1p_1+x_2p_2+\cdots+x_np_n}$

$E(X)=m$ とかくとき，

X の分散：$\boldsymbol{V(X)=(x_1-m)^2p_1+(x_2-m)^2p_2+\cdots+(x_n-m)^2p_n}$

また，$E(X^2)=x_1{}^2p_1+x_2{}^2p_2+\cdots+x_n{}^2p_n$ とするとき，

$$V(X)=E(X^2)-\{E(X)\}^2$$

が成り立ちます。

POINT 56

確率変数 X の平均（期待値）を $E(X)$，分散を $V(X)$ とする。

(i) X の標準偏差は　$\boldsymbol{\sigma(X)=\sqrt{V(X)}}$

(ii) $\boldsymbol{V(X)=E(X^2)-\{E(X)\}^2}$

56-A 解答 ▶ STEP 1 分散の値を求める

$\sigma(X)=5$　より　$V(X)=\{\sigma(X)\}^2=5^2=25$

STEP 2 分散と平均の関係式を利用する

$V(X)=E(X^2)-\{E(X)\}^2$ より

$25=E(X^2)-(-7)^2$

$E(X^2)=25+49=$ [アイ 74]

56-B 解答 ▶ STEP 1 $X=0$ のときの確率を求める

(1) 丸いテーブルのまわりの8個の席に1から8までの番号をつける。

2人の座り方は　${}_8P_2=8\times7$（通り）

$X=0$ のとき，$(1,\ 2)$，$(2,\ 3)$，$\cdots$，$(8,\ 1)$ に座る場合で，

$8\times{}_2P_2=8\times2$（通り）

よって，$P(X=0)=\dfrac{8\times2}{8\times7}=\dfrac{{}^{ア}\,2}{{}^{イ}\,7}$

STEP 2　$X=3$ のときの確率を求める

$X=3$ のとき，(1, 5)，(2, 6)，(3, 7)，(4, 8) に座る場合で，

$4\times{}_2P_2=4\times2$（通り）

よって，$P(X=3)=\dfrac{4\times2}{8\times7}=\dfrac{{}^{ウ}\,1}{{}^{エ}\,7}$

STEP 3　確率分布を求める

(2)　$X=1$ のとき，(1, 3)，(2, 4)，…，(8, 2) に座る場合で，

$P(X=1)=\dfrac{8\times2}{8\times7}=\dfrac{2}{7}$

$X=2$ のとき，(1, 4)，(2, 5)，…，(8, 3) に座る場合で，

$P(X=2)=\dfrac{8\times2}{8\times7}=\dfrac{2}{7}$

確率分布は表のようになる。

X	0	1	2	3	計
P	$\frac{2}{7}$	$\frac{2}{7}$	$\frac{2}{7}$	$\frac{1}{7}$	1

STEP 4　平均（期待値）を求める

$E(X)=0\cdot\dfrac{2}{7}+1\cdot\dfrac{2}{7}+2\cdot\dfrac{2}{7}+3\cdot\dfrac{1}{7}=\dfrac{{}^{オ}\,9}{{}^{カ}\,7}$

STEP 5　分散を求める

$E(X^2)=0^2\cdot\dfrac{2}{7}+1^2\cdot\dfrac{2}{7}+2^2\cdot\dfrac{2}{7}+3^2\cdot\dfrac{1}{7}=\dfrac{19}{7}$ より

$V(X)=E(X^2)-\{E(X)\}^2$　　◀ POINT 56 を使う！

$=\dfrac{19}{7}-\left(\dfrac{9}{7}\right)^2=\dfrac{{}^{キク}\,52}{{}^{ケコ}\,49}$

別解▶ $V(X)=\left(0-\dfrac{9}{7}\right)^2\cdot\dfrac{2}{7}+\left(1-\dfrac{9}{7}\right)^2\cdot\dfrac{2}{7}+\left(2-\dfrac{9}{7}\right)^2\cdot\dfrac{2}{7}+\left(3-\dfrac{9}{7}\right)^2\cdot\dfrac{1}{7}$

として求めてもよい。

57 確率変数の変換

要点チェック!

確率変数Xの平均(期待値)$E(X)$と分散$V(X)$がすでにわかっているものとします。確率変数Xを用いて，別の確率変数を$aX+b$(a，bは定数)の形でつくるとき，この確率変数の平均Eと分散V，標準偏差σを求める関係式があります。

POINT 57

a，bを定数とするとき，

$$\boldsymbol{E(aX+b)=aE(X)+b}$$
$$\boldsymbol{V(aX+b)=a^2V(X)}$$
$$\boldsymbol{\sigma(aX+b)=|a|\sigma(X)}$$

分散$V(aX+b)$と標準偏差$\sigma(aX+b)$では，bの値によらないことに注意しましょう。

57-A 解答 ▶ STEP 1 Xの平均を求める

$$\begin{aligned}E(X)&=E(2W-4)\\&=E(2W+(-4))\\&=2E(W)+(-4)\\&=2\cdot\frac{12}{5}-4=\frac{\text{ア}\ 4}{\text{イ}\ 5}\end{aligned}$$

STEP 2 Xの分散を求める

$$\begin{aligned}V(X)&=V(2W-4)\\&=V(2W+(-4))\\&=2^2V(W)\\&=4\cdot\frac{24}{25}=\frac{\text{ウエ}\ 96}{\text{オカ}\ 25}\end{aligned}$$

57-B 解答 ▶ STEP 1 s，tの満たす連立方程式をつくる

$E(X)=6$，$V(X)=8$ のとき，

$E(sX+t)=sE(X)+t=6s+t$ より ◀ POINT 57 を使う！

$6s+t=20$ ……①

$V(sX+t)=s^2V(X)=8s^2$ より

$8s^2=32$ ……②

STEP 2 s，t の値を求める

②より $s^2=4$　$s>0$ より $s=$ ア 2

①より $6\cdot2+t=20$　$t=$ イ 8

58 二項分布

要点チェック！

ある試行において，事象 A が起こる確率を p，その余事象の起こる確率を $q=1-p$ とします。この試行を n 回繰り返す反復試行において，事象 A が起こる回数を X とすれば，X は確率変数となります。

$X=r$ ($r=0$，1，2，…，n) となる確率は

$$\boldsymbol{P(X=r)={}_n\mathrm{C}_r p^r q^{n-r}}$$

であり，確率変数 X は二項分布 $B(n,\ p)$ に従うといいます。

確率変数 X が二項分布に従うとき，X の期待値（平均）$E(X)$ と分散 $V(X)$ を n と p を用いて簡単に計算できる公式があります。

POINT 58

確率変数 X が二項分布 $B(n,\ p)$ に従うとき，

$\boldsymbol{E(X)=np}$

$\boldsymbol{V(X)=npq}$　ただし，$q=1-p$

二項分布に従うことがわかっている確率変数の平均，分散の計算に活用しましょう。

58-A 解答 ▶ STEP 1 二項分布に従う確率変数の期待値を求める

確率変数 M は二項分布 $B(50,\ 0.08)$ に従うので

$E(M)=50\times0.08=$ ア 4 . イ 0

STEP 2 二項分布に従う確率変数の標準偏差を求める

$V(M)=50\times0.08\times(1-0.08)=4\times0.92=3.68$

よって，

$\sigma(M)=\sqrt{V(M)}=\sqrt{\boxed{^{ウ}3}.\boxed{^{エ}7}}$

58-B 解答 ▶ STEP 1 確率変数Yの従う分布を把握する

試験の受験者から無作為に1名を選んだとき，その1人が受験者全体の上位10％に入っている確率は0.1である。受験者から無作為に19名を選んだとき，その中で点数が全体の上位10％に入る人数を表す確率変数Yは二項分布$B(19,\ 0.1)$に従う。

STEP 2 二項分布に従う確率変数の期待値，分散を求める

$E(Y)=19\times0.1=\boxed{^{ア}1}.\boxed{^{イ}9}$ ◀ POINT 58 を使う！

$V(Y)=19\times0.1\times(1-0.1)=19\times0.1\times0.9=\boxed{^{ウ}1}.\boxed{^{エオ}71}$

59 連続分布

要点チェック！

確率変数が連続的な値をとる場合，確率を面積として扱うため，定積分の計算を利用することになります。実数のある区間全体に値をとる**連続型確率変数**Xを表現するために以下の性質をもつ1つの関数 $y=f(x)$ を対応させます。

(1) $f(x)\geqq0$

(2) 曲線 $y=f(x)$ とx軸の間の面積は1

(3) 確率 $P(a\leqq X\leqq b)$ は，曲線 $y=f(x)$ とx軸，および直線 $x=a$，$x=b$ とで囲まれた部分の面積である。

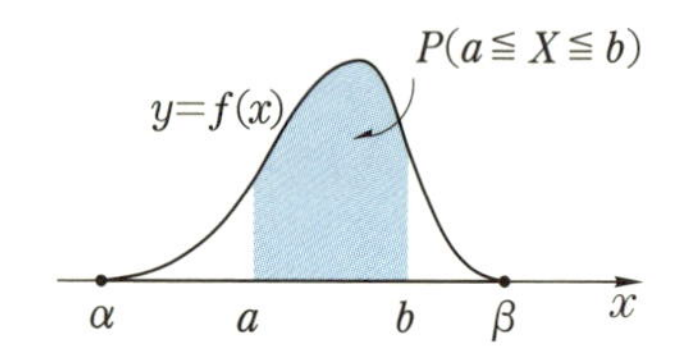

このとき，$f(x)$をXの**確率密度関数**，
$y=f(x)$ のグラフをその**分布曲線**といいます。

Xのとり得るすべての値の範囲が $\alpha\leqq X\leqq\beta$ であるとき，

$$\int_{\alpha}^{\beta}f(x)\,dx=1$$

となります。

POINT 59

Xのとり得るすべての値の範囲を $\alpha \leqq X \leqq \beta$, 確率密度関数を $f(x)$ とするとき

$$\boldsymbol{P(a \leqq X \leqq b)=\int_a^b f(x)\,dx}$$

$$\boldsymbol{E(X)=m=\int_\alpha^\beta xf(x)\,dx}$$

$$\boldsymbol{V(X)=\int_\alpha^\beta (x-m)^2 f(x)\,dx}$$

59-A 解答 ▶ STEP 1 確率を面積として求める

$2 \leqq x \leqq 3$ のとき, $f(x)=\dfrac{1}{12}(4-x)$ であるので

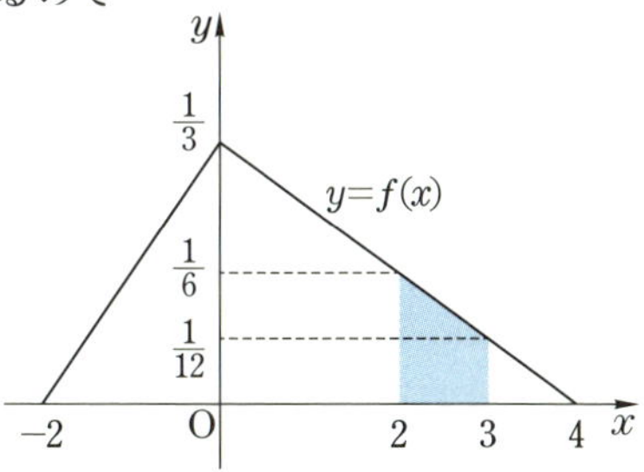

$$P(2 \leqq X \leqq 3)=\int_2^3 \frac{1}{12}(4-x)\,dx$$

$$=\left[\frac{1}{3}x-\frac{1}{24}x^2\right]_2^3=\left(1-\frac{9}{24}\right)-\left(\frac{2}{3}-\frac{4}{24}\right)$$

$$=\frac{\boxed{ア\ 1}}{\boxed{イ\ 8}}$$

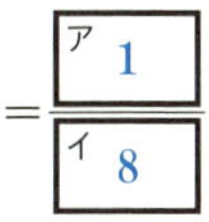

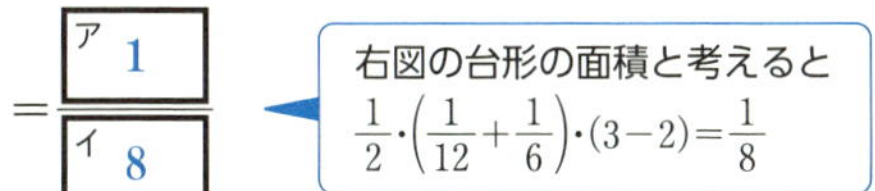

STEP 2 平均を求める

$$E(X)=\int_{-2}^0 x\cdot\frac{1}{6}(x+2)\,dx+\int_0^4 x\cdot\frac{1}{12}(4-x)\,dx$$

$$=\int_{-2}^0\left(\frac{1}{6}x^2+\frac{1}{3}x\right)dx+\int_0^4\left(\frac{1}{3}x-\frac{1}{12}x^2\right)dx$$

$$=\left[\frac{1}{18}x^3+\frac{1}{6}x^2\right]_{-2}^0+\left[\frac{1}{6}x^2-\frac{1}{36}x^3\right]_0^4$$

$$=-\left(-\frac{4}{9}+\frac{2}{3}\right)+\frac{8}{3}-\frac{16}{9}=\frac{\boxed{ウ\ 2}}{\boxed{エ\ 3}}$$

59-B 解答 ▶ STEP 1 aの値を求める

$\displaystyle\int_{-1}^3 f(x)\,dx=1$ であることから a の値を求める。

$$\int_{-1}^3 f(x)\,dx=\int_{-1}^0 a(x+1)\,dx+\int_0^3\left(-\frac{a}{3}x+a\right)dx$$

$$=\left[\frac{a}{2}x^2+ax\right]_{-1}^0+\left[-\frac{a}{6}x^2+ax\right]_0^3=-\left(-\frac{a}{2}\right)+\frac{3}{2}a=2a$$

よって，$2a=1$ より　$a=\dfrac{\boxed{^{ア}\ 1}}{\boxed{^{イ}\ 2}}$

STEP 2 平均を求める

$$E(X)=\int_{-1}^{3}xf(x)\,dx$$

◀ POINT 59 を使う！

$$=\int_{-1}^{0}x\cdot\frac{1}{2}(x+1)\,dx+\int_{0}^{3}x\left(-\frac{1}{6}x+\frac{1}{2}\right)dx$$

$$=\int_{-1}^{0}\left(\frac{1}{2}x^2+\frac{1}{2}x\right)dx+\int_{0}^{3}\left(-\frac{1}{6}x^2+\frac{1}{2}x\right)dx$$

$$=\left[\frac{1}{6}x^3+\frac{1}{4}x^2\right]_{-1}^{0}+\left[-\frac{1}{18}x^3+\frac{1}{4}x^2\right]_{0}^{3}$$

$$=-\left(-\frac{1}{6}+\frac{1}{4}\right)+\left(-\frac{3}{2}+\frac{9}{4}\right)=-\frac{1}{12}+\frac{3}{4}=\frac{\boxed{^{ウ}\ 2}}{\boxed{^{エ}\ 3}}$$

60 正規分布

要点チェック！

連続型確率変数Xの確率密度関数が，m，$\sigma\,(\sigma>0)$ を定数として

$f(x)=\dfrac{1}{\sqrt{2\pi}\,\sigma}e^{-\frac{(x-m)^2}{2\sigma^2}}$ で与えられるとき，X は**正規分布 $N(m,\ \sigma^2)$** に従うといいます。

確率変数Xが正規分布 $N(m,\ \sigma^2)$ に従うとき，

平均 $E(X)=m$，分散 $V(X)=\sigma^2$，標準偏差 $\sigma(X)=\sigma$

となります。

収集された量的データに基づいて確率を扱おうとするとき，データの分布が正規分布に似た分布をしていると考えられる場合には，近似的に正規分布にあてはめて計算することができます。

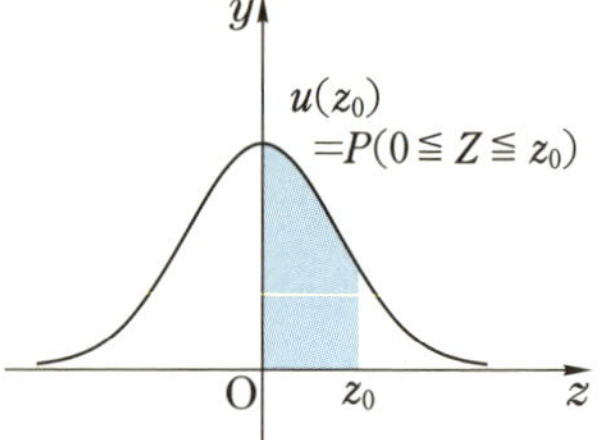

とくに，平均0，標準偏差1の正規分布 $N(0,\ 1^2)$ のことを**標準正規分布**といいます。標準正規分布に従う確率変数をZで表すとき，確率 $P(0\leqq Z\leqq z_0)$ は，図の網掛け部分の面積となります。この面積を　$P(0\leqq Z\leqq z_0)=u(z_0)$

と表し，z_0 の値に対する $u(z_0)$ として数表（正規分布表）を利用して求めます。

例えば，本冊 p.79 の正規分布表から $u(1.96)=0.4750$ となり，$P(0 \leqq Z \leqq 1.96)=0.4750$ とわかります。

z_0	0.06
1.9	0.4750

一般的な正規分布は，次の関係式により標準正規分布に変換することができます。

POINT 60

確率変数Xが正規分布 $N(m,\ \sigma^2)$ に従うとき，$Z=\dfrac{X-m}{\sigma}$ とすると，Zは標準正規分布 $N(0,\ 1)$ に従う。

$Z=\dfrac{X-m}{\sigma}$ の変換を，確率変数Xの標準化といいます。変換後のZについては，正規分布表を活用しましょう。

60-A 解答 ▶ STEP 1 正規分布を標準化する

確率変数Xが正規分布 $N(95,\ 20^2)$ に従うとき，$Z=\dfrac{X-\boxed{アイ\ 95}}{\boxed{ウエ\ 20}}$ とおくと，

Zは標準正規分布 $N(0,\ 1)$ に従う。

STEP 2 正規分布表を利用して確率を求める

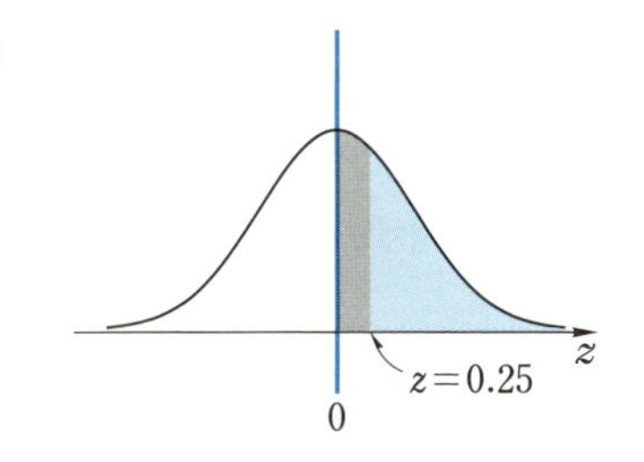

$X=100$ のとき，

$$Z=\frac{100-95}{20}=\frac{5}{20}=0.25$$

より

$$P(X \geqq 100)$$
$$=P\left(Z \geqq \boxed{オ\ 0}.\boxed{カキ\ 25}\right)$$
$$=P(Z \geqq 0)-P(0 \leqq Z \leqq 0.25)$$
$$=0.5-0.0987$$
$$=0.4013$$

z_0	0.05
0.2	0.0987

よって，合格率は $\boxed{クケ\ 40}$ %である。

60-B 解答 ▶ STEP 1 正規分布を標準化する

確率変数Xが正規分布 $N(160,\ 5^2)$ に従うとき，$Z=\dfrac{X-160}{5}$ とおくと，Zは標準正規分布 $N(0,\ 1)$ に従う。

◀ POINT 60 を使う！

STEP 2 正規分布表を利用して確率を求める

$X=165$ のとき，$Z=\dfrac{165-160}{5}=\dfrac{5}{5}=1$

$X=175$ のとき，$Z=\dfrac{175-160}{5}=\dfrac{15}{5}=3$

より

$$P(165\leqq X\leqq 175)$$
$$=P(1\leqq Z\leqq 3)$$
$$=P(0\leqq Z\leqq 3)-P(0\leqq Z\leqq 1)$$
$$=0.4987-0.3413$$
$$=0.1574$$

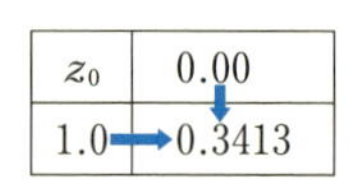

z_0	0.00
3.0	0.4987

z_0	0.00
1.0	0.3413

よって，求める確率は 0.[アイ 16]

! $P(0\leqq Z\leqq 3)=0.49865$ とする正規分布表もある。

61 母平均の推定

要点チェック！

母平均 m，母分散 σ^2 の母集団から大きさ n の**無作為標本**を復元抽出するとき，標本平均 $\overline{X}$ の平均 $E(\overline{X})$，標準偏差 $\sigma(\overline{X})$ は $E(\overline{X})=m$，$\sigma(\overline{X})=\dfrac{\sigma}{\sqrt{n}}$ となります。標本平均 $\overline{X}$ の分布は，n が大きいとき，正規分布 $N\left(m,\ \dfrac{\sigma^2}{n}\right)$ とみなすことができます。$\overline{X}$ を標準化した確率変数 $Z=\dfrac{\overline{X}-m}{\dfrac{\sigma}{\sqrt{n}}}$ の分布は，標準正規分布 $N(0,\ 1)$ とみなせます。

正規分布表から，

$$P(0\leqq Z\leqq 1.96)=0.4750$$

であるので，

$$P(-1.96\leqq Z\leqq 1.96)=0.4750\times 2=0.95$$

$$P\left(-1.96 \leqq \frac{\overline{X}-m}{\frac{\sigma}{\sqrt{n}}} \leqq 1.96\right)=0.95$$

このことから，母平均 m について区間を用いて推定することができます。

POINT 61

母平均 m に対する信頼度 95％ の信頼区間は，標本平均を $\overline{X}$，母標準偏差を σ とするとき，

$$\boldsymbol{\overline{X}-1.96\cdot\frac{\sigma}{\sqrt{n}} \leqq m \leqq \overline{X}+1.96\cdot\frac{\sigma}{\sqrt{n}}}$$

母標準偏差 σ がわからないときには，標本の大きさ n が大きければ，σ の代わりに標本の標準偏差 s を用いてよいことが知られています。

61-A 解答 ▶ STEP 1 母平均の信頼区間を求める

標本の大きさ $n=96$，標本平均 $\overline{X}=99$（点），母標準偏差 $\sigma=20$（点）である。母平均 m に対する信頼度 95％ の信頼区間は

$$\overline{X}-1.96\cdot\frac{\sigma}{\sqrt{n}} \leqq m \leqq \overline{X}+1.96\cdot\frac{\sigma}{\sqrt{n}} \quad \cdots\cdots①$$

$$1.96\cdot\frac{\sigma}{\sqrt{n}}=1.96\cdot\frac{20}{\sqrt{96}}=1.96\times\frac{20}{4\sqrt{6}}$$

$$=1.96\times\frac{20}{4\times2.45}=1.96\times\frac{20}{9.8}=4$$

$$\overline{X}-1.96\cdot\frac{\sigma}{\sqrt{n}}=99-4=95$$

$$\overline{X}+1.96\cdot\frac{\sigma}{\sqrt{n}}=99+4=103$$

よって，①より [アイ 95] $\leqq m \leqq$ [ウエオ 103]

61-B 解答 ▶ STEP 1 標本平均の分布を扱う

(1) 母平均 $m=50$，母標準偏差 $\sigma=9$，標本の大きさ $n=144$ のとき，標本平均 $\overline{X}$ の平均は

$$E(\overline{X})=m=\boxed{\text{アイ } 50}$$

母平均 m，母分散 σ^2 の母集団からの大きさ n の無作為標本に対し
$E(\overline{X})=m$，$V(\overline{X})=\frac{\sigma^2}{n}$

標準偏差は

$$\sigma(\overline{X})=\sqrt{V(\overline{X})}=\frac{\sigma}{\sqrt{n}}=\frac{9}{\sqrt{144}}=\frac{3}{4}=\boxed{^{ウ}\ 0}.\boxed{^{エオ}\ 75}$$

STEP 2 母平均の信頼区間を求める

(2) 標本の大きさ $n=144$，標本平均 $\overline{X}=51$，母標準偏差 $\sigma=9$ である。母平均 m に対する信頼度 95％ の信頼区間は

$$\overline{X}-1.96\cdot\frac{\sigma}{\sqrt{n}}\leqq m\leqq\overline{X}+1.96\cdot\frac{\sigma}{\sqrt{n}} \quad \cdots\cdots①$$

◀ POINT 61 を使う！

$$1.96\cdot\frac{\sigma}{\sqrt{n}}=1.96\cdot\frac{9}{\sqrt{144}}=1.96\times\frac{3}{4}=1.47$$

$$\overline{X}-1.96\cdot\frac{\sigma}{\sqrt{n}}=51-1.47=49.53$$

$$\overline{X}+1.96\cdot\frac{\sigma}{\sqrt{n}}=51+1.47=52.47$$

よって，①より $\boxed{^{カキ}\ 49}.\boxed{^{ク}\ 5}\leqq m\leqq\boxed{^{ケコ}\ 52}.\boxed{^{サ}\ 5}$

62 母比率の推定

要点チェック！

ある特性を持つものの個数を確率変数 W で表すものとします。

W が二項分布 $B(n,\ p)$ に従い，n が大きいとき，W は近似的に正規分布 $N(np,\ np(1-p))$ に従うことが知られています。このことから，標本比率 $\frac{W}{n}$ は近似的に正規分布 $N\left(p,\ \frac{p(1-p)}{n}\right)$ に従うことを利用することができます。

標本の大きさ n が大きければ，母比率の推定において，p の代わりに標本比率 R を用いてよいことが知られています。

POINT 62

母比率 p に対する信頼度 95％ の信頼区間は，標本の大きさ n が大きいとき，標本比率を R とすると

$$R-1.96\cdot\sqrt{\frac{R(1-R)}{n}}\leqq p\leqq R+1.96\cdot\sqrt{\frac{R(1-R)}{n}}$$

62-A 解答 ▶ STEP 1 標本比率を求める

標本比率 R (試験的にまいたときの発芽率) は　$R=\frac{36}{100}=0.36$

STEP 2 母比率の信頼区間を求める

$n=100$ であるから，母比率 p (大量にまいたときの発芽率) に対する信頼度 95% の信頼区間は，

$$R-1.96\cdot\sqrt{\frac{R(1-R)}{n}}\leqq p\leqq R+1.96\cdot\sqrt{\frac{R(1-R)}{n}} \quad \cdots\cdots①$$

$$1.96\cdot\sqrt{\frac{R(1-R)}{n}}=1.96\cdot\sqrt{\frac{0.36\times0.64}{100}}=1.96\cdot\frac{0.48}{10}=0.09408$$

$$R-1.96\cdot\sqrt{\frac{R(1-R)}{n}}=0.36-0.09408=0.26592$$

$$R+1.96\cdot\sqrt{\frac{R(1-R)}{n}}=0.36+0.09408=0.45408$$

よって，①より母比率 p に対する信頼度 95% の信頼区間は

0.[アイ 27] $\leqq p\leqq$ 0.[ウエ 45]

62-B 解答 ▶ STEP 1 標本比率を求める

標本比率 R は　$R=\frac{320}{400}=0.$[ア 8]

STEP 2 母比率の信頼区間を求める

母比率 p に対する信頼度 95% の信頼区間は，$n=400$ であるから，正規分布による近似を用いると　◀ POINT 62 を使う！

$$R-1.96\cdot\sqrt{\frac{R(1-R)}{n}}\leqq p\leqq R+1.96\cdot\sqrt{\frac{R(1-R)}{n}} \quad \cdots\cdots①$$

$$1.96\cdot\sqrt{\frac{R(1-R)}{n}}=1.96\cdot\sqrt{\frac{0.8\times0.2}{400}}=1.96\cdot\frac{0.4}{20}=0.0392$$

$$R-1.96\cdot\sqrt{\frac{R(1-R)}{n}}=0.8-0.0392=0.7608$$

$$R+1.96\cdot\sqrt{\frac{R(1-R)}{n}}=0.8+0.0392=0.8392$$

よって，①より母比率 p に対する信頼度 95% の信頼区間は

0.[イウ 76] $\leqq p\leqq$ 0.[エオ 84]

実戦問題 第1問

この問題のねらい

・標準正規分布を利用して確率を求めることができる。(⇒ POINT 60)

・母平均の信頼区間を目的に応じて求めることができる。(⇒ POINT 61)

解答 ▶ STEP 1 標準正規分布を利用して確率を求める

(1) 確率変数Xは正規分布 $N(104,\ 2^2)$ に従うので,

$$Z=\frac{X-104}{2}$$

◀ POINT 60 を使う!

とおくと, Zは標準正規分布 $N(0,\ 1)$ に従う。

$X=100$ のとき, $Z=\dfrac{100-104}{2}=-2$

$X=106$ のとき, $Z=\dfrac{106-104}{2}=1$

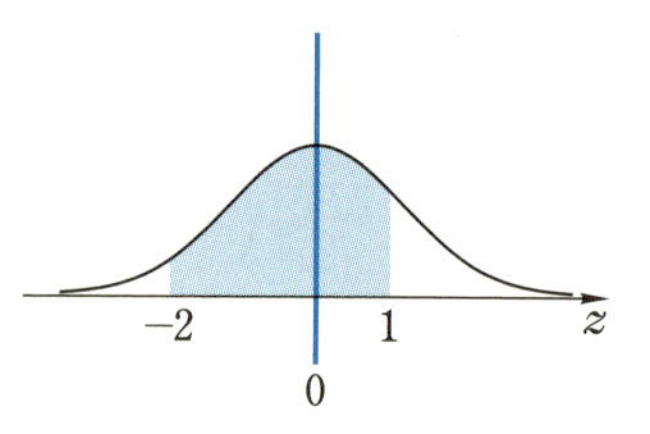

よって,

$P(100\leqq X\leqq 106)$

$=P(-2\leqq Z\leqq 1)$

$=P(-2\leqq Z\leqq 0)+P(0\leqq Z\leqq 1)$

$=P(0\leqq Z\leqq 2)+P(0\leqq Z\leqq 1)$

$=0.4772+0.3413$

$=0.8185\fallingdotseq 0.$ [アイウ 819]

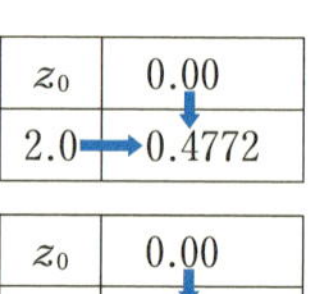

z_0	0.00
2.0	0.4772

z_0	0.00
1.0	0.3413

STEP 2 確率の大きさを評価する

$X=98$ のとき, $Z=\dfrac{98-104}{2}=-3$

◀ POINT 60 を使う!

よって,

$P(X\leqq 98)$

$=P(Z\leqq -3)$

$=P(Z\geqq 3)$

$=P(Z\geqq 0)-P(0\leqq Z\leqq 3)$

$=0.5-0.4987$

$=0.0013\fallingdotseq 0.$ [エオカ 001]

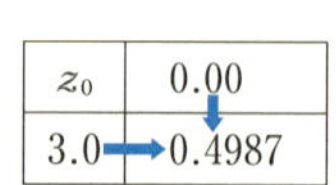

z_0	0.00
3.0	0.4987

コインをn枚同時に投げたとき，すべて表が出る確率は$\left(\frac{1}{2}\right)^n$である。

$$\left(\frac{1}{2}\right)^8=\frac{1}{256}\fallingdotseq 0.004,\ \left(\frac{1}{2}\right)^{10}=\frac{1}{1024}\fallingdotseq 0.001,\ \left(\frac{1}{2}\right)^{12}=\frac{1}{4096}\fallingdotseq 0.0002$$

であるので$P(X\leqq 98)$は，コインを10枚同時に投げたとき，すべて表が出る確率に近い確率である。（キ ②）

STEP 3 与えられた確率変数の平均を求める

2つの袋の内容量をX_1，X_2とすると，これらはXと同じ確率分布に従う。

$Y=(X_1+5)+(X_2+5)=X_1+X_2+10$

$m_Y=E(X_2+X_2+10)$ ◀ POINT 57 を使う！

$\quad=E(X_1)+E(X_2)+10$

$\quad=104+104+10=$ クケコ 218

STEP 4 与えられた確率変数についての確率を考察する

X_1，X_2は独立であり，$V(X)=2^2$から

$V(Y)=V(X_1+X_2+10)=V(X_1)+V(X_1)=2^2+2^2=8$

$\sigma=\sqrt{V(Y)}=2\sqrt{2}$

また，$\frac{102-104}{2}=-1$，$\frac{106-104}{2}=1$から ◀ POINT 60 を使う！

$P(102\leqq X\leqq 106)=P(-1\leqq Z\leqq 1)$

であり $-1\leqq\frac{Y-m_Y}{\sigma}\leqq 1$ となる確率がこれと同じになる。

$-1\leqq\frac{Y-m_Y}{2\sqrt{2}}\leqq 1$ より

$m_Y-2\sqrt{2}\leqq Y\leqq m_Y+2\sqrt{2}$

以上により，正しいものは サ ①

STEP 5 母平均の信頼度95%の信頼区間を求める

(2) 標本の大きさ $n=100$，標本平均 $\overline{X}=104$ である。

標本の大きさnが100と大きいので，

$\overline{X}-1.96\cdot\frac{\sigma}{\sqrt{n}}\leqq m\leqq\overline{X}+1.96\cdot\frac{\sigma}{\sqrt{n}}$ ◀ POINT 61 を使う！

において，母標準偏差σの代わりに標本の標準偏差 $s=2$ を用いる。

$1.96\cdot\frac{s}{\sqrt{n}}=1.96\cdot\frac{2}{\sqrt{100}}=0.392$

$$\overline{X}-1.96\cdot\frac{s}{\sqrt{n}}=104-0.392=103.608$$

$$\overline{X}+1.96\cdot\frac{s}{\sqrt{n}}=104+0.392=104.392$$

よって，求める信頼度 95％ の信頼区間は

$103.6\leqq m\leqq 104.4$ （シ ③）

STEP 6 母平均の信頼度 99％ の信頼区間を考察する

$0.95=2\times 0.475,$

$P(0\leqq Z\leqq 1.96)=0.4750$

$0.99=2\times 0.495,$

$P(0\leqq Z\leqq 2.58)=0.4951$

z_0	0.06
1.9	0.4750

z_0	0.08
2.5	0.4951

であり，信頼度 99％ の信頼区間は，

$$\overline{X}-2.58\cdot\frac{\sigma}{\sqrt{n}}\leqq m\leqq\overline{X}+2.58\cdot\frac{\sigma}{\sqrt{n}}$$

よって，信頼度 99％ の信頼区間は，信頼度 95％ の信頼区間より広い範囲となる。（ス ②）

STEP 7 信頼区間の幅と標本の大きさの関係を考察する

$$\overline{X}-1.96\cdot\frac{\sigma}{\sqrt{n}}\leqq m\leqq\overline{X}+1.96\cdot\frac{\sigma}{\sqrt{n}}$$

の区間の幅は

$$\overline{X}+1.96\cdot\frac{\sigma}{\sqrt{n}}-\left(\overline{X}-1.96\cdot\frac{\sigma}{\sqrt{n}}\right)=2\cdot 1.96\cdot\frac{\sigma}{\sqrt{n}}$$

信頼区間の幅を信頼度 95％ のまま変えずに，信頼区間の幅を半分にするには，$\frac{1}{\sqrt{4n}}=\frac{1}{2}\cdot\frac{1}{\sqrt{n}}$ となることから標本の大きさを セ 4 倍にすればよい。

STEP 8 信頼区間の幅と信頼度の関係を考察する

信頼区間の幅を信頼度 95％ のときの半分にする方法の 1 つとして，

$$\overline{X}-\frac{1}{2}\cdot 1.96\cdot\frac{\sigma}{\sqrt{n}}\leqq m\leqq\overline{X}+\frac{1}{2}\cdot 1.96\cdot\frac{\sigma}{\sqrt{n}}$$

より

$$\overline{X}-0.98\cdot\frac{\sigma}{\sqrt{n}}\leqq m\leqq\overline{X}+0.98\cdot\frac{\sigma}{\sqrt{n}}$$

とすることがある。

$P(0 \leqq Z \leqq 0.98) = 0.3365$ であり

$2 \times 0.3365 = 0.673$

z_0	0.08
0.9 →	0.3365

よって，標本の大きさを変えずに信頼度を [ソタ 67].[チ 3] % にすることである。

実戦問題　第2問

この問題のねらい

- 二項分布の平均と標準偏差，比率の分布の平均と標準偏差を求めることができる。(⇒ POINT 58)
- 標本平均に関する確率を求めることができる。

解答 ▶ STEP 1　二項分布の平均（期待値）を求める

(1)　P大学生は，全く読書をしない学生か，そうでない学生かのどちらかであり，全く読書をしない学生の母比率を50%と仮定するとき，標本の学生が全く読書をしない学生である確率は0.5である。標本が400人のとき，全く読書をしない学生の分布は，二項分布 $B(400,\ 0.5)$ に従うので，標本400人のうち全く読書をしない学生の人数の平均（期待値）は

$400 \cdot 0.5 =$ [アイウ 200]（人）

STEP 2　比率の分布の平均（期待値）を求める

全く読書をしない学生の分布が二項分布 $B(400,\ 0.5)$ に従うとき，400は十分大きいので，全く読書をしない学生の比率の分布をある正規分布で近似できる。

その平均（期待値）は 0.[エ 5]

分散は $\dfrac{0.5(1-0.5)}{400} = \dfrac{1}{1600}$

標準偏差は $\sqrt{\dfrac{1}{1600}} = \dfrac{1}{40} = 0.$[オカキ 025]

> ある特性を持つものの個数を確率変数 W で表す。
> W が二項分布 $B(n,\ p)$ に従い，n が大きいとき，W は近似的に正規分布 $N(np,\ np(1-p))$ に従う。
> 標本比率 $\dfrac{W}{n}$ は近似的に正規分布 $N\left(p,\ \dfrac{p(1-p)}{n}\right)$ に従う。

STEP 3 標本平均の分布の平均，標準偏差を求める

(2) (i) 母平均が24分，母標準偏差がσ分である母集団から標本の大きさが400の標本を抽出するとき，標本平均$\overline{X}$の分布は，

標本平均の平均(期待値)は クケ **24** (分)

標本平均の分散は $\dfrac{\sigma^2}{400}$

標本平均の標準偏差は $\dfrac{\sigma}{\sqrt{400}}=\dfrac{\sigma}{\boxed{20}}$ (分) （コサ）

の正規分布で近似できる。

STEP 4 正規分布の近似を用いて確率を求める

(ii) $\sigma=40$ のとき，読書時間の標本平均$\overline{X}$は，正規分布$N\left(24,\ \dfrac{40^2}{400}\right)$すなわち$N(24,\ 2^2)$で近似できる。

$Z=\dfrac{\overline{X}-24}{2}$ とおくと，Zは標準正規分布$N(0,\ 1)$に従う。

$\overline{X}=30$ のとき，$Z=\dfrac{30-24}{2}=3$

よって，求める確率は

$P(\overline{X}\geqq 30)$
$=P(Z\geqq 3)$
$=P(Z\geqq 0)-P(0\leqq Z\leqq 3)$
$=0.5-0.4987$
$=0.$ シスセソ **0013**

z_0	0.00
3.0	0.4987

STEP 5 与えられた確率に適する事象を判断する

〈選択肢⓪，①について〉

読書時間の標本平均の分布は正規分布を用いて近似できているが，一人の学生の読書時間の分布は不明であるため，確率を計算することができない。(全く読書をしない大学生も多くいるので，正規分布での近似はできない。)

〈選択肢②，③について〉

P大学の全学生の読書時間の平均は24分と仮定されている。

〈選択肢④について〉

$\overline{X}=26$ のとき，$Z=\dfrac{26-24}{2}=1$

よって，標本 400 人の読書時間の平均（標本平均）が 26 分以上となる確率は

$$
\begin{aligned}
&P(\overline{X}\geqq 26)\\
&=P(Z\geqq 1)\\
&=P(Z\geqq 0)-P(0\leqq Z\leqq 1)\\
&=0.5-0.3413=0.1587
\end{aligned}
$$

z_0	0.00
1.0 →	0.3413

これは問題文に適当である。

〈選択肢⑤について〉

$\overline{X}=64$ のとき，$Z=\dfrac{64-24}{2}=20$

よって，標本 400 人の読書時間の平均（標本平均）が 64 分以下となる確率は

$$
\begin{aligned}
&P(\overline{X}\leqq 64)\\
&=P(Z\leqq 20)\\
&=P(Z\leqq 0)+P(0\leqq Z\leqq 20)\\
&=0.5+P(0\leqq Z\leqq 20)>0.1587
\end{aligned}
$$

これは問題文に適当でない。

以上により，最も適当なものは [タ ④]

STEP 6 母平均の信頼度 95％ の信頼区間を扱う

(3) (i) 母平均 m に対する信頼度 95％ の信頼区間は

$$\overline{X}-1.96\cdot\frac{\sigma}{\sqrt{n}}\leqq m\leqq \overline{X}+1.96\cdot\frac{\sigma}{\sqrt{n}}$$

◀ POINT 61 を使う！

したがって，$A=\overline{X}-1.96\cdot\dfrac{\sigma}{\sqrt{400}}=\overline{X}-1.96\cdot\dfrac{\sigma}{20}$ （[チ ④]）

STEP 7 母平均の信頼区間の解釈を説明する

(ii) 本問における母平均の信頼度 95％ の信頼区間 $A\leqq m\leqq B$ の意味は，大きさ 400 の標本を抽出したとき，95％ の確率でこの信頼区間がP大学生の読書時間の母平均 m を含んでいることである。

よって，最も適当なものは [ツ ④] である。

Obunsha